量子光学基础与应用丛书

彭堃墀　主编

光场量子态相关实验技术

郑耀辉　王雅君　田　龙　著

科学出版社

北　京

内 容 简 介

　　本书介绍了如何利用光学参量过程制备压缩态和纠缠态光场，系统讨论了压缩态和纠缠态光场制备过程中遇到的技术问题和解决办法。主要内容包括：压缩态和纠缠态光场制备的基本原理、相关光电器件的基本原理与设计方法，以及获得高压缩度和高纠缠度的理论及实验方法。

　　本书适合用作物理学、光学类高年级本科生、研究生和相关研究领域的专业人员的参考书。

图书在版编目(CIP)数据

光场量子态相关实验技术/郑耀辉，王雅君，田龙著. —北京：科学出版社，2024.5
(量子光学基础与应用丛书)
ISBN 978-7-03-076856-8

Ⅰ. ①光…　Ⅱ. ①郑…②王…③田…　Ⅲ. ①量子光学–实验　Ⅳ. O431.2-33

中国国家版本馆 CIP 数据核字(2023)第 211456 号

责任编辑：周　涵　孔晓慧／责任校对：彭珍珍
责任印制：吴兆东　／封面设计：无极书装

科学出版社 出版
北京东黄城根北街 16 号
邮政编码：100717
http://www.sciencep.com

涿州市般润文化传播有限公司印刷
科学出版社发行　各地新华书店经销
*
2024 年 5 月第 一 版　开本：720 × 1000　B5
2025 年 1 月第二次印刷　印张：17 3/4
字数：356 000
定价：158.00 元
(如有印装质量问题，我社负责调换)

序　言

　　光场量子态是量子光学应用中的一种基本量子资源，在量子信息中扮演着重要的角色。压缩态可实现两正交分量量子噪声在相空间中不对称分配，使其中一个正交分量突破散粒噪声极限。利用压缩态可进一步构建纠缠态光场，使两束或多束光场之间建立量子关联性，从而实现超远距离的量子测量或通信，广泛应用于量子通信、量子计算、量子计量和引力波探测等领域。

　　自 20 世纪 80 年代起，国际上首先开展了光场量子态的实验研究，并逐步形成了一套相关的量子态制备及测量技术。与此同时，压缩态制备以及相关应用一直是我们实验室关注和研究的重点内容。《光场量子态相关实验技术》一书面向从事量子光学相关实验研究的科研人员、高年级本科生和研究生，介绍了光场量子态相关基础知识和实验制备技术，希望读者通过阅读该书初步具备开展光场量子态制备实验研究的能力。

　　该书共 8 章，第 1 章介绍了利用非线性参量过程制备压缩态光场的基本物理思想和实验方法及其发展历程。第 2 章详细分析了三类光学谐振腔的能量传输特性、传输函数及其噪声特性。第 3 章主要包括电光调制和声光调制技术，重点分析了电光相位调制中的剩余振幅调制现象及其对锁定系统的影响，以及楔形晶体的电光调制器如何实现剩余振幅调制的抑制。第 4 章和第 5 章分别介绍了达到散粒噪声基准的强度噪声抑制技术、相位噪声和频率噪声抑制技术，分析剩余振幅调制对边带稳频的影响及解决方法。第 6 章介绍了共振型光电探测器实现高信噪比误差信号提取，并对量子噪声探测中常使用的贝尔态探测器和平衡零拍探测器的基本参数、设计方案进行了详细介绍。第 7 章和第 8 章分别介绍了高压缩度压缩态光场和高纠缠度纠缠态光场的实验制备整套方案，分析了提高压缩噪声和量子关联指标面临的核心问题，并详细介绍了实现高压缩度/高纠缠度光场输出所采用的关键技术。

　　该书的内容主要来源于山西大学光电研究所量子技术开发与应用平台的教学和科研工作。感谢科技部、国家自然科学基金、山西省相关部门等的长期大力支持；感谢为该书提供宝贵意见，参与该书撰写、修改的每一位老师和同学！

2024 年 3 月

目　录

第 1 章　光学参量过程概述

　　光通过一种非线性介质材料改变其光学特性，引起光波发生非线性频率转换的现象称为光学参量过程。此时，非线性介质本身并不参与能量交换，但却能使光场频率发生变化，这种非线性光学频率转换现象的发现始于激光的发明 (1960年)，由 Franken 等 1961 年发现石英片在激光照射下产生了二次谐波。区别于普通光源，只有激光具有足够的强度才可以激发这种非线性频率转换。在激光技术的应用中，光学参量过程已成为拓展激光波长范围的重要手段，同时结合相位的相敏操控可实现对光场量子噪声的有效抑制，突破散粒噪声极限或标准量子极限，产生更低噪声的压缩态 (squeezed state) 光场。

　　经典麦克斯韦电磁理论认为，理想的激光是没有任何噪声的，然而按照量子理论激光所能达到的理想状态称为相干态，其噪声对应于散粒噪声极限或标准量子噪声极限，此时相干态的噪声只包含量子噪声，是经典技术手段所能达到的极限值。而压缩态光场是将量子噪声进一步压缩，获得突破散粒噪声极限的一种非经典光场；利用压缩态光场可以构建纠缠态光场，建立量子关联，从而进一步应用于量子通信、量子计算与模拟和量子精密测量等领域 [1-6]。尤其在精密测量中，压缩态光场可实现超越标准量子极限的超高灵敏度、超高分辨率测量，已成为现代精密测量中的一种重要量子资源，被广泛应用于前沿科学研究 (如引力波探测)、资源勘探、材料科学、环境监测和生命科学等领域 [7-9]。

　　本章将回顾四种介质材料制备压缩态光场的方法及其发展历程，并围绕光学参量振荡/放大器技术，简单介绍光学参量过程的基本物理思想，阐述光学参量放大和参量振荡过程，以及参量下转换过程中的简并与非简并参量振荡器，分析光学参量过程中的噪声特性，重点介绍高压缩度压缩态光场制备的影响因素和需要解决的主要技术问题。

1.1　压缩态光场制备研究进展

　　1985 年，美国贝尔实验室的 Slusher 等采用四波混频的方法首次在实验中观测到了压缩态 [10]，由此开启了物理学界对压缩态光场理论与实验及其应用的研究热潮。经过三十多年的发展，人们逐渐发展了多种压缩态光场实验制备技术，并开展了压缩态光场在精密测量、量子成像和量子信息等领域的应用研究。随着实验研究的不断深入，相关量子技术——设计方案、制造工艺、材料加工技术和控制技术等逐渐成熟,如周期极化晶体材料、超低损耗镀膜技术、PDH(Pound-Drever-Hall) 稳频技术、相干光控制技术和量子噪声锁定等新技术,为研制稳定运转、高性能、高质量的压缩态光源奠定了基础。

目前,成熟的压缩态光场制备方法主要是通过光学参量过程。其中,非线性介质材料是压缩态制备的主要载体,如光纤 [11−13]、波导 [14,15]、原子气室 [15−17] 和晶体等,通过四波混频过程 [10−13] 或光学参量振荡/放大器 [18−22] 均可实现对光场量子噪声的有效压缩。在理想情况下,利用非线性光学参量过程对光场量子噪声进行相敏操控,使相空间中均匀分布的量子噪声 (相干激光/真空场) 发生畸变。在满足海森伯不确定性关系的条件下,实现两正交分量量子噪声在相空间中的重新分配,将噪声挤压到一个分量上,从而大幅抑制另一正交分量的量子噪声,使其突破散粒噪声极限,即产生一种重要的光场量子态——压缩态。上述四种非线性材料是目前制备压缩态光场的主要介质,但各有优缺点,如表 1.1.1 所示。其中,光纤和波导介质有较大的传输损耗,但与现有光纤通信网络兼容性好、便于小型化;原子气室采用四波混频过程制备压缩光,有较大的吸收损耗,但装置比较简单,具有优良的空间多模操控能力;晶体材料通过光学参量振荡/放大器增强非线性相互作用,对反馈控制精度要求较高,是当前获得高压缩度压缩态光场最有效的途径之一。下面我们将依次介绍基于光纤、波导、原子气室和晶体材料的压缩态光场制备的基本原理和发展历程。

表 1.1.1　不同种介质材料制备压缩光的优缺点对比

介质材料	优点	缺点
光纤	兼容光纤通信网络	传输损耗较大
波导	制备大带宽压缩光,适用于量子处理器	受非线性介质影响大
原子气室	装置简单,优良的空间多模操纵能力,通道容量大	吸收损耗较大
光学参量振荡器	技术较为成熟,压缩度高	反馈控制精度要求高

1.1.1　光纤中的压缩光制备

在光与物质的非线性相互作用过程中,克尔 (Kerr) 效应的物理过程是基于光致折射率变化的三阶非线性效应——三阶非线性极化率 χ_3,即介质折射率依赖于光场的强度 [23]:

$$n(\alpha) = n_0(1 + n_2\alpha^2), \quad n_2 = \frac{3}{2}\chi_3 \tag{1.1.1}$$

其中,n_0 为真空中的介质折射率;α 为光场的幅度。这种由光强引起的折射率变化过程同时会伴随强度依赖的相位偏移,表现为自相位调制或交叉相位调制。自相位调制是指光场在传播过程中所经历的自感应相移,而交叉相位调制是指由另一个具有不同波长、方向或偏振状态的光场引起的非线性相移。光场输入与输出

后引入的相位偏移与光强的关系可以表示为

$$\phi_{\text{out}} - \phi_{\text{in}} = \frac{2\pi n L}{\lambda} = \frac{2\pi L}{\lambda} n_0 (1 + n_2 \alpha^2) \tag{1.1.2}$$

其中，L 对应于克尔介质材料的长度；λ 对应于光场真空中的波长。

引入的相位偏移过程伴随着量子噪声在相空间中的重新分布，形成如图 1.1.1 所示的从相干态向压缩态的演化。通常，三阶非线性系数相比于二阶过程要弱几个数量级，难以实现有效的非线性相互作用强度，增加非线性介质的相互作用长度是增强相互作用的有效途径。因此，便于扩展长度的光纤成为解决这一问题的首选材料。此外，光与原子近共振的位置会有强的非线性相互作用，是增强非线性效应的又一种有效方法，被广泛应用于冷原子实验中。但这种方法会引入额外噪声，不利于高压缩度压缩态光场的制备。

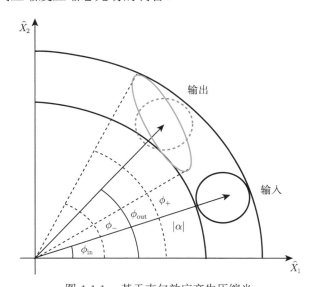

图 1.1.1　基于克尔效应产生压缩光

输入光场为相干态，初始相位为 ϕ_{in}，经过克尔效应介质后，光强涨落大于平均值的部分相移向上 ϕ_+，强度 $\langle I \rangle - \Delta I$ 小于平均值的部分会有负相移，由此产生压缩光

克尔效应感应的折射率变化量与外电场平方成正比，因此也称为"二次电光效应"，是物质在外电场的作用下折射率发生变化的一种现象。与之类似的是泡克耳斯 (Pockels) 效应，其感应的折射率变化与外电场为线性关系。克尔效应不仅在晶体中，而且在液体和非晶物质里均可观察到，只是强弱程度不同，由克尔于 1878 年第一次观测到 [24]。

考虑光场起伏的噪声方差，一束激光穿过克尔效应的介质时可表示为 [24]

$$\alpha(t) = \alpha_{\text{in}} + \delta X_{1\text{in}}(t) + \delta X_{2\text{in}}(t) \tag{1.1.3}$$

光场通过长度为 L 的克尔盒之后的光程延迟 $\delta\varphi$ 为

$$\delta\varphi = \frac{2\pi}{\lambda} \cdot L \cdot \delta n = \frac{\pi L}{\lambda} n E^2 \tag{1.1.4}$$

其中，n 为克尔盒的折射率；E 为电场强度。光场起伏引起克尔介质折射率的非线性变化，激光的强度噪声对克尔介质的折射率进行调制，即折射率调制出射光场相位，但输出激光的强度不发生变化。出射光场的相位噪声则会包含与输入场振幅噪声有关的项：

$$\hat{X}_{1\text{out}} = \hat{X}_{1\text{in}} \tag{1.1.5}$$

$$\hat{X}_{2\text{out}} = X_{2\text{in}} + 2r_{\text{Kerr}}\hat{X}_{1\text{in}} \tag{1.1.6}$$

其中，$r_{\text{Kerr}} = 2\pi n_0 n_2 L \alpha^2 / \lambda$ 为克尔系数。

输出光场与本底光在 50/50 上干涉耦合，经导光镜导入平衡零拍探测器，对光场噪声方差进行探测。输出场通过零差探测器将输出信号与本底信号拍频，测得的正交分量为 δX_1 和 δX_2 的线性叠加。$\hat{X}(\theta) = \hat{X}_1 \cos(\theta) + \hat{X}_2 \sin(\theta)$，这里 θ 为本底光和信号光之间的相对相位，测得的压缩度可表示为

$$V(\theta, r_{\text{Kerr}}) = 1 + 2r_{\text{Kerr}} \sin(2\theta) + 4r_{\text{Kerr}}^2 \sin^2\theta \tag{1.1.7}$$

归一化至相干态的标准方差后，$V(0, r_{\text{Kerr}}) = 1$ 为标准量子极限，$V(\theta, r_{\text{Kerr}}) < 1$ 为压缩态噪声方差。当 $\mathrm{d}[V(\theta, r_{\text{Kerr}})]/\mathrm{d}\theta = 0$ 时，压缩度达到最高值，此时 $\cot(2\theta) = -r_{\text{Kerr}}$。

1985 年，M. Levenson, R. Shelby 与 IBM 的合作者进行了一项开创性的实验：将具有克尔效应的石英光纤作为非线性介质，将 Kr 激光器产生的相干态光场转化为正交相位压缩光 [23]，实验装置如图 1.1.2 所示。

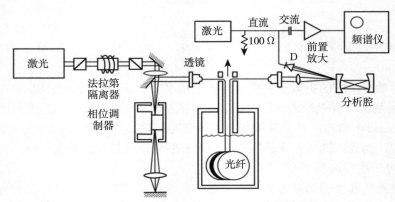

图 1.1.2　光纤中克尔压缩实验的原理图 [23]

实验中,利用四镜环形腔,通过调整失谐量产生相移,对压缩光的相位噪声进行测量,详细物理思想和基本原理见本书 2.2.3 节和 4.2.2 节。在实验之初,该装置受限于经典噪声 (显著大于标准量子噪声极限),无法观察到噪声的压缩。主要原因是,光纤在固态材料的热激励下会产生受激布里渊散射,引起折射率的微小波动,从而使光纤纤维内部诱导几何声波,形成复杂的噪声谱,掩盖了压缩噪声谱。通过液氦将光纤冷却到 4 K 以下,从而大幅抑制受激布里渊散射。

受激布里渊散射是一种非线性现象,存在一定的阈值。超过该阈值时,光纤中传导的光会形成后向散射,其出射光将引入大的噪声。因此,阈值的存在限制了注入光纤的最大光功率,不利于高压缩度压缩光的制备。通过采用多模输入场代替单模输入场可克服这种阈值效应,此时输入的每个模式均被压缩,并有自己的受激布里渊阈值。但要求所有这些压缩特征模必须以特定相位耦合,调节压缩角为 28° 进行探测[25]。

在基于光纤介质的压缩光制备中,难点在于增强克尔系数,其主要由非线性系数、相互作用长度和泵浦场强度三个因素决定,为此,人们提出以下四条应对策略。

(1) 采用单模光纤作为非线性介质,可轻松实现几百米的相互作用长度和承受足够的泵浦强度。

(2) 将克尔介质放置于高精细度谐振腔内,利用内腔循环振荡实现超长有效相互作用长度,同时大幅提高内腔功率密度。

(3) 利用原子共振吸收线增强克尔介质非线性系数,提升几个数量级,同时结合谐振腔技术进一步增强相互作用长度。

(4) 采用级联二阶非线性过程增强相互作用。与克尔效应非线性过程类似,这种级联过程是参量振荡和二次谐波过程同时产生,等价于三阶非线性效应[24]。假设系统的模式简并,泵浦光和参量下转换的模式与克尔效应中的泵浦模式类似,D. Hagan 等已经采用脉冲激光在磷酸钛氧钾 (KTP) 晶体中观测到这种三阶非线性效应[26]。

由上面的介绍可知,基于光纤介质实现压缩态光场的制备,需要采取措施提高克尔系数,有效增强噪声压缩过程;同时需要针对各种经典噪声耦合和非线性效应竞争采取必要的技术手段,抑制经典技术噪声,这为实验带来了较大的技术挑战。

1.1.2 波导中的压缩光制备

太赫兹 (THz) 带宽压缩态光场是量子处理器与时域多路复用集成的关键[27,28],基于单空间模式周期极化 ZnO:LiNbO$_3$ 波导的光学参量放大器 (optical parametric amplifier,OPA,基本原理的详细介绍见 1.2.2 节) 成为制备 THz

带宽压缩态光场的首选方法。泵浦光单次穿过波导 OPA，其频率带宽由周期极化的非线性相位匹配带宽决定，可以达到 THz；并且单空间模式结构避免高阶空间模式的引入，有效提高了基模空间模式压缩态的压缩度；另外，掺杂 ZnO 波导具有耐高功率泵浦特性、光折变损伤小等优点。目前，利用该技术已经成功观测到 20 MHz 边带分析频率内 6.3 dB 的压缩态光场 [15]。

　　利用波导 OPA 制备压缩态光场的方法，原则上只受限于波导本身的损耗和相位匹配条件。为了提高波导的压缩噪声水平，需克服由波导自身特性和连续波泵浦导致的缺点：①波导空间模式可以是基模和高阶模的叠加，高阶模不仅消耗泵浦功率，同时降低基模可测的压缩噪声水平；②在连续波泵浦过程中，大功率泵浦导致严重的损耗问题。高功率泵浦诱导光散射效应，即光折变效应，OPA 泵浦过程所需平均循环功率比脉冲泵浦高 100 倍以上，引起不可避免的光折变效应。

　　在波导 OPA 中，高效的光学参量过程、低损耗探测和高功率泵浦是实现高压缩水平的必要条件，对应的正交分量噪声方差表示为

$$R_{\pm} = 1 - \eta + \eta \times \exp(\pm 2\sqrt{aP}) \tag{1.1.8}$$

其中，R_+ 是反压缩噪声方差；R_- 是压缩噪声方差；η 为压缩光的探测效率；a 为波导的非线性转换效率；P 是泵浦功率。近年来，由于波导制造工艺的不断改进，非线性系数 a 的值越来越高，而 P 和 η 则受到由泵浦过程引起的光折变损伤等效应的限制。因此，我们需要提升波导材料对大功率泵浦的耐久性，在较低的光折变效应下，进一步提高泵浦光功率。其中，η 可分为以下几项：

$$\eta = (1 - L_{\mathrm{WG}})(1 - L_{\mathrm{HD}}) \tag{1.1.9}$$

其中，L_{WG} 和 L_{HD} 分别为波导对压缩光的有效传输损耗和平衡零拍探测损耗。L_{WG} 包括光学材料自身的损耗、波导结构缺陷引起的损耗和非线性光学晶体的泵浦损耗。为了降低泵浦损耗，可采用高耐久性的非线性晶体作为大功率泵浦材料；同时，在波导制造过程中，应尽量避免晶体质量恶化。当满足上述条件时，在降低损耗的同时还可以提升泵浦功率，获得更高水平的压缩态光场。平衡零拍探测损耗 L_{HD} 是由压缩光与本底光的模式失配、光电二极管的转换效率，以及等效于光损耗的电路噪声等因素决定的。当本底光功率足够高时，电路噪声可以忽略。此外，泵浦光单次穿过波导制备压缩的过程中，空间模式失配是由非线性晶体中泵浦光和压缩光之间的空间模式形状差异引起的，使用单模波导可完全避免这种损耗。

　　对于单模传播的压缩态光场，可以使用有限差分法计算波导的模态色散曲线。掺杂 ZnO 的周期极化铌酸锂 (PPLN) 具有较高的二阶非线性系数和宽带透明度，可以作为制备压缩态光场的核心波导材料。其中，掺杂 ZnO 可抑制铌酸锂

(LiNbO$_3$) 波导的光折变效应。以图 1.1.3(a) 为例，假定波导中心厚度为 5.0 μm，截面为梯形，两侧侧壁为 73.5° 角。图 1.1.3 (b) 为 1550 nm 竖直偏振光三种横模模式的有效折射率随波导顶部宽度的变化趋势。其中，横模插图中，波导顶部宽度分别为 4.0 μm、6.5 μm 和 11.0 μm，对应于基模、二阶模和三阶模的振幅分布，即顶部宽度超过 6.5 μm 的区域可激发高阶横模。一般对于大尺寸的波导可容忍较大的加工误差，例如波导芯侧壁可以有一定的粗糙度。因此，顶部设计宽度约 6.0 μm 是 1550 nm 波段波导单模传播的最大宽度。

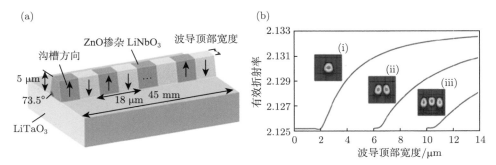

图 1.1.3 (a) PPLN 波导示意图；(b) 有限微分法计算的 PPLN 波导的模态色散曲线
图 (b) 给出了三种模式的有效折射率与波导顶部宽度的关系：(i) 波导顶部宽度为 4.0 μm 的基模；(ii) 波导顶部宽度为 6.5 μm 的二阶模式；(iii) 波导顶部宽度为 11.0 μm 的三阶模式 [15]

实验中，采用掺杂 ZnO 的 PPLN 波导，长度为 45 mm，极化周期约为 18 μm。波导输入和输出端面经机械抛光后，镀有 1550 nm 和 775 nm 双减反膜。图 1.1.4 为 PPLN 波导在 45 °C 相位匹配温度点对应的相位匹配带宽辛格 (sinc) 函数曲线，通过注入 3 mW 基频光，测试倍频光功率绘制而成。可见，其最大倍频转换效率对应的中心波长为 1552 nm。

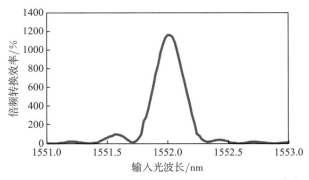

图 1.1.4 制备的 PPLN 波导的二次谐波转换效率 [15]
输入光功率为 3 mW

　　典型的压缩态光场制备实验装置如图 1.1.5 所示，1550 nm 激光通过分束器分为两束，一束进入倍频腔产生 775 nm 倍频光；另一束经过 PPLN 波导 2(偏离相位匹配温度点，避免二次谐波产生) 对光斑进行整形作为本底光，实现与压缩光高的干涉对比度；775 nm 倍频光泵浦 PPLN 波导 1 产生压缩态光场。压缩光与本底光在 50/50 分束器上发生干涉耦合，进行平衡零拍探测 (balanced homodyne detection，BHD)，测量压缩光的压缩度。目前，该方案已可直接探测到 20 MHz 带宽内 6.3 dB 的压缩光 [15]。

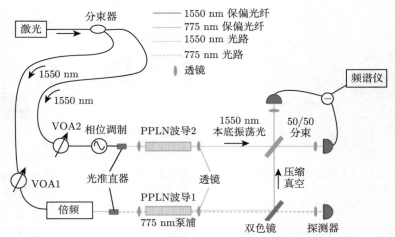

图 1.1.5　从 PPLN 波导中探测压缩光的实验装置示意图 [15]

1.1.3　原子气室中的压缩光制备

　　四波混频过程是指三种光波相互作用产生第四种光场的过程，是光与物质相互作用的一种非线性过程，属于三阶非线性过程，四种光波通过介质进行能量和动量转移。通常采用一束强泵浦光激发非线性介质产生非线性极化，在相位匹配条件下，非线性介质与其他满足相位匹配的光波发生相互作用。四波混频过程在多种共振型的介质中均可以观测到，比如原子气室 [29]，是另外一种产生压缩态的常见方法。

　　在原子气室中，强的非线性效应发生在光的频率接近原子能级近共振的区域。如图 1.1.6 四波混频原理图所示，一束强度为 I_0 的相干探针光 (Pr$_0$) 注入参量放大器，与泵浦光 (P$_1$) 相交。参量放大过程为注入探针光提供增益 G，其输出探针光 (Pr$_1$) 功率为 $I_0' = GI_0$。同时，此参量放大过程产生了一束共轭光，其功率为 $I_1 = (G-1)I_0$。经过此参量放大过程之后孪生光束的功率之和被放大至 $(2G-1)$ 倍，但是其强度差信号的噪声保持不变。因此，孪生光束 Pr$_1$ 与 C$_1$ 的强度差信号噪声与散粒噪声极限相比压缩度为 $1/(2G-1)$。在相互作用过程中，非线性作用的强弱主要由三个因素决定：一是材料的非线性系数；二是共振型非线性介质的密度；三是参与非线性作用的光频率间的相位匹配[30]。四波混频过程会产生一束不同频率的激光，这束光可以用来研究非线性介质的特性或者作为光源使用。

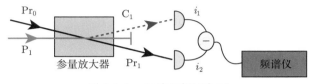

图 1.1.6　四波混频示意图

　　另外，四波混频过程还可用于产生新的调制边带。例如，当一束激光只有一个调制边带 $(\nu+\Omega)$ 时，通过四波混频过程就可以产生一个新的边带 $(\nu-\Omega)$，新边带幅度大小与四波混频转换效率相关，用新边带和原有边带的振幅比值 C 来衡量。现在我们考虑一束振幅调制边带激光的四波混频过程，此时载波两侧形成几阶对称的双边带，且对称的两个边带具有相同的相位。当调制边带通过非线性介质时，每一组边带通过四波混频过程实现相互转化，均增大至原来的 $(1+C)$ 倍。当采用相位调制激光进行四波混频时，由于相位调制的上下两个边带相位差为 $180°$，即当下边带由四波混频产生新的边带与上边带叠加时，由于相位相反而产生干涉相消，衰减了上边带；反之则下边带被衰减，衰减因子为 $(1-C)$。由上述现象可知，四波混频效应提供了一种将一对共轭的正交分量的噪声相互转移的方法，不仅可用于产生调制边带，也可以用于操控噪声边带。具有相同的振幅和相位调制噪声的一束光，经过四波混频过程后，其振幅调制噪声被放大，而相位调制噪声被缩小，利用这个特性可以将相干态转换为相位压缩态，这一现象已被 Slusher 等进行了实验验证[15]。

　　四波混频产生压缩光最早是由 Yuen 和 Shapiro 提出的[17]，他们建议采用简并四波混频的方法产生压缩光，即两束强泵浦光场在相位共轭介质中彼此对打，输出场则是一对相位共轭的信号场和闲频场，并且彼此反向出射，输出的两束光场为弱场，存在量子关联。为了提升三阶非线性相互作用过程，最有效的方式是四波混频过程工作于原子共振能级的非线性频率转换区域，但是在这个区间内，原子吸收和自发辐射过程将会给系统引入额外噪声，严重时将完全观察不到压缩态。四波混频产生压缩光理论提出后，1985 年，贝尔实验室的 Slusher 等首次在实验中观察到压缩态，区别于 Yuen 和 Shapiro 提出的简并四波混频方法，其产生的是双模压缩态。他们在 Na 原子中实现非简并四波混频，其中强泵浦场相对原子 D_2 能级跃迁线引入失谐 1.5 GHz；并将原子气室置于反射率非对称的光学谐振腔中，使四波混频过程产生的信号场和闲频场从谐振腔的一端输出，以增强非线性相互作用，提高压缩度。通过上述结构设计，当压缩光场与泵浦场相对相位为 0.86° 时，测量到低于散粒噪声基准 0.3 dB 的正交分量压缩光。随后，多个实验小组尝试采用不同的介质，通过四波混频过程产生压缩光，却始终无法提高压缩度。直到 2008 年，美国国家标准与技术研究院 (NIST) 的 Paul Lett 实验小组首次在 ^{85}Rb 原子的 D_1 线观测到 -8.8 dB 的双模压缩态光场。如图 1.1.7 所示，Rb 原子加热到 110 °C 形成的原子蒸气作为非线性介质，一束强泵浦场和一束弱信号场以 0.3° 的角度会聚于原子气室中心。其中，强泵浦场 (约 400 mW) 为线偏光，与 Rb 原子 D_1 跃迁线 $5S_{1/2}, F = 2 \rightarrow 5P_{1/2}$ 蓝失谐 800 MHz，参与四波混频的弱信号场与泵浦场偏振相互垂直，且相对于泵浦场红失谐约 3 GHz。在非简并四波混频过程中，信号场受激放大，同时产生相共轭的闲频场。

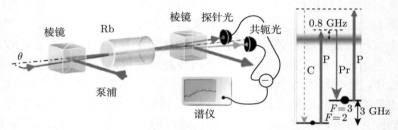

图 1.1.7   基于四波混频的双模压缩源 [31]

在原子气室中发生双 Λ 型四波混频，输出孪生纠缠光束，经过偏振分束器 PBS 分束后，入射至两个参数相同的低噪声光电探测器中，进行强度差探测，强度差电流信号输入频谱分析仪 (SA) 进行纠缠光束的噪声谱测量。2012 年，美国 NIST 实验小组通过对四波混频的进一步研究发现，将 Rb 原子的双 Λ 能级反转 (图 1.1.8)，将泵浦场与信号场位置互换，可激发出频率简并的单模压缩光 (-3.2 dB)，并且具有空间多模特性，同时该过程具有相位敏感的特点，可用于相位敏感的无噪放大实验，实现干涉仪信号的放大 [31]。与非简并双模压缩光的实验相比，仅需要更低的温度即可激发泵浦场的频率转换过程，表明两个过程并非完全可逆；同时，简并四波混频制备压缩光的作用强度更强，且无须添加光学谐振腔，大大简化了实验装置；并且产生的单模压缩态光场与原子跃迁能级相匹配，且无光学谐振腔的约束而具备天然的空间多模特性，大大增加了通道容量。

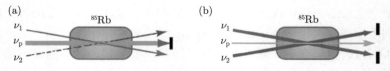

图 1.1.8   双模压缩光和单模压缩光的物理模型
(a) 双模压缩光的几何构型；(b) 反转四波混频过程产生单模压缩光的几何构型 [31]

1.1.4 三种介质材料压缩态制备研究现状

图 1.1.9 为原子气室、光纤以及波导介质中制备压缩态光场的国内外研究进展。1985 年,Slusher 小组利用激光与钠原子束的非线性相互作用制备了世界上第一束压缩光;之后,2003 年和 2011 年,Barreiro 团队利用原子系统中的法拉第旋转非线性效应,分别观察到 0.9 dB 和 2.9 dB 的压缩光,系统中非线性交叉相位调制引起与泵浦场偏振正交的偏振模式产生压缩。利用 Λ 型原子系统,Paul Lett 小组于 2007 年在铷原子蒸气中观察到四波混频过程产生 9 dB 的强度差压缩态;进一步技术优化后,强度差压缩达到 9.2 dB,这是原子系统中压缩度的最高纪录。美国 Corzo 小组于 2011 年采用相同的原子观察到 3 dB 的强度差压缩态。同年,华东师范大学采用热铷蒸气四波混频系统制备出 5 dB 的低频强度差压缩;2018 年,利用双泵浦激发原子团的相位匹配构型将指标提升至 7 dB。

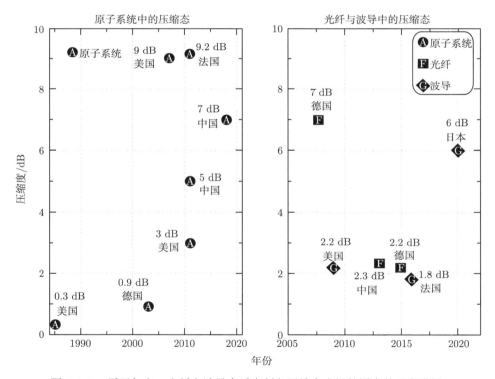

图 1.1.9   原子气室、光纤和波导介质中制备压缩态光场的国内外研究进展

同时,利用光纤或波导介质材料制备压缩态的技术也在同步发展。1995 年,美国 Serkland 团队理论上证明了准相位匹配 LiNbO$_3$ 行波波导制备 3 dB 正交压

缩光的可行方案。德国马克斯·普朗克研究所于 2007 年在双折射光纤中实现了
7 dB 的超短光子脉冲偏振压缩, 实验证明了光纤和波导压缩制备方案的可行性。
2009 年, 美国 Pysher 团队采用周期极化 KTP(PPKTP) 晶体波导, 实验完成了
2.2 dB 的宽带振幅压缩光。2013 年, 华东师范大学利用光纤中的量子相消干涉,
实现了 2.3 dB 的压缩态输出。2016 年, 法国 Kaiser 团队采用全套波导光学系统,
实现了 1.8 dB 的压缩态制备。2020 年, 日本 NTT 设备技术实验室设计了单模
PPLN 波导结构, 实验上直接观察到 6 dB 的压缩态光场, 这是目前波导制备压
缩光的最高指标。

1.1.5　光学参量振荡技术及研究现状

光学参量振荡器 (OPO) 是在光学谐振腔中插入非线性晶体材料, 通过谐振
振荡增强光与晶体的非线性相互作用过程的一种光学器件。一般采用非线性极化
率较高的二阶非线性过程: 一束频率较高的泵浦光下转换为较低频率的信号光和
闲置光, 通过操控泵浦光和信号光的相对相位而实现相敏放大或缩小, 从而实现
光场正交相位或正交振幅噪声的压缩。经过三十多年的发展, 这种技术已成为制
备高压缩度压缩态光场的重要技术, 1.2~1.4 节将详细介绍这种光学参量技术, 这
里将简单总结光学参量技术制备压缩光的研究现状。

图 1.1.10 为高压缩度压缩光源的国内外研究历程。

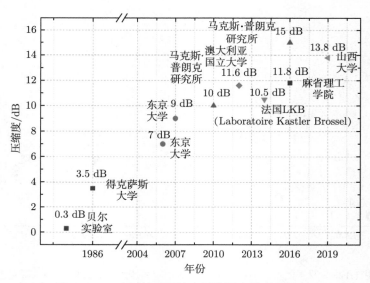

图 1.1.10　高压缩度压缩光源的国内外研究历程

20 世纪 20 年代，人们已提出光场压缩态的概念，但其受限于当时的实验条件，并未引起广泛关注。1960 年，美国科学家梅曼发明了激光器，高强度激光为非线性过程的研究带来了契机；Franken 等于 1961 年发现，石英片在激光照射下产生了二次谐波。1976 年，Yuen 在理论上详细分析了制备压缩态的可能性，为实验制备压缩态光场奠定了理论基础 [32]。1981 年，Caves 提出利用压缩光填补激光干涉仪的真空通道，可进一步突破干涉仪某正交分量的标准量子噪声极限，提高该正交分量探测灵敏度 [33]。继 1985 年美国贝尔实验室 Slusher 小组采用非简并四波混频过程首次制备得到 0.3 dB 压缩态光场之后，Kimble 小组于 1985 年首次采用二阶非线性光学参量过程制备出 3.5 dB 的压缩态光场 [34]；1992 年，该小组基于二类相位匹配的光学参量下转换过程在实验上首次观察到纠缠度为 3.6 dB 的双模压缩态光场 [35]。随后的十几年间，压缩度/纠缠度维持在 4 dB 左右。

受量子光学和引力波探测应用需求的牵引，压缩/纠缠态光场的实验研究在 21 世纪的前十年间得到了快速发展。2006～2007 年，日本东京大学在原子吸收线波段，实验观测到压缩度分别为 7 dB 和 9 dB 的压缩态光场 [34]。2008 年，德国马克斯·普朗克研究所首次将压缩态光场的压缩度提高至 10 dB[36]。2010 年和 2016 年，分别通过降低光学损耗和优化反馈控制系统，获得了最高 12.7 dB[37] 和 15 dB[38] 的压缩态光场，这是目前压缩态光场保持的最高指标。2018 年，德国汉堡大学基于双共振光学参量振荡腔技术，在泵浦光功率为 12 mW 时实现了压缩度为 13 dB 的压缩态 [39]，在保持压缩度的前提下，有效节约了泵浦光功率。2013 年，德国马克斯·普朗克研究所利用两束单模压缩态光场在分束器上以 $\pi/2$ 耦合，实验制备得到纠缠度为 10.1 dB 的双模纠缠态光场 [40]。图 1.1.11 为高纠缠度纠缠光源的国内外研究历程。

20 世纪 90 年代，山西大学率先在国内开展压缩/纠缠态光场的实验研究；2017 年，经过在光学器件、探测器件和控制系统方面的持续技术积累与更新，实验上直接观测到 12.6 dB 的明亮压缩态光场 [41]，功率为 45 μW，这是目前明亮压缩态光场压缩度的最高指标；在无种子光注入的条件下，该装置可直接探测到 13.2 dB 的压缩真空态光场；随后，通过降低平衡零拍探测器的电子学噪声、提高共模抑制比 (common mode rejection ratio, CMRR) 和优化探测中的干涉效率，将压缩真空态光场的压缩度提高至 13.8 dB[42]，如图 1.1.10 所示。通过采用两束单模压缩光耦合，并建立纠缠光制备过程理论模型，系统分析影响纠缠度的因素，通过优化实验参数，获得了 10.7 dB[43] 的无偏置纠缠态光场和最高纠缠度为 11.0 dB[44] 的双模纠缠态光场；同时，通过设计高效光学滤波器和真空模式辅助控制单元，完成了单个光学参量腔四组对称真空边模纠缠态空间分离，边模纠缠度达到 10.8 dB[45]。其中，双模纠缠态光场和边模纠缠态光场的纠缠度均为国际最高指标，如图 1.1.11 所示。

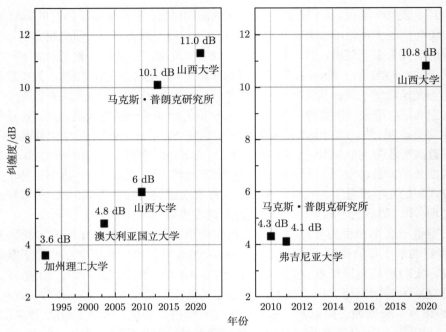

图 1.1.11　高纠缠度纠缠光源的国内外研究历程

1.2　光学参量振荡器

1.2.1　光学非线性过程简介

为了更精确地描述光学参量过程，我们需要对非线性介质中的极化过程进行介绍。在光场电场矢量的作用下，非线性介质中发生电致折射率变化，导致介质中偶极子与光场发生偶极相互作用 (极化)，形成的偶极矩与电场矢量 E 之间的关系可以用极化强度来表示 [46]：

$$P(\varepsilon) = \underbrace{\varepsilon_0\chi^{(1)}E}_{P^{(1)}} + \underbrace{\varepsilon_0\chi^{(2)}E^2}_{P^{(2)}} + \underbrace{\varepsilon_0\chi^{(3)}E^3}_{P^{(3)}} + \cdots \qquad (1.2.1)$$

其中，$P^{(i)}$ 是第 i 级极化强度；ε_0 是真空中的介电常数；$\chi^{(n)}$ 是第 n 阶极化率。当前最先进的固态非线性光学材料，$\chi^{(1)} \approx 1$，$\chi^{(2)} \approx 10^{-12}$ m / V，$\chi^{(3)} \approx 10^{-24}$ m^2/V^2。通常二阶非线性相互作用强度远大于三阶过程，因此，我们这里只考虑二阶非线性相互作用过程。

下面举例说明这种二阶非线性相互作用过程，假设进入介质的入射场包含基频场 (处于真空状态或相干状态) 和二次谐波泵浦场，则输入光场总的电场强度可

表示为

$$E = A\cos(\omega t + \phi) - B\cos(2\omega t) \tag{1.2.2}$$

其中，A 是光学频率为 $f = \omega/2\pi$ 的基频场幅度；B 是两倍光学频率的泵浦场幅度；ϕ 表示两个场之间的相对相位。与非线性晶体相互作用后，将 (1.2.2) 式代入 (1.2.1) 式，则二阶极化输出场的极化强度表示为

$$P^{(2)}(\varepsilon) = \chi^{(2)} \left\{ A^2\cos^2(\omega t + \phi) + B^2\cos^2(2\omega t) - 2AB\cos(\omega t + \phi)\cos(2\omega t) \right\}$$

$$= \chi^{(2)} \left\{ \frac{1}{2}A^2[1 + \underbrace{\cos(2\omega t + 2\phi)}_{\propto 2\omega}] + \frac{1}{2}B^2[1 + \underbrace{\cos(4\omega t)}_{\propto 4\omega}] \right.$$

$$\left. - \underbrace{AB\cos(\omega t - \phi)}_{\propto \omega} + \underbrace{\cos(3\omega t + \phi)}_{\propto 3\omega} \right\} \tag{1.2.3}$$

由上式可见，介质中的二阶极化过程包含了零频 (直流) 和 $\omega, 2\omega, 3\omega, 4\omega$ 的多级谐波频率分量，即在极化过程中，晶体内产生了基频光的倍频项 2ω、基频场和泵浦场的和频项、泵浦光的倍频项 4ω。其中，二阶极化分量 $P_\omega^{(2)} = -\varepsilon_0\chi^{(2)}AB\cos(\omega t - \phi)$ 与一阶极化基频分量 $P_\omega^{(1)} = \varepsilon_0\chi^{(2)}A\cos(\omega t + \phi)$ 发生干涉，引起了基波输入场的光学参量放大效应；如果所有系数均为正数且 $\phi = 90°$ 或 $270°$，则发生相长干涉，基波输入场被放大，即参量放大过程；当 $\phi = 0°$ 或 $180°$ 时，则会发生相消干涉，基波输入场幅度被缩小，即参量缩小过程。

下面考虑更一般的情况，即频率为 ω_1 和 ω_2 的光场通过非线性介质，电极化后介质中将产生系列谐波频率，包含 $2\omega_1, 3\omega_1, \cdots, 2\omega_2, 3\omega_2$ 以及和频 $(\omega_1 + \omega_2)$、差频 $(\omega_1 - \omega_2)$ 等分量。在实际应用中，为了有选择地增强某一频率分量而不产生其他频率分量，需要满足对应分量的相位匹配条件，即相互作用的光场之间必须满足动量守恒和能量守恒。例如，如果要增强 ω_1 的二次谐波频率分量，则要求满足的相位匹配条件为 $2k_1 - k_2 = 0$；为增强和频分量，则需要满足 $k_1 + k_2 - k_3 = 0$ 的相位匹配条件，此时只需要考虑 ω_1、ω_2 和 ω_3 三个频率的波耦合即可，所有其他频率的波耦合可以忽略。上述三种频率成分的光波在非线性介质内耦合，其中两个频率光波感应极化产生第三个频率的光波。

三波耦合方程组如下所示，由二阶非线性电极化强度的一般表示式可得

$$P^{(2)}(\omega_1) = 2\varepsilon_0\chi^{(2)}(\omega_3, -\omega_2) : E(\omega_3, z)E^*(\omega_2, z) \tag{1.2.4}$$

$$P^{(2)}(\omega_2) = 2\varepsilon_0\chi^{(2)}(\omega_3, -\omega_1) : E(\omega_3, z)E^*(\omega_1, z) \tag{1.2.5}$$

$$P^{(2)}(\omega_3) = 2\varepsilon_0\chi^{(2)}(\omega_1, \omega_2) : E(\omega_1, z)E(\omega_2, z) \tag{1.2.6}$$

上式中三个频率的场的标量复振幅 $E(\omega_1, z)$、$E(\omega_2, z)$ 的微分方程分别为

$$\frac{\mathrm{d}E(\omega_1, z)}{\mathrm{d}z} = \frac{\mathrm{i}\omega_1^2\mu_0}{2k_1}a(\omega_1)\mathrm{g}P'_{\mathrm{NL}}(\omega_1, z)\exp(-\mathrm{i}k_1 z) \tag{1.2.7}$$

$$\frac{\mathrm{d}E(\omega_2, z)}{\mathrm{d}z} = \frac{\mathrm{i}\omega_2^2\mu_0}{2k_2}a(\omega_2)\mathrm{g}P'_{\mathrm{NL}}(\omega_2, z)\exp(-\mathrm{i}k_2 z) \tag{1.2.8}$$

$$\frac{\mathrm{d}E(\omega_3, z)}{\mathrm{d}z} = \frac{\mathrm{i}\omega_3^2\mu_0}{2k_3}a(\omega_3)\mathrm{g}P'_{\mathrm{NL}}(\omega_3, z)\exp(-\mathrm{i}k_3 z) \tag{1.2.9}$$

其中,

$$P'_{\mathrm{NL}}(\omega_1, z) = 2\varepsilon_0\chi^{(2)}(\omega_3, -\omega_2) : a(\omega_3)a(\omega_2) \times E(\omega_3, z)E^*(\omega_2, z)\exp[\mathrm{i}(k_3 - k_2)z] \tag{1.2.10}$$

$$P'_{\mathrm{NL}}(\omega_2, z) = 2\varepsilon_0\chi^{(2)}(\omega_3, -\omega_1) : a(\omega_3)a(\omega_1) \times E(\omega_3, z)E^*(\omega_1, z)\exp[\mathrm{i}(k_3 - k_1)z] \tag{1.2.11}$$

$$P'_{\mathrm{NL}}(\omega_3, z) = 2\varepsilon_0\bar{\chi}^{(2)}(\omega_1, \omega_2) : a(\omega_1)a(\omega_2) \times E(\omega_1, z)E(\omega_2, z)\exp[\mathrm{i}(k_1 + k_2)z] \tag{1.2.12}$$

将 (1.2.10) 式 ~(1.2.12) 式分别代入 (1.2.7) 式 ~(1.2.9) 式, 并令

$$\Delta k = k_1 + k_2 - k_3 \tag{1.2.13}$$

则有

$$\frac{\mathrm{d}E(\omega_1, z)}{\mathrm{d}z} = \frac{\mathrm{i}\omega_1^2}{k_1 c^2}[\chi^{(2)}(\omega_3, -\omega_2) \vdots a(\omega_1)a(\omega_2)a(\omega_3)] \times E(\omega_3, z)E^*(\omega_2, z)\exp(-\mathrm{i}\Delta k z) \tag{1.2.14}$$

$$\frac{\mathrm{d}E(\omega_2, z)}{\mathrm{d}z} = \frac{\mathrm{i}\omega_2^2}{k_2 c^2}[\chi^{(2)}(\omega_3, -\omega_1) \vdots a(\omega_2)a(\omega_3)a(\omega_1)] \times E(\omega_3, z)E^*(\omega_1, z)\exp(-\mathrm{i}\Delta k z) \tag{1.2.15}$$

$$\frac{\mathrm{d}E(\omega_3, z)}{\mathrm{d}z} = \frac{\mathrm{i}\omega_3^2}{k_3 c^2}[\chi^{(2)}(\omega_1, \omega_2) \vdots a(\omega_3)a(\omega_1)a(\omega_2)] \times E(\omega_1, z)E(\omega_2, z)\exp(\mathrm{i}\Delta k z) \tag{1.2.16}$$

以上三式方括号中点乘的定义为

$$\chi^{(2)} \vdots abc = \sum_{\substack{\alpha, \beta, \gamma \\ =x,y,z}} \chi^{(2)}_{\alpha\beta\gamma} a_\alpha b_\beta c_\gamma \tag{1.2.17}$$

当介质与频率为 ω 的光场之间没有能量交换，即介质无损耗时，电极化率张量具有完全对称对易性。因此，如果介质对上述频率 ω_1、ω_2 和 ω_3 的光场均无损耗，即 ω_1、ω_2 和 ω_3 远离共振区时，那么 (1.2.14) 式 ～(1.2.16) 式中的电极化率张量 $\chi^{(2)}(\omega_3, -\omega_2)$、$\chi^{(2)}(\omega_3, -\omega_1)$ 和 $\chi^{(2)}(\omega_1, \omega_2)$ 都是实数，再考虑到它们的完全对易对称性，那么可以证明 (1.2.14) 式 ～(1.2.16) 式中的方括号中的项都相等，这样，我们就可以引入一个实数 $\chi_c^{(2)}$ 来表示它们，即

$$
\begin{aligned}
\chi_c^{(2)} &= \chi^{(2)}(\omega_1, \omega_2) \vdots a(\omega_3)\, a(\omega_1)\, a(\omega_2) \\
&= \chi^{(2)}(\omega_3, -\omega_2) \vdots a(\omega_1)\, a(\omega_3)\, a(\omega_2) \\
&= \chi^{(2)}(\omega_3, -\omega_1) : a(\omega_2)\, a(\omega_3)\, a(\omega_1)
\end{aligned}
\tag{1.2.18}
$$

它给出了三束波之间耦合强度的一个量度。这样，(1.2.14) 式 ～(1.2.16) 式可以进一步简化为

$$
\frac{\mathrm{d}E(\omega_1, z)}{\mathrm{d}z} = \frac{\mathrm{i}\omega_1^2}{k_1 c^2} \chi_c^{(2)} E(\omega_3, z) E^*(\omega_2, z) \exp(-\mathrm{i}\Delta k z)
\tag{1.2.19}
$$

$$
\frac{\mathrm{d}E(\omega_2, z)}{\mathrm{d}z} = \frac{\mathrm{i}\omega_2^2}{k_2 c^2} \chi_c^{(2)} E(\omega_3, z) E^*(\omega_1, z) \exp(-\mathrm{i}\Delta k z)
\tag{1.2.20}
$$

$$
\frac{\mathrm{d}E(\omega_3, z)}{\mathrm{d}z} = \frac{\mathrm{i}\omega_3^2}{k_3 c^2} \chi_c^{(2)} E(\omega_1, z) E(\omega_2, z) \exp(\mathrm{i}\Delta k z)
\tag{1.2.21}
$$

(1.2.19) 式 ～(1.2.21) 式就是我们所要求的三波耦合方程组。

我们把非线性介质本身并不参与能量交换，却能使光场频率发生变化的作用称为光学参量转换过程。光学参量转换可以分为光学参量上转换和光学参量下转换。对于产生和频的过程来说，其结果是由频率较低的 ω_2 的光场转换为频率较高的 ω_3 的光场，这称为光学参量上转换；对于产生差频的过程来说，其结果是由频率较高的 ω_3 的光场转换为频率较低的 ω_2 的光场，这称为光学参量下转换。

在实际情况下，起转换作用的强光场 (泵浦场) 采用激光辐射，它比被转换的弱光场 (信号) 要强得多，因为在频率变换过程中泵浦场所损失或得到的功率只是它总功率的一小部分。所以在变换过程中，可以认为泵浦场强度的改变很小而忽略不计，从而认为 $E(\omega_1)$ 是常数。这种近似不仅适用于小的 z 值，而且适用于所有的 z 值都适用。

根据上面所给出的近似，我们可以求解 (1.2.20) 式和 (1.2.21) 式。将 (1.2.20)

式对 z 求导, 有

$$
\begin{aligned}
\frac{\mathrm{d}^2 E(\omega_2, z)}{\mathrm{d}z^2} = {}& \frac{\mathrm{i}\omega_2^2}{k_2 c^2} \chi_\mathrm{c}^{(2)} \frac{\mathrm{d}E(\omega_3, z)}{\mathrm{d}z} E^*(\omega_1) \exp(-\mathrm{i}\Delta k z) \\
& + \frac{\omega_2^2}{k_2 c^2} \chi_\mathrm{c}^{(2)} E(\omega_3, z) E^*(\omega_1) \Delta k \exp(-\mathrm{i}\Delta k z)
\end{aligned}
\tag{1.2.22}
$$

由 (1.2.20) 式可以求得

$$
E(\omega_3, z) = \frac{\mathrm{d}E(\omega_2, z)}{\mathrm{d}z} \frac{k_2 c^2}{\mathrm{i}\omega_2^2 \chi_\mathrm{c}^{(2)} E^*(\omega_1)} \exp(\mathrm{i}\Delta k z)
\tag{1.2.23}
$$

把 (1.2.23) 式及 (1.2.21) 式代入 (1.2.22) 式, 可求得 $E(\omega_2, z)$ 的微分方程:

$$
\frac{\mathrm{d}^2 E(\omega_2, z)}{\mathrm{d}z^2} + \mathrm{i}\Delta k \frac{\mathrm{d}E(\omega_2, z)}{\mathrm{d}z} + \frac{1}{l_M^2} E(\omega_2, z) = 0
\tag{1.2.24}
$$

其中, l_M 为光学参量过程的特征长度。假定初始条件为 $E(\omega_2, z)|_{z=0} = E(\omega_2, 0) = 0$, 则有

$$
\left. \frac{\mathrm{d}E(\omega_2, z)}{\mathrm{d}z} \right|_{z=0} = \frac{\mathrm{i}\omega_2^2}{k_2 c^2} \chi_\mathrm{c}^{(2)} E(\omega_3, 0) E^*(\omega_1, 0)
\tag{1.2.25}
$$

求解微分方程 (1.2.24) 式, 最后结果为

$$
\begin{aligned}
E(\omega_2, z) = {}& \frac{\mathrm{i}\omega_2^2}{k_2 c^2} \chi_\mathrm{c}^{(2)} E(\omega_3, 0) E^*(\omega_1, 0) \left[\frac{1}{l_M^2} + \left(\frac{\Delta k}{2} \right)^2 \right]^{-1/2} \\
& \times \exp\left(-\mathrm{i}\frac{\Delta k z}{2} \right) \sin\left[\frac{1}{l_M^2} + \left(\frac{\Delta k}{2} \right)^2 \right]^{1/2} z
\end{aligned}
\tag{1.2.26}
$$

$$
N_{\omega_2}(z) = \frac{N_{\omega_3}(0)}{l_M^2} \left[\frac{1}{l_M^2} + \left(\frac{\Delta k}{2} \right)^2 \right]^{-1} \sin^2 \left[\frac{1}{l_M^2} + \left(\frac{\Delta k}{2} \right)^2 \right]^{1/2} z
\tag{1.2.27}
$$

再利用曼利--罗关系 $N_{\omega_2} + N_{\omega_3} = $ 常数 $= N_{\omega_3}(0)$, 可得

$$
N_{\omega_2}(z) = N_{\omega_3}(0) \frac{1 + \left(\dfrac{\Delta k l_M}{2} \right)^2 - \sin^2 \left[\dfrac{1}{l_M^2} + \left(\dfrac{\Delta k}{2} \right)^2 \right]^{1/2} z}{1 + \left(\dfrac{\Delta k l_M}{2} \right)^2}
\tag{1.2.28}
$$

(1.2.27) 式和 (1.2.28) 式是光学参量下转换过程中光子通量随距离 z 变化的关系式。对于光学参量上转换过程来说，相应的关系可以从 (1.2.27) 式和 (1.2.28) 式直接给出，只要变换频率 ω_2 和 ω_3 即可。这时有

$$N_{\omega_3}(z) = \frac{N_{\omega_2}(0)}{l_M^2 \left[\frac{1}{l_M^2} + \left(\frac{\Delta k}{2}\right)^2\right]} \sin^2 \left[\frac{1}{l_M^2} + \left(\frac{\Delta k}{2}\right)^2\right]^{1/2} z \qquad (1.2.29)$$

$$N_{\omega_2}(z) = N_{\omega_3}(0) \frac{1 + \left(\frac{\Delta k l_M^2}{2}\right)^2 - \sin^2 \left[\frac{1}{l_M^2} + \left(\frac{\Delta k}{2}\right)^2\right]^{1/2} z}{1 + \left(\frac{\Delta k l_M}{2}\right)^2} \qquad (1.2.30)$$

1.2.2   光学参量放大与光学参量振荡

光学参量振荡器和光学参量放大器可以实现光学参量上转换和光学参量下转换，从而输出从紫外光到可见光，再到红外光的大部分波长的激光，这可以用于扩展产生激光的波段。

1. 光学参量放大

利用非线性介质的参量效应可以放大弱光信号，这就是光学参量放大，但这时强激光或泵浦光必须具有最高频率 $\omega_3 = \omega_1 + \omega_2$，这里 ω_1、ω_2 均可作为待放大的弱信号频率。参量放大过程也是三波耦合过程。假如用 ω_1 作为待放大的弱信号频率，三波耦合过程表明：频率为 ω_1 的弱信号被放大的同时，一定会产生频率为 $\omega_2 = \omega_3 - \omega_1$ 的第三个波。在光学参量放大的理论中，这个产生频率为 ω_2 的第三个波称为闲置波。

根据以上说明，可以看到在耦合方程 (1.2.19) 式 ～(1.2.21) 式中的任何一个场振幅 $E(\omega_1, z)$、$E(\omega_2, z)$ 和 (ω_3, z) 都不能被认为是不变的，因为在理想情况下转换效率可以达到 100%，泵浦场可以减小到零，与此同时，信号场 $E(\omega_1)$ 和闲置场 $E(\omega_2)$ 随泵浦功率增加会不断增大，最终两个信号场总能量等于输入的泵浦场能量。

然而，在实际情况中，z 值是有限的。如果我们只讨论 z 值足够小的情况，则虽然产生了信号场和闲置场，但通常相互作用长度较小，泵浦场还没有显著的变化。因此，对于足够小的 z 值来说，我们仍可以把泵浦场 $E(\omega_3)$ 看作常数。利用这种近似，求解 (1.2.19) 式和 (1.2.20) 式。消去 $E(\omega_1, z)$ 后，可以得到 $E(\omega_2, z)$

的微分方程：

$$\frac{\mathrm{d}^2 E(\omega_2, z)}{\mathrm{d}z^2} + \mathrm{i}\Delta k \frac{\mathrm{d}E(\omega_2, z)}{\mathrm{d}z} - \frac{1}{l_{\mathrm{PA}}^2} E(\omega_2, z) = 0 \tag{1.2.31}$$

$$l_{\mathrm{PA}} = \left[\frac{1}{2c^2} \left(\frac{\omega_1^2 \omega_2^2}{k_1 k_2} \right)^{1/2} \left| \chi_c^{(2)} \right| E(\omega_3) \right]^{-1} \tag{1.2.32}$$

其中，l_{PA} 为参量放大过程的特征长度。(1.2.31) 式的解为

$$E(\omega_2, z) = \frac{\mathrm{i}\omega_2^2}{k_2 c^2} \chi_c^{(2)} E^*(\omega_1, 0) E(\omega_3, 0) \left[-\frac{1}{l_{\mathrm{PA}}^2} + \left(\frac{\Delta k}{2} \right)^2 \right]^{-1/2}$$

$$\times \exp\left(-\mathrm{i}\frac{\Delta k z}{2} \right) \sin\left[-\frac{1}{l_{\mathrm{PA}}^2} + \left(\frac{\Delta k}{2} \right)^2 \right]^{1/2} z \tag{1.2.33}$$

$$N_{\omega_2}(z) = \frac{N_{\omega_1}(0)}{1 - \left(\dfrac{\Delta k l_{\mathrm{PA}}}{2} \right)^2} \mathrm{sh}^2 \left[1 - \left(\frac{\Delta k l_{\mathrm{PA}}}{2} \right)^2 \right]^{1/2} \frac{z}{l_{\mathrm{PA}}} \tag{1.2.34}$$

由曼利–罗关系 $N_{\omega_1} - N_{\omega_2} = $ 常数 $= N_{\omega_1}(0) - N_{\omega_2}(0)$，假定开始时 $N_{\omega_2}(0) = 0$，那么可得信号场的光子通量：

$$N_{\omega_1}(z) = N_{\omega_1}(0) + N_{\omega_2}(z) = \frac{1 - \left(\dfrac{\Delta k l_{\mathrm{PA}}}{2} \right)^2 + \mathrm{sh}^2 \left[1 - \left(\dfrac{\Delta k l_{\mathrm{PA}}}{2} \right)^2 \right]^{1/2} \dfrac{z}{l_{\mathrm{PA}}}}{1 - \left(\dfrac{\Delta k l_{\mathrm{PA}}}{2} \right)^2} N_{\omega_1}(0) \tag{1.2.35}$$

显然信号场被放大。

如果 z 足够大，但从泵浦功率来说，仍然可以假定没有显著的减小，那么利用关系 $\mathrm{sh}(\alpha z) \approx \dfrac{1}{2} \exp(\alpha z)$，可以得到 $N_{\omega_1}(z)$ 是按 $\exp(2\alpha z)$ 的指数规律增加。这里，

$$2\alpha = \left[\frac{4}{l_{\mathrm{PA}}^2} - (\Delta k)^2 \right]^{1/2} \tag{1.2.36}$$

是光学参量放大过程的放大常数。当满足相位匹配的条件时，放大常数达到最大值 $2/l_{\mathrm{PA}}$。在这里可以明显地看到，只要 $\Delta k < 2/l_{\mathrm{PA}}$，那么由 (1.2.34) 式和 (1.2.35)

式可知，信号场和闲置场的光子通量会随 z 的增大而连续地增加。不过这个结论是在假定泵浦功率不发生任何变化的条件下得到的。

如果考虑到参量过程中泵浦功率的减少，那么方程的一般解会表现出信号场和闲置场在泵浦功率减小为零时达到饱和。事实上，在考虑泵浦功率减少的情况下，(1.2.16) 式 $\sim$(1.2.18) 式的一般解为

$$N_{\omega_2}(z) = \frac{N_{\omega_1}(0)N_{\omega_3}(0)}{N_{\omega_1}(0) + N_{\omega_3}(0)} \cdot f^2\left[\left(\frac{N_{\omega_1}(0) + N_{\omega_3}(0)}{N_{\omega_1}(0)}\right)^{1/2}\frac{z}{l_M}, \left(\frac{N_{\omega_3}(0)}{N_{\omega_2}(0) + N_{\omega_3}(0)}\right)^{1/2}\right]$$

$$(1.2.37)$$

当 $N_{\omega_3}(0)$ 趋于无穷大时，由该式可得近似解 $\Delta k = 0$ 时的结果。根据 (1.2.37) 式，当 $N_{\omega_3}(0) \to \infty$ 时，有

$$N_{\omega_2}(z) = N_{\omega_1}(0)f^2\left[\left(\frac{N_{\omega_1}(0) + N_{\omega_3}(0)}{N_{\omega_1}(0)}\right)^{1/2}\frac{z}{l_M}, \left(\frac{N_{\omega_3}(0)}{N_{\omega_1}(0) + N_{\omega_3}(0)}\right)^{1/2}\right]$$

$$= N_{\omega_1}(0)f^2\left[\left(\frac{N_{\omega_1}(0) + N_{\omega_3}(0)}{N_{\omega_1}(0)}\right)^{1/2}\frac{z}{l_M}, 1\right]$$

$$= \frac{N_{\omega_1}(0)\mathrm{sn}^2\left[\left(\frac{N_{\omega_3}(0)}{N_{\omega_1}(0)}\right)^{1/2}\frac{z}{l_M}, 1\right]}{\mathrm{dn}^2\left[\left(\frac{N_{\omega_3}(0)}{N_{\omega_1}(0)}\right)^{1/2}\frac{z}{l_M}, 1\right]}$$

$$(1.2.38)$$

又因为 $\left(\dfrac{N_{\omega_3}(0)}{N_{\omega_1}(0)}\right)^{1/2}\dfrac{z}{l_M} = \left(\dfrac{S_{\omega_3}\hbar\omega_1}{S_{\omega_1}\hbar\omega_3}\right)^{1/2}\dfrac{z}{l_M}$，并利用 $S_\omega = \dfrac{1}{2}\varepsilon_0\eta c\left|E(\omega)\right|^2 = \dfrac{1}{2}\varepsilon_0\eta^2 v\left|E(\omega)\right|^2$，$l_M = \left[\dfrac{1}{2c^2}\left(\dfrac{\omega_2^2\omega_3^2}{k_2 k_3}\right)^{1/2}\left|\chi_c^{(2)}\right|E(\omega_1, 0)\right]^{-1}$，有

$$\left(\frac{N_{\omega_3}(0)}{N_{\omega_1}(0)}\right)^{1/2}\frac{z}{l_M} = \frac{1}{2c^2}\left|\chi_c^{(2)}\right|\left(\frac{\omega_1^2\omega_2^2}{k_1 k_2}\right)^{1/2}E(\omega_3, 0)z = \frac{z}{l_{\mathrm{PA}}} \qquad (1.2.39)$$

根据椭圆函数的定义，有 $\mathrm{sn}\left[u, 1\right] = \sin\varphi$。这时，$u = \displaystyle\int_0^\varphi \frac{\mathrm{d}\varphi}{\sqrt{1 - \sin^2\varphi}} = \dfrac{1}{2}\ln\dfrac{1 + \sin\varphi}{1 - \sin\varphi}$，所以有

$$\mathrm{sn}\left[u, 1\right] = \sin\varphi = \frac{\exp(2u) - 1}{\exp(2u) + 1} = \mathrm{th}(u) \qquad (1.2.40)$$

$$\mathrm{dn}\,[u,1] = \left(1 - \mathrm{sn}^2\,[u,1]\right)^{1/2} = \frac{1}{\mathrm{ch}\,(u)} \tag{1.2.41}$$

将这些结果代入，可得

$$N_{\omega_2}\,(z) = N_{\omega_1}\,(0)\,\mathrm{sh}^2\left(\frac{z}{l_{\mathrm{PA}}}\right) \tag{1.2.42}$$

这即是在 $\Delta k = 0$ 相位匹配条件下的结果。

2. 光学参量振荡

如果将非线性晶体放在一个光学谐振腔内，并且信号场、闲置场在谐振腔均谐振，那么在泵浦光达到某个阈值泵浦强度时，参量增益恰好与信号波和闲置波的损耗相平衡，这时，信号波和闲置波便同时引起振荡 [47]。这就是光学参量振荡器的物理基础。

参量振荡器的重要性在于它能将一个用作泵浦的激光器输出转换为信号和闲置频率的相干输出，而且可以在一个很宽的频率范围内实现连续调谐，因为

$$S_{\omega_\alpha} = \frac{1}{2}\varepsilon_0\eta_\alpha^2\,|E(\omega_\alpha)|^2\,v_\alpha = \frac{1}{2}\sqrt{\frac{\varepsilon_0}{\mu_0}}\omega_\alpha\frac{\eta_\alpha\,|E(\omega_\alpha)|^2}{\omega_\alpha} \tag{1.2.43}$$

$$N_{\omega_\alpha} = \frac{S_{\omega_\alpha}}{\hbar\omega_\alpha} = \frac{1}{2}\sqrt{\frac{\varepsilon_0}{\mu_0}}\frac{\eta_\alpha\,|E(\omega_\alpha)|^2}{\hbar\omega_\alpha} \tag{1.2.44}$$

所以 $\eta_\alpha\,|E(\omega_\alpha)|^2\,/\omega_\alpha$ 与频率为 ω_α 的光子通量成正比。令 $\dfrac{\eta_\alpha}{\omega_\alpha}\,|E(\omega_\alpha)|^2 = |A_{\omega_\alpha}|^2 = 4\dfrac{\eta_\alpha}{\omega_\alpha}\,|E(\omega_\alpha)|^2$ ，于是有

$$\frac{\eta_\alpha}{\omega_\alpha}\,|E(\omega_\alpha)|^2 = |A_{\omega_\alpha}|^2 = 4\frac{\eta_\alpha}{\omega_\alpha}\,|E(\omega_\alpha)|^2, \quad E(\omega_\alpha) = \frac{1}{2}\sqrt{\frac{\omega_\alpha}{\eta_\alpha}}A_{\omega_\alpha} \tag{1.2.45}$$

如果我们求得 A_{ω_α} 之后给出 $|A_{\omega_\alpha}|^2$，那么 $|A_{\omega_\alpha}|^2$ 代表光子通量。在下面我们将 $E(\omega_\alpha)$ 和 A_{ω_α} 分别简写为 E_α 和 A_α。现在我们将 (1.2.16) 式 ~(1.2.18) 式中的场强按 (1.2.15) 式作变量代换，则由 (1.2.45) 式有

$$\frac{\mathrm{d}A_1}{\mathrm{d}z} = \mathrm{i}\sqrt{\frac{\omega_1\omega_2}{\eta_1\eta_2}}\sqrt{\mu_0\varepsilon_0}\chi_{\mathrm{c}}^{(2)}E_3 A_2^* \exp(-\mathrm{i}\Delta kz) \tag{1.2.46}$$

令 $\sqrt{\dfrac{\omega_1\omega_2}{\eta_1\eta_2}}\sqrt{\mu_0\varepsilon_0}\chi_{\mathrm{c}}^{(2)}E_3 = \dfrac{g}{2}$，则有

$$\frac{\mathrm{d}A_1}{\mathrm{d}z} = \mathrm{i}\frac{g}{2}A_2^* \exp(-\mathrm{i}\Delta kz) \tag{1.2.47}$$

同理可得

$$\frac{\mathrm{d}A_2}{\mathrm{d}z} = \mathrm{i}\frac{g}{2}A_1^* \exp(-\mathrm{i}\Delta kz) \tag{1.2.48}$$

$$\frac{\mathrm{d}A_2^*}{\mathrm{d}z} = -\mathrm{i}\frac{g}{2}A_1 \exp(\mathrm{i}\Delta kz) \tag{1.2.49}$$

因此可得

$$\frac{\mathrm{d}^2 A_1}{\mathrm{d}z^2} + \mathrm{i}\Delta k \frac{\mathrm{d}A_1}{\mathrm{d}z} - \frac{g^2}{4}A_1 = 0 \tag{1.2.50}$$

$$\frac{\mathrm{d}^2 A_2^*}{\mathrm{d}z^2} - \mathrm{i}\Delta k \frac{\mathrm{d}A_2^*}{\mathrm{d}z} - \frac{g^2}{4}A_2^* = 0 \tag{1.2.51}$$

边界条件为

$$A_1(z)|_{z=0} = A_1(0)$$

$$A_2^*(z)|_{z=0} = A_2^*(0) \tag{1.2.52}$$

$$\frac{\mathrm{d}A_1}{\mathrm{d}z}\bigg|_{z=0} = \mathrm{i}\frac{g}{2}A_2^*(0)$$

求解可得

$$A_1 = \frac{\mathrm{i}\Delta kA_1(0) + \mathrm{i}\dfrac{g}{2}A_2(0)}{\mathrm{i}b} \exp\left(\mathrm{i}\frac{\Delta kz}{2}\right) \sin(\mathrm{i}bz)$$

$$-\frac{\mathrm{i}\dfrac{g}{2}A_1(0)}{\mathrm{i}b} \exp\left(-\mathrm{i}\frac{\Delta kz}{2}\right) \sin(\mathrm{i}bz - \varphi) \tag{1.2.53}$$

式中，$b = \dfrac{1}{2}\sqrt{g^2 - (\Delta k)^2}$。将 $z = 0$ 代入可得

$$\sin\varphi = \frac{2b}{g} \tag{1.2.54}$$

$$\cos\varphi = \frac{\Delta k}{g} \tag{1.2.55}$$

再将 (1.2.54) 式和 (1.2.55) 式代入，解 (1.2.46) 式后，有

$$A_1 \exp\left(\mathrm{i}\frac{\Delta kz}{2}\right) = A_1(0)\left[\mathrm{ch}(bz) + \frac{\mathrm{i}\Delta k}{2b}\mathrm{sh}(bz)\right] + \frac{\mathrm{i}g}{2b}A_2^*(0)\mathrm{sh}(bz) \qquad (1.2.56)$$

同理可得

$$A_2^* \exp\left(-\mathrm{i}\frac{\Delta kz}{2}\right) = A_2^*(0)\left[\mathrm{ch}(bz) - \frac{\mathrm{i}\Delta k}{2b}\mathrm{sh}(bz)\right] - \frac{\mathrm{i}g}{2b}A_1(0)\mathrm{sh}(bz) \qquad (1.2.57)$$

此式表示信号场和闲置场进入非线性晶体随距离 z 的变化规律，也就是频率为 ω_3 的泵浦场同时放大频率为 ω_1 和 ω_2 的信号场和闲置场的一般规律。下面我们将从这两个方程出发求出参量振荡的条件。

分析参量振荡的基本模型如图 1.2.1 所示。为简单起见，假定晶体本身为一个光学谐振腔，其两端对信号场和闲置场的反射率为 $|r_i|^2 = R_i(i=1,2)$。在腔中任一平面 z 处的信号可以用一个矢量来描述：

$$\tilde{A}(z) = \left[\begin{array}{c} A_1(z)\exp(-\mathrm{i}k_1 z) \\ A_2^*(z)\exp(\mathrm{i}k_2 z) \end{array}\right] \qquad (1.2.58)$$

式中，$k_i = \omega_i \eta_i / c$；$A$ 的顶上加 "$\sim$" 表示此矢量是人为假定的。在非线性晶体内通过长度为 l 的 $\tilde{A}(l)$ 为

$$\tilde{A}(l) = \left[\begin{array}{c} A_1(l)\exp(-\mathrm{i}k_1 l) \\ A_2^*(l)\exp(\mathrm{i}k_2 l) \end{array}\right]$$

$$= \left(\begin{array}{cc} \exp\left[-\mathrm{i}\left(k_1 + \frac{\Delta k}{2}\right)l\right]\left[\mathrm{ch}(bl) + \frac{\mathrm{i}\Delta k}{2b}\mathrm{sh}(bl)\right] & \mathrm{i}\exp\left[\mathrm{i}\left(k_1 + \frac{\Delta k}{2}\right)l\right]\frac{g}{2b}\mathrm{sh}(bl) \\ -\mathrm{i}\exp\left[\mathrm{i}\left(k_2 + \frac{\Delta k}{2}\right)l\right]\frac{g}{2b}\mathrm{sh}(bl) & \exp\left[\mathrm{i}\left(k_2 + \frac{\Delta k}{2}\right)l\right]\left[\mathrm{ch}(bl) - \frac{\mathrm{i}\Delta k}{2b}\mathrm{sh}(bl)\right] \end{array}\right)$$

$$\times \left(\begin{array}{c} A_1(0) \\ A_2^*(0) \end{array}\right)$$

$$(1.2.59)$$

如果矢量 $\tilde{A}(z)$ 在谐振腔内往返一周后保持不变，则表示信号场和闲置场处于稳定振荡状态。现在我们来求光学参量振荡器的振荡条件。

设在图 1.2.1 中腔镜左端处的场矢量为 $\tilde{A}_a$，经过如下四个矩阵变换，即从左向右的传播、在右边镜子上的反射、从右向左的传播、在左边镜子上的反射。结

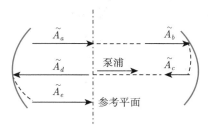

图 1.2.1　参量振荡的基本模型

果由矢量 $\tilde{A}_a$ 变换为 $\tilde{A}_e$，如果再假定振荡器是满足相位匹配条件，那么有

$$
\tilde{A}_e = \left[\begin{array}{cc} r_1 & 0 \\ 0 & r_2^* \end{array}\right] \left[\begin{array}{cc} \exp\left(-\mathrm{i}k_1 l\right) & 0 \\ 0 & \exp\left(\mathrm{i}k_2 l\right) \end{array}\right] \left[\begin{array}{cc} r_1 & 0 \\ 0 & r_2^* \end{array}\right]
$$
$$
\times \left(\begin{array}{cc} \exp\left(-\mathrm{i}k_1 l\right)\mathrm{ch}\left(\dfrac{g}{2}l\right) & \mathrm{i}\exp\left(-\mathrm{i}k_1 l\right)\mathrm{sh}\left(\dfrac{g}{2}l\right) \\ -\mathrm{i}\mathrm{sh}\left(\dfrac{g}{2}l\right)\exp\left(\mathrm{i}k_2 l\right) & \exp\left(\mathrm{i}k_2 l\right)\mathrm{ch}\left(\dfrac{g}{2}l\right) \end{array}\right) \tilde{A}_a \tag{1.2.60}
$$

简写为

$$
\tilde{A}_e = M\tilde{A}_a \tag{1.2.61}
$$

自洽条件要求 $\tilde{A}_e = \tilde{A}_a$ 或 $\tilde{A}_a = M\tilde{A}_a$，即要求

$$
(M - I)\,\tilde{A}_a = 0 \tag{1.2.62}
$$

所以上式具有非零解的条件是 $\det|M - I| = 0$，因而有

$$
\left[r_1^2 \mathrm{ch}\left(\frac{gl}{2}\right)\exp\left(-\mathrm{i}2k_1 l\right) - 1\right]\left[(r^*)^2\,\mathrm{ch}\left(\frac{gl}{2}\right)\exp\left(\mathrm{i}2k_2 l\right) - 1\right]
$$
$$
= r_1^2 \left(r_2^*\right)^2 \mathrm{sh}^2\left(\frac{gl}{2}\right)\exp\left[\mathrm{i}2\left(k_2 - k_1\right)l\right] \tag{1.2.63}
$$

(1.2.63) 式就是我们所要求的参量振荡条件。

1.2.3　简并与非简并光学参量振荡器

　　光学参量转换过程可以改变激光振幅和相位两个正交分量散粒噪声的分布，在满足海森伯不确定原理的条件下使振幅分量的散粒噪声转移到相位分量，或使相位分量的散粒噪声转移到振幅分量。根据这个特性可以制备噪声水平突破散粒噪声极限的压缩态光场。而光学参量振荡器和放大器是制备压缩态光场的重要光学器件，在量子光学领域有着广泛的应用。

光学参量下转换是通过光学参量振荡器内的二阶非线性作用, 将泵浦光场转换为信号光场和闲置光场。在此过程中, 结合相敏操控可制备得到压缩态光场, 将其中一个正交分量 (振幅或相位) 的噪声抑制, 另一个分量 (相位或振幅) 的噪声则被放大。下面主要考虑基于 I 类相位匹配的简并光学参量振荡器和基于 II 类相位匹配的非简并光学参量振荡器制备压缩态光场。前者信号光场与闲置光场频率和偏振均简并, 可直接制备单模压缩态光场; 后者下转换光场频率简并、偏振垂直, 利用光学分束器耦合后可得到双模压缩态光场 [48]。

1. 简并光学参量振荡器

首先, 我们考虑 I 类相位匹配的条件下, 参量下转换过程输出信号光场和闲置光场的频率是泵浦光场的频率的一半的情况。在下转换的过程中, 由于信号光场与闲置光场频率和偏振均简并, 因此该过程称为简并光学参量振荡。在相互作用表象中, I 类光学参量作用的哈密顿量描述为

$$\hat{H} = \frac{\mathrm{i}h\kappa}{2} \left(\mathrm{e}^{\mathrm{i}\theta_\mathrm{p}} \hat{a}^{\dagger 2} - \mathrm{e}^{-\mathrm{i}\theta_\mathrm{p}} \hat{a}^2 \right) \tag{1.2.64}$$

其中, $\hat{a}$ 为频率为 ω 的注入相干态光场; h 为普朗克常数; $\kappa = \chi^{(2)} \alpha_0$ 是参量下转换过程的非线性效率, 正比于有效的二阶非线性系数 $\chi^{(2)}$ 和泵浦光的振幅 α_0; θ_p 是注入振荡器内泵浦光场和信号光场的相位差。

根据上述哈密顿量可以求解海森伯方程, 在相互作用绘景中, 我们将 $\hat{H}$ 代入, 求解海森伯运动方程:

$$\frac{\mathrm{d}}{\mathrm{d}t} \hat{a}(t) = \frac{1}{\mathrm{i}h} [\hat{a}(t), \hat{H}] \tag{1.2.65}$$

求解该方程得到, t 时刻输出下转换光场 $\hat{a}(t)$ 的表达式为

$$\hat{a}(t) = \hat{a} \mathrm{ch} r + \hat{a}^\dagger \mathrm{e}^{\mathrm{i}\theta_\mathrm{p}} \mathrm{sh} r \tag{1.2.66}$$

其中, $r = \kappa t$, 这里 r 是压缩参量, t 是相互作用时间。

当 $\theta_\mathrm{p} = 0$ 时, 光学参量振荡器工作于参量放大状态; 当 $\theta_\mathrm{p} = \pi$ 时, 对应于参量反放大状态。由此可得, 压缩态光场的正交分量噪声方差分别为

$$\begin{aligned} \left\langle \Delta^2 \hat{X}(t) \right\rangle &= \mathrm{e}^{\pm 2r} \\ \left\langle \Delta^2 \hat{Y}(t) \right\rangle &= \mathrm{e}^{\mp 2r} \end{aligned} \tag{1.2.67}$$

其中, $\pm$ 和 $\mp$ 中上面的符号分别对应于参量放大状态和参量反放大状态的 I 类光学参量作用。

因此，工作在参量反放大状态的 I 类光学参量作用可以产生正交振幅压缩态光场；工作在参量放大状态的 I 类光学参量作用可以产生正交相位压缩态光场。

2. 非简并光学参量振荡器

利用 II 类相位匹配的光学参量作用也可以制备压缩态光场。II 类光学参量作用输出的信号光场和闲置光场的频率是泵浦光场的频率的一半，它们频率简并、偏振垂直，通过光学分束器耦合后得到压缩态光场。在相互作用表象中，II 类光学参量作用的哈密顿量描述为

$$\hat{H} = \mathrm{i}h\kappa\left(\mathrm{e}^{\mathrm{i}\theta_{\mathrm{P}}}\hat{a}_1^{\dagger}\hat{a}_2^{\dagger} - \mathrm{e}^{-\mathrm{i}\theta_{\mathrm{P}}}\hat{a}_1\hat{a}_2\right) \tag{1.2.68}$$

其中，$\hat{a}_1$ 和 $\hat{a}_2$ 分别描述频率为 ω 的两束相干态光场；其他参数的定义与 I 类光学参量作用的相同。根据上述哈密顿量，通过求解海森伯方程，我们可以得到 t 时刻的输出下转换光场 $\hat{a}_1(t)$ 和 $\hat{a}_2(t)$ 分别为

$$\hat{a}_1(t) = \hat{a}_1\mathrm{ch}r + \hat{a}_2^{\dagger}\mathrm{e}^{\mathrm{i}\theta_{\mathrm{P}}}\mathrm{sh}r \tag{1.2.69}$$

$$\hat{a}_2(t) = \hat{a}_2\mathrm{ch}r + \hat{a}_1^{\dagger}\mathrm{e}^{\mathrm{i}\theta_{\mathrm{P}}}\mathrm{sh}r \tag{1.2.70}$$

当 $\theta_{\mathrm{p}} = 0$ 时，非简并光学参量振荡器工作于参量放大状态；当 $\theta_{\mathrm{p}} = \pi$ 时，工作于参量反放大状态。由此可得，光学参量下转换过程的耦合光场正交分量噪声为

$$\begin{aligned}
&\left\langle \Delta^2\left(\frac{1}{\sqrt{2}}(\hat{X}_{\hat{a}_1} \mp \hat{X}_{\hat{a}_2})\right)\right\rangle = \mathrm{e}^{-2r} \\
&\left\langle \Delta^2\left(\frac{1}{\sqrt{2}}(\hat{Y}_{\hat{a}_1} \pm \hat{Y}_{\hat{a}_2})\right)\right\rangle = \mathrm{e}^{-2r} \\
&\left\langle \Delta^2\left(\frac{1}{\sqrt{2}}(\hat{X}_{\hat{a}_1} \pm \hat{X}_{\hat{a}_2})\right)\right\rangle = \mathrm{e}^{2r} \\
&\left\langle \Delta^2\left(\frac{1}{\sqrt{2}}(\hat{Y}_{\hat{a}_1} \mp \hat{Y}_{\hat{a}_2})\right)\right\rangle = \mathrm{e}^{2r}
\end{aligned} \tag{1.2.71}$$

其中，$\pm$ 和 $\mp$ 中上面的符号分别对应于参量放大状态和参量反放大状态的 II 类光学参量作用。

因此，工作在参量反放大状态的 II 类光学参量下转换光场的耦合光场 $\frac{1}{\sqrt{2}} \times$ $(\hat{a}_1(t) + \hat{a}_2(t))$ 为正交振幅压缩态光场，耦合光场 $\frac{1}{\sqrt{2}}(\hat{a}_1(t) - \hat{a}_2(t))$ 为正交相位压缩态光场。工作在参量放大状态的 II 类光学参量下转换光场的耦合光场 $\frac{1}{\sqrt{2}}(\hat{a}_1(t) +$

$\hat{a}_2(t))$ 为正交相位压缩态光场，耦合光场 $\dfrac{1}{\sqrt{2}}(\hat{a}_1(t) - \hat{a}_2(t))$ 为正交振幅压缩态光场。

1.3　光学参量过程的噪声特性

为了分析非线性过程中影响压缩态光场压缩度的主要因素，我们从阈值以下光学参量放大器 (OPA) 的运动方程出发，通过理论推导正交振幅压缩态，并分析参量下转换过程中的噪声特性。

1.3.1　光学参量振荡器的运动方程

根据阈值以下 OPA 腔 (图 1.3.1) 的运动方程，种子光 a 和泵浦光 b 的运动方程分别表示为

$$\begin{cases} \dot{a} = -(\mathrm{i}\omega_a^{\mathrm{c}} + \gamma_a^{\mathrm{tot}})a + \varepsilon^* a^+ b + \sqrt{2\gamma_a^{\mathrm{in}}}A_{\mathrm{in}}\mathrm{e}^{-\mathrm{i}\omega_a t} + \sqrt{2\gamma_a^{\mathrm{out}}}\delta\nu_a^{\mathrm{out}} + \sqrt{2\gamma_a^{\mathrm{l}}}\delta\nu_a^{\mathrm{l}} \\[2mm] \dot{b} = -(\mathrm{i}\omega_b^{\mathrm{c}} + \gamma_b^{\mathrm{tot}})b - \dfrac{1}{2}\varepsilon a^2 + \sqrt{2\gamma_b^{\mathrm{in}}}B_{\mathrm{in}}\mathrm{e}^{-\mathrm{i}\omega_b t} + \sqrt{2\gamma_b^{\mathrm{out}}}\delta\nu_b^{\mathrm{out}} + \sqrt{2\gamma_b^{\mathrm{l}}}\delta\nu_b^{\mathrm{l}} \end{cases}$$

$$(1.3.1)$$

其中，A_{in} 和 B_{in} 为输入场；ε 为非线性耦合常数；ω_a^{c} 和 ω_b^{c} 分别为种子光和泵浦光的谐振频率；γ_a^{in}、γ_b^{in} 和 γ_a^{out}、γ_b^{out} 分别为输入镜和输出镜对种子光和泵浦光的衰减；γ_a^{l} 和 γ_b^{l} 为腔内损耗；γ_a^{tot} 和 γ_b^{tot} 分别为种子光和泵浦光的总衰减常数。上述各项满足不对易关系 $[s, s] = 0$，$[s, s^+] = 1$，其中，$s = A_{\mathrm{in}}$，B_{in}，$\delta\nu_a^{\mathrm{out}}$，$\delta\nu_b^{\mathrm{out}}$，$\delta\nu_a^{\mathrm{abs}}$，$\delta\nu_b^{\mathrm{abs}}$。从 OPA 腔的运动方程可知，每一项分别代表腔失谐、参量下转换过程、输入–输出镜的损耗以及腔内损耗，主要从这几项噪声出发考虑明亮压缩态光场的噪声特性。

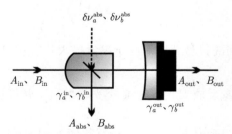

图 1.3.1　OPO/OPA 参量下转换过程中的噪声特性示意图

A_{in} 和 B_{in} 为输入场；A_{out} 和 B_{out} 为输出场；A_{abs} 和 B_{abs} 为 PPKTP 晶体的吸收；γ_a^{in}、γ_b^{in} 和 γ_a^{out}、γ_b^{out} 分别为基频场和倍频场的输入镜和输出镜的衰减常数

令 $a \to \mathrm{e}^{\mathrm{i}\omega_a t}a$, $b \to \mathrm{e}^{\mathrm{i}\omega_b t}b$, 则 (1.3.1) 式变换为

$$\begin{cases} \dot{a} = -(\mathrm{i}\omega_a^{\mathrm{det}} + \gamma_a^{\mathrm{tot}})a + \varepsilon^* a^+ b + \sqrt{2\gamma_a^{\mathrm{in}}}A_{\mathrm{in}} + \sqrt{2\gamma_a^{\mathrm{out}}}\delta\nu_a^{\mathrm{out}} + \sqrt{2\gamma_a^{\mathrm{l}}}\delta\nu_a^{\mathrm{l}} \\ \dot{b} = -(\mathrm{i}\omega_b^{\mathrm{det}} + \gamma_b^{\mathrm{tot}})b - \frac{1}{2}\varepsilon a^2 + \sqrt{2\gamma_b^{\mathrm{in}}}B_{\mathrm{in}} + \sqrt{2\gamma_b^{\mathrm{out}}}\delta\nu_b^{\mathrm{out}} + \sqrt{2\gamma_b^{\mathrm{l}}}\delta\nu_b^{\mathrm{l}} \end{cases}$$
$$(1.3.2)$$

为了得到关于运动方程的起伏项, 我们将上述算符写成平均项与起伏项之和, 即 $a = \bar{a} + \delta a$, $a^+ = \bar{a}^* + \delta a^+$, $b = \bar{b} + \delta b$, $b^+ = \bar{b}^* + \delta b^+$, $\omega_a^{\mathrm{det}} = \bar{\omega}_a^{\mathrm{det}} + \delta\omega_a^{\mathrm{det}}$, $\omega_b^{\mathrm{det}+} = \bar{\omega}_b^{\mathrm{det}*} + \delta\omega_b^{\mathrm{det}+}$, $\varepsilon = \bar{\varepsilon} + \delta\varepsilon$, $\varepsilon^* = \bar{\varepsilon}^* + \delta\varepsilon^+$, 则 (1.3.2) 式可分解为

$$\dot{\bar{a}} = -\left(\mathrm{i}\bar{\omega}_a^{\mathrm{det}} + \gamma_a^{\mathrm{tot}}\right)\bar{a} + \bar{\varepsilon}^*\bar{a}^*\bar{b} + \sqrt{2\gamma_a^{\mathrm{in}}}\,\bar{A}_{\mathrm{in}} \tag{1.3.3}$$

$$\dot{\bar{b}} = -\left(\mathrm{i}\bar{\omega}_a^{\mathrm{det}} + \gamma_b^{\mathrm{tot}}\right)\bar{b} - \frac{1}{2}\bar{\varepsilon}\bar{a}^2 + \sqrt{2\gamma_b^{\mathrm{in}}}\,\bar{B}_{\mathrm{in}} \tag{1.3.4}$$

$$\begin{aligned} \delta\dot{a} = &-\left(\mathrm{i}\omega_a^{\mathrm{det}} + \gamma_a^{\mathrm{tot}}\right)\delta a + \bar{\varepsilon}^*\bar{b}\delta a^+ + \bar{\varepsilon}^*\bar{a}^*\delta b + \sqrt{2\gamma_a^{\mathrm{in}}}\,\delta A_{\mathrm{in}} \\ &+ \sqrt{2\gamma_a^{\mathrm{out}}}\,\delta\nu_a^{\mathrm{out}} + \sqrt{2\gamma_a^{\mathrm{l}}}\delta v_a^{\mathrm{l}} + \bar{a}^*\bar{b}\delta\varepsilon^+ - \mathrm{i}\bar{a}\delta\omega_a^{\mathrm{det}} \end{aligned} \tag{1.3.5}$$

$$\begin{aligned} \delta\dot{a}^\dagger = &\,\bar{\varepsilon}\bar{b}^*\delta a - \left(\mathrm{i}\omega_a^{\mathrm{det}} + \gamma_a^{\mathrm{tot}}\right)\delta a^+ + \bar{\varepsilon}\bar{a}\delta b^+ + \sqrt{2\gamma_a^{\mathrm{in}}}\,\delta A_{\mathrm{in}}^+ \\ &+ \sqrt{2\gamma_a^{\mathrm{out}}}\,\delta\nu_a^{\mathrm{out}+} + \sqrt{2\gamma_a^{\mathrm{l}}}\delta\nu_a^{\mathrm{l}+} + \bar{a}\bar{b}^*\delta\varepsilon - \mathrm{i}\bar{a}^*\delta\omega_a^{\mathrm{det}+} \end{aligned} \tag{1.3.6}$$

$$\begin{aligned} \delta\dot{b} = &-\bar{\varepsilon}\bar{a}\delta a - \left(\mathrm{i}\omega_b^{\mathrm{det}} + \gamma_b^{\mathrm{tot}}\right)\delta b + \sqrt{2\gamma_b^{\mathrm{in}}}\,\delta B_{\mathrm{in}} + \sqrt{2\gamma_b^{\mathrm{out}}}\,\delta\nu_b^{\mathrm{out}} \\ &+ \sqrt{2\gamma_b^{\mathrm{l}}}\delta\nu_b^{\mathrm{l}} - \frac{1}{2}\bar{a}^2\delta\varepsilon - \mathrm{i}\bar{b}\delta\omega_b^{\mathrm{det}} \end{aligned} \tag{1.3.7}$$

$$\begin{aligned} \delta\dot{b}^\dagger = &-\bar{\varepsilon}^*\bar{a}^*\delta a^+ - \left(\mathrm{i}\omega_b^{\mathrm{det}} + \gamma_b^{\mathrm{tot}}\right)\delta b^+ + \sqrt{2\gamma_b^{\mathrm{in}}}\,\delta B_{\mathrm{in}}^+ \\ &+ \sqrt{2\gamma_b^{\mathrm{out}}}\,\delta\nu_b^{\mathrm{out}+} + \sqrt{2\gamma_b^{\mathrm{l}}}\delta\nu_b^{\mathrm{l}+} - \frac{1}{2}\bar{a}^{*2}\delta\varepsilon^+ - \mathrm{i}^*\delta\omega_b^{\mathrm{det}+} \end{aligned} \tag{1.3.8}$$

假设平均场的起伏为零, 即 $\dfrac{\mathrm{d}}{\mathrm{d}t}\bar{a} = 0$, $\dfrac{\mathrm{d}}{\mathrm{d}t}\bar{b} = 0$, 从 (1.3.3) 式和 (1.3.4) 式可以得到

$$\begin{cases} \bar{a} = \dfrac{\sqrt{2\gamma_a^{\mathrm{in}}}[(\mathrm{i}\omega_a^{\mathrm{det}} + \gamma_a^{\mathrm{tot}}) + \bar{\varepsilon}^*\left|\bar{b}\right|\mathrm{e}^{\mathrm{i}(\phi_b - 2\phi_a)}]}{\gamma_a^{\mathrm{tot}2} + \bar{\omega}_a^{\mathrm{det}2} - |\varepsilon|^2\left|\bar{b}\right|^2}\bar{A}_{\mathrm{in}} \\ \bar{b} \approx \dfrac{\sqrt{2\gamma_b^{\mathrm{in}}}}{\gamma_b^{\mathrm{tot}} + \mathrm{i}\bar{\omega}_b^{\mathrm{det}}}\bar{B}_{\mathrm{in}} \end{cases} \tag{1.3.9}$$

其中，$\bar{A}_{\mathrm{in}} = |\bar{A}_{\mathrm{in}}|\,\mathrm{e}^{\mathrm{i}\phi_a}$，$\bar{B}_{\mathrm{in}} = |\bar{B}_{\mathrm{in}}|\,\mathrm{e}^{\mathrm{i}\phi_b}$，$\phi_a$ 和 ϕ_b 分别为种子光和泵浦光的相位，而种子光和泵浦光之间的相对相位决定了基频光是压缩分量还是反压缩分量。由 (1.3.5) 式 ~(1.3.8) 式，我们可以把波动方程归纳为

$$\dot{\chi}_{\mathrm{c}} = M_{\mathrm{in}}\chi_{\mathrm{in}} + M_{\mathrm{out}}\nu_{\mathrm{out}} + M_{\mathrm{l}}\nu_{\mathrm{l}} + M_{\mathrm{c}}\chi_{\mathrm{c}} + \chi_{\varepsilon} + \chi_{\omega} \tag{1.3.10}$$

其中，

$$\chi_{\mathrm{c}} = \begin{pmatrix} \delta a \\ \delta a^{+} \\ \delta b \\ \delta b^{+} \end{pmatrix}, \quad \chi_{\mathrm{in}} = \begin{pmatrix} \delta A_{\mathrm{in}} \\ \delta A_{\mathrm{in}}^{+} \\ \delta B_{\mathrm{in}} \\ \delta B_{\mathrm{in}}^{+} \end{pmatrix}, \quad \nu_{\mathrm{out}} = \begin{pmatrix} \delta\nu_a^{\mathrm{out}} \\ \delta\nu_a^{\mathrm{out}+} \\ \delta\nu_b^{\mathrm{out}} \\ \delta\nu_b^{\mathrm{out}+} \end{pmatrix}$$

$$\chi_{\varepsilon} = \begin{pmatrix} \bar{a}^{*}\bar{b}\delta\varepsilon^{+} \\ \bar{a}\bar{b}^{*}\delta\varepsilon \\ -\dfrac{1}{2}\bar{a}^{2}\delta\varepsilon \\ -\dfrac{1}{2}\bar{a}^{*2}\delta\varepsilon^{+} \end{pmatrix}, \quad \chi_{\omega} = \begin{pmatrix} -\mathrm{i}\bar{a}\delta\omega_a^{\mathrm{det}} \\ -\mathrm{i}\bar{a}^{*}\delta\omega_a^{\mathrm{det}+} \\ -\mathrm{i}\bar{b}\delta\omega_b^{\mathrm{det}} \\ -\mathrm{i}\bar{b}^{*}\delta\omega_b^{\mathrm{det}+} \end{pmatrix}$$

$$M_{\mathrm{c}} = \begin{pmatrix} -(\mathrm{i}\bar{\omega}_a^{\mathrm{det}} + \gamma_a^{\mathrm{tot}}) & \bar{\varepsilon}^{*}\bar{b} & \bar{\varepsilon}^{*}\bar{a}^{*} & 0 \\ \bar{\varepsilon}\bar{b}^{*} & -(\mathrm{i}\bar{\omega}_a^{\mathrm{det}} + \gamma_a^{\mathrm{tot}}) & 0 & \bar{\varepsilon}\bar{a} \\ -\bar{\varepsilon}\bar{a} & 0 & -(\mathrm{i}\bar{\omega}_b^{\mathrm{det}} + \gamma_b^{\mathrm{tot}}) & 0 \\ 0 & -\bar{\varepsilon}^{*}\bar{a}^{*} & 0 & -(\mathrm{i}\bar{\omega}_b^{\mathrm{det}} + \gamma_b^{\mathrm{tot}}) \end{pmatrix}$$

$$M_{\mathrm{in}} = \begin{pmatrix} \sqrt{2\gamma_a^{\mathrm{in}}} & 0 & 0 & 0 \\ 0 & \sqrt{2\gamma_a^{\mathrm{in}}} & 0 & 0 \\ 0 & 0 & \sqrt{2\gamma_b^{\mathrm{in}}} & 0 \\ 0 & 0 & 0 & \sqrt{2\gamma_b^{\mathrm{in}}} \end{pmatrix}$$

$$M_{\mathrm{out}} = \begin{pmatrix} \sqrt{2\gamma_a^{\mathrm{out}}} & 0 & 0 & 0 \\ 0 & \sqrt{2\gamma_a^{\mathrm{out}}} & 0 & 0 \\ 0 & 0 & \sqrt{2\gamma_b^{\mathrm{out}}} & 0 \\ 0 & 0 & 0 & \sqrt{2\gamma_b^{\mathrm{out}}} \end{pmatrix}$$

$$M_1 = \begin{pmatrix} \sqrt{2\gamma_a^l} & 0 & 0 & 0 \\ 0 & \sqrt{2\gamma_a^l} & 0 & 0 \\ 0 & 0 & \sqrt{2\gamma_b^l} & 0 \\ 0 & 0 & 0 & \sqrt{2\gamma_b^l} \end{pmatrix}$$

我们将公式分为两个部分来进行分析，其中前三项为输入-输出镜的损耗以及腔失谐引入的噪声波动，这三项噪声不受种子光注入的影响，仅受限于腔镜的镀膜参数、PPKTP 晶体的长度以及 OPA 的腔长等因素，这属于 OPA 腔的固有参数，因此无论是制备真空压缩态还是明亮压缩态，这三项噪声都会影响压缩度。而后三项代表参量下转换过程、非线性损耗以及腔失谐引入的噪声波动，它们与种子光功率有关且受限于不同的噪声耦合：参量下转换过程对应的噪声特性与泵浦光强度噪声、泵浦光相位噪声、种子光强度噪声以及种子光相位噪声有关；非线性损耗是由注入种子光后 OPA 腔内功率密度高而导致的光热效应产生的；腔失谐则是由 OPA 腔没有工作在共振频率处引入的 [49]。

1.3.2 输出态的噪声方差

我们对 (1.3.10) 式进行变换，$\tilde{Q}(\Omega) = \int_{-\infty}^{+\infty} Q(t)\mathrm{e}^{\mathrm{i}\Omega t}\mathrm{d}t$，则 (1.3.10) 式变为

$$\mathrm{i}\Omega\tilde{\chi}_\mathrm{c} = M_\mathrm{c}\tilde{\chi}_\mathrm{c} + M_\mathrm{in}\tilde{\chi}_\mathrm{in} + M_\mathrm{out}\tilde{\nu}_\mathrm{out} + M_1\tilde{\nu}_1 + \tilde{\chi}_\varepsilon + \tilde{\chi}_\omega \tag{1.3.11}$$

则有

$$\tilde{\chi}_\mathrm{c} = (\mathrm{i}\Omega I - M_\mathrm{c})^{-1}(M_\mathrm{in}\tilde{\chi}_\mathrm{in} + M_\mathrm{out}\tilde{\chi}_\mathrm{out} + M_1\tilde{\chi}_1 + \tilde{\chi}_\varepsilon + \tilde{\chi}_\omega) \tag{1.3.12}$$

输出场的波动方程可以表达为

$$\begin{aligned}
\tilde{\chi}_\mathrm{trans} &= M_\mathrm{out}\tilde{\chi}_\mathrm{c} - \tilde{\chi}_\mathrm{out} \\
&= M_\mathrm{out}(\mathrm{i}\Omega I - M_\mathrm{c})^{-1}M_\mathrm{in}\tilde{\chi}_\mathrm{in} + [M_\mathrm{out}(\mathrm{i}\Omega I - M_\mathrm{c})^{-1}M_\mathrm{out} - I]\tilde{\chi}_\mathrm{out} \\
&\quad + M_\mathrm{out}(\mathrm{i}\Omega I - M_\mathrm{c})^{-1}M_1\tilde{\chi}_1 \\
&\quad + M_\mathrm{out}(\mathrm{i}\Omega I - M_\mathrm{c})^{-1}\tilde{\chi}_\varepsilon + M_\mathrm{out}(\mathrm{i}\Omega I - M_\mathrm{c})^{-1}\tilde{\chi}_\omega
\end{aligned} \tag{1.3.13}$$

令 $\delta\tilde{\chi}_\mathrm{trans} = \begin{pmatrix} 1 & 1 & 0 & 0 \\ \mathrm{i} & -\mathrm{i} & 0 & 0 \\ 0 & 0 & 1 & 1 \\ 0 & 0 & \mathrm{i} & -\mathrm{i} \end{pmatrix}\tilde{\chi}_\mathrm{trans}$，则

$$\delta\tilde{\chi}_\mathrm{trans} = \Theta_\mathrm{in}\delta\tilde{\chi}_\mathrm{in} + \Theta_\mathrm{out}\delta\tilde{\chi}_\mathrm{out} + \Theta_1\delta\tilde{\chi}_1 + \Theta_\varepsilon + \Theta_\omega \tag{1.3.14}$$

其中，上式的输出场的正交矩阵分别表示为

$$
\begin{aligned}
\Theta_{\mathrm{in}} &= \Lambda M_{\mathrm{out}}(\mathrm{i}\Omega I - M_{\mathrm{c}})^{-1} M_{\mathrm{in}} \Lambda^{-1} \\
\Theta_{\mathrm{out}} &= \Lambda[M_{\mathrm{out}}(\mathrm{i}\Omega I - M_{\mathrm{c}})^{-1} M_{\mathrm{out}} - I]\Lambda^{-1} \\
\Theta_{\mathrm{l}} &= \Lambda M_{\mathrm{out}}(\mathrm{i}\Omega I - M_{\mathrm{c}})^{-1} M_{\mathrm{l}} \Lambda^{-1} \\
\Theta_{\varepsilon} &= \Lambda M_{\mathrm{out}}(\mathrm{i}\Omega I - M_{\mathrm{c}})^{-1} \Lambda^{-1} \tilde{\chi}_{\Delta} \\
\Theta_{\omega} &= \Lambda M_{\mathrm{out}}(\mathrm{i}\Omega I - M_{\mathrm{c}})^{-1} \Lambda^{-1} \tilde{\chi}_{\varepsilon}
\end{aligned}
\tag{1.3.15}
$$

通过上述理论推导可以将正交振幅方差归纳为各项噪声和的形式，以便探讨种子光功率变化对压缩度的影响，则正交振幅和正交相位方差可表示为

$$
\begin{aligned}
V^{\pm}(\Omega) = \frac{1}{C(\Omega)}\{&C_{\mathrm{s}}(\Omega)V_{\mathrm{s}}^{\pm}(\Omega) + C_{\mathrm{vs}}^{\pm}(\Omega)V_{\mathrm{vs}}^{\pm}(\Omega) + C_{\mathrm{ls}}^{\pm}(\Omega)V_{\mathrm{ls}}^{\pm}(\Omega) \\
&+ a^2[C_{\mathrm{p}}(\Omega)V_{\mathrm{p}}^{\pm}(\Omega) + C_{\mathrm{vp}}(\Omega)V_{\mathrm{vp}}^{\pm}(\Omega) + C_{\mathrm{lp}}(\Omega)V_{\mathrm{ls}}^{\pm}(\Omega)]\}
\end{aligned}
\tag{1.3.16}
$$

其中，上标 "$+/-$" 分别表示振幅分量和相位分量。由 (1.3.16) 式可知，强度噪声对应于正交振幅方差，相位噪声对应于正交相位方差。与正交振幅/正交相位的噪声方差有关的噪声来源有：种子光的噪声方差 $V_{\mathrm{s}}^{\pm}$，泵浦光的噪声方差 $V_{\mathrm{p}}^{\pm}$，由种子光和泵浦光内腔损耗引入的真空噪声 $V_{\mathrm{ls}}^{\pm}$ 与 $V_{\mathrm{lp}}^{\pm}$，由种子光和泵浦光与输出镜耦合引入的真空噪声 $V_{\mathrm{vs}}^{\pm}$ 与 $V_{\mathrm{vp}}^{\pm}$。OPA 的其他噪声来源，如腔失谐和相位失配所引起的量子起伏，这里不作讨论。(1.3.16) 式中各项噪声的系数分别为

$$
C^{\pm}(\Omega) = [a^2\varepsilon^2 \mp b\varepsilon(\mathrm{i}\Omega + \gamma_b) - (\Omega - \mathrm{i}\gamma_a)(\Omega - \mathrm{i}\gamma_b)]^2
\tag{1.3.17}
$$

$$
C_{\mathrm{s}}(\Omega) = [2\mathrm{i}\sqrt{\gamma_a^{\mathrm{in}}}\sqrt{\gamma_a^{\mathrm{out}}}(\Omega - \mathrm{i}\gamma_b)]^2
\tag{1.3.18}
$$

$$
C_{\mathrm{p}}(\Omega) = \left(2\varepsilon\sqrt{\gamma_a^{\mathrm{out}}}\sqrt{\gamma_b^{\mathrm{in}}}\right)^2
\tag{1.3.19}
$$

$$
C_{\mathrm{vs}}^{\pm}(\Omega) = [a^2\varepsilon^2 \mp b\varepsilon(\mathrm{i}\Omega + \gamma_b) - (\Omega + 2\mathrm{i}\gamma_a^{\mathrm{out}} - \mathrm{i}\gamma_a)(\Omega - \mathrm{i}\gamma_b)]^2
\tag{1.3.20}
$$

$$
C_{\mathrm{vp}}(\Omega) = \left(2\varepsilon\sqrt{\gamma_a^{\mathrm{out}}}\sqrt{\gamma_b^{\mathrm{out}}}\right)^2
\tag{1.3.21}
$$

$$
C_{\mathrm{ls}}(\Omega) = [2\mathrm{i}\sqrt{\gamma_a^{\mathrm{out}}}\sqrt{\gamma_a^{\mathrm{l}}}(\Omega - \mathrm{i}\gamma_b)]^2
\tag{1.3.22}
$$

$$
C_{\mathrm{lp}}(\Omega) = \left(2\varepsilon\sqrt{\gamma_a^{\mathrm{out}}}\sqrt{\gamma_b^{\mathrm{l}}}\right)^2
\tag{1.3.23}
$$

其中，ε 为非线性耦合系数；Ω 为相对于载频的频率失谐；a 和 b 分别是基频场和泵浦场的振幅；γ_a 和 γ_b 分别是基频场和泵浦场的总衰减系数；系数 γ_a^{in}、γ_a^{out}

和 γ_a^l 分别代表 OPA 腔内种子光由输入和输出耦合镜以及内腔损耗引入的衰减；系数 γ_b^{in}、γ_b^{out} 和 γ_b^l 分别代表 OPA 腔内泵浦光由输入和输出耦合镜以及内腔损耗引入的衰减。

方程的前三项 $C_s(\Omega)V_s^{\pm}(\Omega)$，$C_{vs}^{\pm}(\Omega)V_{vs}^{\pm}(\Omega)$，$C_{ls}^{\pm}(\Omega)V_{ls}^{\pm}(\Omega)$ 与种子光的注入无关，而是由压缩态光场制备系统中的泵浦因子和总损耗决定的。在没有种子光注入，即压缩真空态时 $(a = 0)$，$a^2 C_p(\Omega)V_p^{\pm}(\Omega) = a^2 C_{vp}(\Omega)V_{vp}^{\pm}(\Omega) = a^2 C_{lp}(\Omega)V_{ls}^{\pm}(\Omega) = 0$。此时，泵浦光噪声对压缩态光场噪声方差的影响被完全消除，影响压缩真空态光场的主要因素为激光噪声、系统损耗以及相位起伏。

而对于明亮压缩态，$a \neq 0$，泵浦光噪声会通过与种子光的噪声耦合而传递到下转换光束，它们的噪声耦合系数随泵浦光噪声和种子光功率的大小而变化。对于固定的明亮压缩态制备系统，输出功率与种子光功率成正比。因此，泵浦光与种子光的噪声耦合是明亮压缩态光场的主要限制因素。

1.4 影响压缩度的关键因素

光学参量振荡器制备压缩态光场的基本原理和光路简图如图 1.4.1 所示。激光器输出的频率为 $2\omega_0$ 的倍频光泵浦工作于阈值以下的光学参量振荡器，通过光学参量下转换过程产生频率为 ω_0 的信号光，通过锁相环路将泵浦光与信号光的相对相位锁定为 0 或 π，即实现光学参量放大或参量缩小，产生正交相位或正交振幅压缩态光场。为了检验压缩态光场的压缩度，通常采用平衡零拍探测 (BHD) 方案测量压缩光的压缩度，即一束频率为 ω_0 的强本底振荡光与压缩光在 50/50 分束器上进行干涉耦合，分别进入两个低噪声光电探测器，输出交流信号进行减法运算，即可实现压缩光两正交分量噪声方差的探测。当锁定压缩光和本底光相对相位为 0 时，测量到正交振幅分量噪声方差；当锁定为 π 相位时，对应于正交相位分量噪声方差。

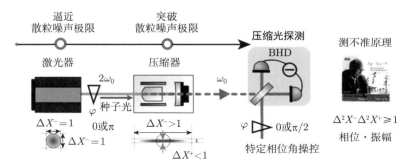

图 1.4.1 光学参量振荡器制备压缩态光场的基本原理与光路简图

　　在压缩光产生、传输、探测的过程中，量子噪声是我们的控制对象，各种经典噪声的引入均会削弱或破坏压缩态。经典噪声来源主要包括整套系统中的技术噪声、光学损耗和相位噪声。技术噪声主要包含激光器输出激光的低频段噪声、寄生干涉、散射、光学元件自身的机械振动引入的噪声和环境声频噪声，以及锁定系统、探测系统引入的电子学噪声等，会直接传递至压缩分量；光学损耗会将真空噪声耦合至压缩分量；相位噪声导致反压缩噪声分量耦合至压缩分量，两种因素对压缩度的影响如图 1.4.2 所示。下面将分别对影响压缩度的三个关键因素进行详细讨论，同时给出制备高压缩度压缩态光场时需要解决的关键技术问题。

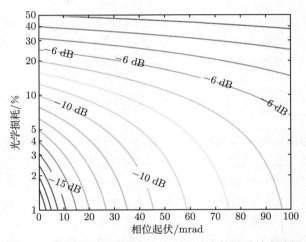

图 1.4.2　光学损耗和相位起伏与压缩度的关系等高线图

1.4.1　技术噪声

　　技术噪声 V_{tech} 主要包括激光相干振幅噪声、散粒噪声、寄生干涉、激光散射、光学元件自身的机械振动引入的噪声和环境声频噪声，以及各部分锁定系统、探测中的暗噪声等经典噪声，这些未被压缩的噪声在探测过程中会耦合到压缩分量 V_{squ} 中，此时可探测的压缩方差转变为 $V'_{\text{squ}} = V_{\text{tech}} + V_{\text{squ}}$，经典噪声等价于额外损耗 $l = V_{\text{tech}}/V_{\text{vac}}$（$V_{\text{vac}}$ 为真空噪声）[50]，所有这些因素均为限制高压缩度压缩态光场输出的主要因素。下面以平衡零拍探测引入的技术噪声为例，介绍技术噪声对压缩度的影响。

　　目前，最先进的平衡零拍探测器均基于两个运放电路自减结构，具有较高的共模抑制比和较低的电子学噪声，可以尽可能地消除经典噪声对探测的影响，具体的设计细节可查阅本书第 6 章或参考文献 [51]。挡住两个光电二极管 (如图 1.4.1 中 BHD) 的入射光，用频谱仪测量探测器的交流输出时，可以得到探测器的电子学噪

声 (如图 1.4.3 曲线 c)。一般地，由于电子元件的个体差异，不同的平衡零拍探测器电子学噪声不同。当平衡零拍探测器的两个光电二极管注入相同的光功率时，用频谱仪测量到的即为该功率下本底光的散粒噪声基准 (如图 1.4.3 曲线 a)，其相对于电子学噪声的抬高决定了压缩度的测量误差。如果抬高较低，则电子学噪声将淹没部分压缩噪声，减小可探测到的压缩度。所以在平衡零拍探测器的设计中，需尽可能地降低探测器的电子学噪声，提高探测器的增益。通过采用结型场效应晶体管 (junction field effect transistor, JFET) 缓冲结构电路可有效减小输入电容，以及采用 JFET 自举结构电路减小光电二极管结电容，从而降低探测器电子学噪声 [52,53]，并结合大跨阻放大电路提高了探测器的增益，最终可实现注入 11 mW 的本底光功率时，散粒噪声较探测器电子学噪声抬高 33.5 dB(如图 1.4.3 曲线 a 与曲线 c 的间隔)，等价于 0.05 % 的光学损耗，电子学噪声对压缩度测量的影响可以忽略，从而保证了 13.8 dB 高压缩度压缩真空态光场的有效探测 [42]。

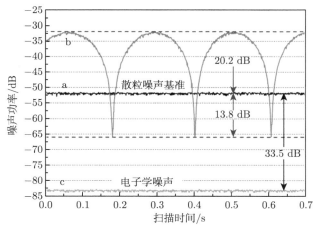

图 1.4.3　散粒噪声基准、探测器电子学噪声与压缩噪声方差实测结果 [42]

1.4.2　光学损耗

光学参量振荡器产生压缩态光场，经输出耦合镜输出，由导光镜在自由空间引导至平衡零拍探测系统与本底光在 50/50 分束器上发生干涉，均分为两束功率相等的光，注入平衡零拍探测器，由一对光电二极管探测转化为光电流后在平衡零拍探测器内部相减，然后接入电子频谱分析仪测量噪声功率谱。在压缩态光场产生、传输和探测过程中，不可避免地会引入光学损耗，如光学参量振荡器的逃逸效率 η_{esc}，压缩光在自由空间中的传输效率 η_{prop}，平衡零拍探测中的干涉效率 η_{hom} 和光电二极管的量子效率 η_{qe}。最终，在平衡零拍探测端，压缩态光场的总探测效率表示为 $\eta = \eta_{esc}\eta_{prop}\eta_{hom}\eta_{qe}$，下面针对上述损耗因素进行详细讨论。

首先，光学参量振荡器的逃逸效率定义为

$$\eta_{\mathrm{esc}} = \frac{T}{T + L} \tag{1.4.1}$$

式中，T 为输出耦合镜的透射率；L 为光束在腔内往返一周的总光学损耗，包括输入镜、非线性晶体镀膜不完美等引入的线性和衍射损耗，非线性晶体的吸收、散射等非线性损耗等。因此，减小内腔损耗的关键在于采用高质量的镀膜以及吸收系数小的非线性晶体。光学参量振荡器的腔模体积、腰斑位置同衍射损耗密切相关，合适的腔型设计不仅可以降低衍射损耗，还可以增加参量转换效率、减小非线性损耗。实验中，光学参量振荡器腰斑位置可设计于非线性晶体中心，使晶体中心腔模处于高斯光束的瑞利长度内，同时腔模腰斑置于晶体中心，最大限度地保证了晶体内部光束的平行以及大的相互作用模场体积，并满足最佳的相位匹配条件，获得高的转换效率。另外，光学参量振荡器机械结构的稳定性也是决定高压缩度压缩态光场制备的关键因素之一，但结构稳定带来的负面影响就是，可调节部分变少，使得半整块结构的光学参量振荡器的输出耦合镜和非线性晶体的光学对准难度大幅增加，谐振腔的闭合变得十分困难。因此，需要发展精密辅助调节技术以精确地闭合谐振腔，避免腔内光波偏离光轴而引入几何偏折损耗。

此外，从 (1.4.1) 式还可以看出，增加输出耦合镜的透射率可以提高逃逸效率。不过这将导致光学参量振荡器的阈值更高，对激光器输出功率提出更高的要求，而且功率提高之后会带来一系列新的问题，比如非线性晶体的热效应、经典噪声的引入等。

其次，压缩态光场的传输效率包括光学元件表面的散射、减反膜的剩余反射率、透镜及分束器的材料吸收。光电二极管的量子效率即光入射到探测器产生的电子空穴对与光子数的百分比。实际测量中，通过测量光电二极管的光谱响应率 R_λ，即入射光功率与产生的电功率 (光电流) 的关系，其单位为 A/W。光电二极管将光子转化为电子的量子效率可以表示为

$$\eta_{\mathrm{qe}} = \frac{R_\lambda hc}{\lambda e} \approx \frac{1240 R_\lambda}{\lambda}(\mathrm{W \cdot nm/A}) \tag{1.4.2}$$

式中，h 为普朗克常数；c 是真空中光的传播速度；λ 是光的波长，单位为 nm；e 是电子的电荷量。光电二极管实际的量子效率取决于半导体基底的材料和光波的波长以及厂家的制作工艺。例如，1064 nm 和 1550 nm 激光的一种典型半导体材料是铟镓砷，一般通用的光电管量子效率优于 90%，通过设计特殊的共振结构可以增强至 99% 以上；对于它们的二次谐波 532 nm 和 775 nm，则通常用硅基光电二极管，其量子效率在 60%~90%。

此外，在进行平衡零拍探测时，本底光和信号光在 50/50 分束器上的干涉效率也对探测效率有影响。通过压电陶瓷扫描本底光和信号光的相对相位，用单个探测器探测 50/50 分束器出射光的任意一臂，即可在示波器上得到干涉极大值和极小值对应的电压值，以及信号光和本底光对应的直流响应电压值，干涉效率可表示为

$$\eta_{\mathrm{homo}} = \frac{V_{\max} - V_{\min}}{4\sqrt{V_1 V_2}} \tag{1.4.3}$$

式中，光强的极大值和极小值由一个单探测器测量信号光和本底光的干涉极大值 $V_{\max}$ 和极小值 $V_{\min}$ 组成；信号光和本底光的直流响应电压分别为 V_1 和 V_2。

1.4.3 相位噪声

除技术噪声和光学损耗外，实测压缩度与产生的压缩光压缩度的实际值偏差，还与压缩态制备过程与探测过程中的相敏检测过程有关，主要包含压缩态制备过程中信号光与泵浦光之间的相对相位起伏，压缩态探测过程中本底光与压缩光之间的相对相位起伏。相对相位起伏可以表现为一种相位噪声，导致反压缩噪声耦合至压缩分量中，从而降低可探测到的压缩态的压缩度。

下面我们以本底光和信号光之间的相位起伏为例，分析相位起伏对压缩度的影响。相对相位起伏主要有以下几个来源：锁定环路不稳定或参数设置不合理，上游光路中电光相位调制器产生的剩余振幅调制 (RAM)，外界环境中热–声–力场引起的光束抖动，探测部分寄生干涉引起的幅度调制等。当相位起伏的频率高于频谱仪采样率时，测量的压缩度不是压缩的最大值，而是耦合进了一部分反压缩噪声。在相位起伏的影响下，维格纳 (Wigner) 函数描述的压缩态由纯态演化为混合态，沿相位空间中与 X 轴成任意角度 ϕ 的方向对相位进行积分，获得 Wigner 函数，相位弥散的压缩真空态表示为 [54]

$$W(X_1, X_2) = \frac{1}{2\pi\sqrt{V_1 V_2}} \int \exp\left\{ -\frac{1}{2}\left[\frac{\left(X_1^\phi\right)^2}{V_1} + \frac{\left(X_2^\phi\right)^2}{V_2} \right] \right\} \Phi(\phi)\, \mathrm{d}\phi \tag{1.4.4}$$

式中，

$$X_1^\phi = X_1 \cos\phi + X_2 \sin\phi \tag{1.4.5}$$

$$X_2^\phi = X_2 \cos\phi + X_1 \sin\phi \tag{1.4.6}$$

其中，X_1，X_2 分别表示光场的位置和动量信息；V_1，V_2 分别表示光场振幅与相位分量的噪声方差。假设相位噪声为高斯型，则分布函数 $\Phi(\phi)$ 可用标准方差表示为

$$\Phi(\phi) = \frac{1}{\sqrt{2\pi\sigma^2}} \exp\left(-\frac{\phi^2}{2\sigma^2} \right) \tag{1.4.7}$$

相位起伏影响压缩度的情况体现在图 1.4.4 中。该图为真空压缩态的 Wigner 函数，对应 -10 dB 的相位压缩和 10 dB 的振幅反压缩。图 1.4.4(a) 是没有相位起伏时压缩真空态的 Wigner 函数，称为纯态，此时压缩度最高。当相位起伏变大后，压缩态向混合态演化，压缩度逐渐降低。

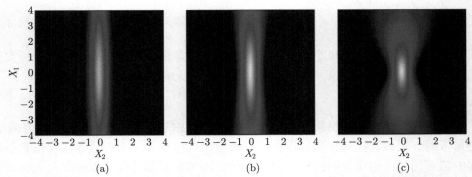

图 1.4.4 真空压缩态的 Wigner 函数，对应 $X_2 = -10$ dB 的相位压缩和 $X_1 = 10$ dB 的振幅反压缩 [54]
(a) 无相位起伏；(b) 相位起伏约等于 $6°$；(c) 相位起伏约等于 $17°$

假设正态分布的相位起伏的标准方差很小，达到毫弧度量级时，相位起伏量可以等效看作平衡零拍探测中相位偏差为 θ_{fluc}，则引入相位起伏后的压缩度可以表示为

$$V'_{1,2} = V_{1,2}\cos^2\theta_{\text{fluc}} + V_{2,1}\sin^2\theta_{\text{fluc}} \tag{1.4.8}$$

式中，

$$V_{1,2} = 1 \pm \frac{4\xi}{(1\mp\xi)^2 + (\omega/\gamma_1)^2} \tag{1.4.9}$$

这里 $\xi = \varepsilon/\gamma_1 = \beta\chi/\gamma_1$，$\beta$ 为泵浦光振幅，χ 为非线性系数；$\gamma_1 = T/2\tau$，其中，T 为输出耦合镜的透射率，$\tau = L/c$ 为光在腔内往返一次的时间。为了在实验中方便使用，泵浦参量还可以表示为泵浦功率和阈值功率的比值的平方根 [55]。再代入总探测效率η，则可将光学参量振荡器输出的压缩态光场的噪声方差表示为

$$V_1(\Omega') = 1 + \eta\frac{4\sqrt{P/P_{\text{th}}}}{\left(1 - \sqrt{P/P_{\text{th}}}\right)^2 + (\Omega')^2} \tag{1.4.10}$$

$$V_2(\Omega') = 1 - \eta\frac{4\sqrt{P/P_{\text{th}}}}{\left(1 + \sqrt{P/P_{\text{th}}}\right)^2 + (\Omega')^2} \tag{1.4.11}$$

式中，引入了归一化的频率 $\Omega' = f \Big/ \dfrac{1}{2}\nu$，这里 f 为频谱仪测量压缩态光场时的分析频率，ν 为光学测量振荡器的半峰全宽 (FWHM)。引入相位起伏后的压缩度表示为

$$V_1'(\Omega') = V_1(\Omega')\cos^2\theta_{\text{fluc}} + V_2(\Omega')\sin^2\theta_{\text{fluc}} \tag{1.4.12}$$

$$V_2'(\Omega') = V_2(\Omega')\cos^2\theta_{\text{fluc}} + V_1(\Omega')\sin^2\theta_{\text{fluc}} \tag{1.4.13}$$

上式可以精确预测实际实验中光学参量振荡/放大器输出光场的噪声特性。

参 考 文 献

[1] Yin J, Cao Y, Li Y, et al. Satellite-based entanglement distribution over 1200 kilometers. Science, 2017, 356(6343): 1140-1144.

[2] Bai S, Wang Y, Qiang J, et al. Predictive filtering-based fast reacquisition approach for space-borne acquisition, tracking, and pointing systems. Opt. Express, 2014, 22(22): 26462-26475.

[3] Lin Y, Zhou Z, Wang R, et al. Opto-heterodyne measurement of thickness of coated films. Chinese Journal of Lasers, 1988, 15(11): 652-655.

[4] Song S, Li Z, Gao Y, et al. Swept source optical coherence tomography system for transdermal drug delivery imaging by microneedles. Chinese Journal of Lasers, 2018, 45(8): 0807001.

[5] Chen H, Sun Y, Wang Y, et al. High-precision laser tracking measurement method and experimental study. Chinese Journal of Lasers, 2018, 45(1): 0104003.

[6] Ji N, Zhang F, Qu X, et al. Ranging technology for frequency modulated continuous wave laser based on phase difference frequency measurement. Chinese Journal of Lasers, 2018, 45(11): 1104002.

[7] Kimble H J. The quantum internet. Nature, 2008, 453: 1023-1030.

[8] Chen H, Liu J. Teleportation of a two-particle four-component squeezed vacuum state by linear optical elements. Chin. Opt. Lett., 2009, 7: 440-442.

[9] Cai C, Ma L, Li J, et al. Generation of a continuous-variable quadripartite cluster state multiplexed in the spatial domain. Photon. Res., 2018, 6: 479.

[10] Slusher R R, Hollberg L W, Yurke B, et al. Observation of squeezed states generated by four-wave mixing in an optical cavity. Phys. Rev. Lett., 1985, 55(22): 2409-2412.

[11] Bachor H A, Ralph T C. A Guide to Experiments in Quantum Optics. 2nd ed. Weinheim: Wiley-VCH, 2004.

[12] Sizmann A, Leuchs G. The optical Kerr effect and quantum optics in fibers// Wolf E. Progress in Optics. Vol 39. Amsterdam: Elsevier, 1999: 373.

[13] Milburn G J, Levenson M D, Shelby R M, et al. Optical-fiber media for squeezed-state generation. J. Opt. Soc. Am. B, 1987, 4: 1476.

[14] Jackel J, Glass A M, Peterson G E, et al. Damage-resistant LiNbO$_3$ waveguides. Journal of Applied Physics, 1984, 55: 269.

[15] Kashiwazaki T, Takanashi N, Yamashima T, et al. Continuous-wave 6-dB-squeezed light with 2.5-THz-bandwidth from single-mode PPLN waveguide. APL Photon., 2020, 5: 036104.

[16] Matsko A B, Novikova I, Welch G R, et al. Vacuum squeezing in atomic media via self-rotation. Phys. Rev. A, 2002, 66: 043815.

[17] Yuen H P, Shapiro J H. Generation and detection of two-photon coherent states in degenerate four-wave mixing. Opt. Lett., 1979, 4(10): 334-336.

[18] Eberle T, Steinlechner S, Bauchrowitz J, et al. Quantum enhancement of the zero-area Sagnac interferometer topology for gravitational wave detection. Phys. Rev. Lett., 2010, 104(25): 251102.

[19] Vahlbruch H, Mehmet M, Chelkowski S, et al. Observation of squeezed light with 10-dB quantum-noise reduction. Phys. Rev. Lett., 2008, 100: 033602.

[20] Stefszky M, Mow-Lowry C, Chua S, et al. Balanced homodyne detection of optical quantum states at audio-band frequencies and below. Classical and Quantum Gravity, 2012, 29: 145015.

[21] Grosse N B, Symul T, Stobińska M, et al. Measuring photon antibunching from continuous variable sideband squeezing. Phys. Rev. Lett., 2007, 98: 153603.

[22] Aasi J, Abadie J, Abbott B, et al. Enhanced sensitivity of the LIGO gravitational wave detector by using squeezed states of light. Nature Photonics, 2013, 7: 613-619.

[23] Levenson M, Shelby R, Perlmutter S. Squeezing of classical noise by nondegenerate four-wave mixing in an optical fiber. Opt. Lett., 1985, 10: 514-516.

[24] Weinberger P. John Kerr and his effects found in 1877 and 1878. Philosophical Magazine Letters, 2008, 88(12): 897-907.

[25] Li R, Kumar P. Squeezing in traveling-wave second harmonic generation. Opt. Lett., 1993, 18: 1961-1963.

[26] Hagan D, Wang Z, Stegeman G, et al. Phase-controlled transistor action by cascading of second order nonlinearities in KTP. Opt. Lett., 1994, 19: 1305-1307.

[27] Takeda S, Furusawa A. Toward large-scale fault-tolerant universal photonic quantum computing. APL Photonics, 2019, 4: 060902.

[28] Takeda S, Mizuta T, Fuwa M, et al. Deterministic quantum teleportation of photonic quantum bits by a hybrid technique. Nature, 2013, 500: 315.

[29] Levenson M, Kano S. Introduction to Nonlinear Optics. 2nd ed. Boston: Academic Press, 1988.

[30] Vinet L, Zhedanov A. An algebraic treatment of the Askey biorthogonal polynomials on the unit circle. Forum of Mathematics, Sigma, 2021, 9: e68.

[31] McCormick C, Marino A, Boyer V, et al. Strong low-frequency quantum correlations from a four-wave-mixing amplifier. Phys. Rev. A, 2008, 78: 043816.

[32] Corzo N, Marino A, Jones K, et al. Multi-spatial-mode single-beam quadrature squeezed states of light from four-wave mixing in hot rubidium vapor. Opt. Express, 2011, 19(22): 21358-21369.

[33] Caves C. Quantum-mechanical noise in an interferometer. Phys. Rev. D, 1981, 23: 1693-1708.

[34] Takeno Y, Yukawa M, Yonezawa H, et al. Observation of −9 dB quadrature squeezing with improvement of phase stability in homodyne measurement. Opt. Express, 2007, 15: 4321-4327.

[35] Ou Z Y, Pereira S F, Kimble H J, et al. Realization of the Einstein-Podolsky-Rosen paradox for continuous variables. Phys. Rev. Lett., 1992, 68: 3663-3666.

[36] Vahlbruch H, Mehmet M, Chelkowski S, et al. Observation of squeezed light with 10-dB quantum-noise reduction. Phys. Rev. Lett., 2008, 100: 033602.

[37] Eberle T, Steinlechner S, Bauchrowitz J, et al. Quantum enhancement of the zero-area Sagnac interferometer topology for gravitational wave detection. Phys. Rev. Lett., 2010, 104: 251102.

[38] Vahlbruch H, Mehmet M, Danzmann K, et al. Detection of 15 dB squeezed states of light and their application for the absolute calibration of photoelectric quantum efficiency. Phys. Rev. Lett., 2016, 117: 110801.

[39] Schönbeck A, Thies F, Schnabel R. 13 dB squeezed vacuum states at 1550 nm from 12 mW external pump power at 775 nm. Opt. Lett., 2018, 43: 110-113.

[40] Eberle T, Händchen V, Schnabel R. Stable control of 10 dB two-mode squeezed vacuum states of light. Opt. Express, 2013, 21: 11546-11553.

[41] Yang W, Shi S, Wang Y, et al. Detection of stably bright squeezed light with the quantum noise reduction of 12.6 dB by mutually compensating the phase fluctuations. Opt. Lett., 2017, 42: 4553-4556.

[42] Sun X C, Wang Y J, Tian L, et al. Detection of 13.8 dB squeezed vacuum states by optimizing the interference efficiency and gain of balanced homodyne detection. Chin. Opt. Lett., 2019, 17: 072701.

[43] Wang Y, Zhang W, Li R, et al. Generation of 10.7 dB unbiased entangled states of light. Appl. Phys. Lett., 2021, 118: 134001.

[44] Zhang W, Jiao N, Li R, et al. Precise control of squeezing angle to generate 11 dB entangled state. Opt. Express, 2021, 29: 24315-24325.

[45] Tian L, Shi S, Tian Y, et al. Resource reduction for simultaneous generation of two types of continuous variable nonclassical states. Front. of Phys., 2020, 16: 21502.

[46] Bauchrowitz J, Westphal T, Schnabel R. A graphical description of optical parametric generation of squeezed states of light. Am. J. Phys., 2013, 81 (10): 767-771.

[47] 石顺祥, 陈国夫, 赵卫, 等. 非线性光学. 2 版. 西安: 西安电子科技大学出版社, 2012: 97.

[48] Yurke B. Use of cavities in squeezed-state generation. Phys. Rev. A, 1984, 29: 408-410.

[49] McKenzie K, Grosse N, Bowen W P, et al. Squeezing in the audio gravitational-wave detection band. Phys. Rev. Lett., 2004, 93(16): 161105.

[50] Appel J, Hoffman D, Figueroa E, et al. Electronic noise in optical homodyne tomography. Phys. Rev. A, 2007, 75(3): 035802.

[51] Jin X, Su J, Zheng Y H, et al. Balanced homodyne detection with high common mode

rejection ratio based on parameter compensation of two arbitrary photodiodes. Opt. Express, 2015, 23: 23859-23866.

[52] Zhou H, Yang W, Li Z, et al. A bootstrapped low-noise, and high-gain photodetector for shot noise measurement. Rev. Sci. Instrum., 2014, 85(1): 013111.

[53] Zhou H, Wang W, Chen C, et al. A low-noise, large-dynamic-range-enhanced amplifier based on JFET buffering input and JFET bootstrap structure. IEEE Sensors Journal, 2015, 15(4): 2101-2105.

[54] Franzen A, Hage B, DiGuglielmo J, et al. Experimental demonstration of continuous variable purification of squeezed states. Phys. Rev. Lett., 2006, 97(15): 150505.

[55] Buchler B C. Electro-optic control of quantum measurements. Canberra: Australian National University, 2001.

第 2 章 光学谐振腔技术

光学谐振腔是现代光学应用中一种重要的光学器件，如光学空间与频率模式的过滤、非线性相互作用、噪声转换、光谱吸收和增强激光辐射等物理过程 [1-9] 均是光学谐振腔的典型应用，被广泛地应用于量子光学、激光物理学、精密测量、激光光谱学、引力波天文学等研究领域。从几何光学的角度来讲，关于光学谐振腔的基本特性，比如稳定性、几何损耗、谐振腔模式等研究得已经比较透彻，作为一种重要器件可实现激光模式选择、波长调谐、高灵敏传感等方案。然而，关于光学谐振腔的基本功能特性，如光学滤波、能量传输、噪声转换等特性的介绍较少。

在实际应用中，腔长、镜面参数与内腔损耗等决定了光学谐振腔的光学频率带宽——线宽。因此，其透射场可作为光学低通滤波器，抑制超出线宽范围的光场高频噪声 [10]；而反射场与透射场相位差 180°，可作为高通滤波器，抑制线宽内的光场低频噪声 [11]。例如，在激光陀螺仪应用中，利用超窄线宽光学谐振腔，结合超低热膨胀系数材料可制作超稳腔，利用其输出场大幅压窄激光线宽，实现超稳窄线宽激光的输出 [12-14]。在引力波探测中，利用光学谐振腔反射场的高通滤波特性可实现低频强度噪声的提取和抑制 [15-18]；通过滤波腔反射场实现压缩真空态光场噪声相位角的操控，实现频率依赖的压缩真空态制备，迎合干涉仪量子噪声谱，实现全频段量子噪声抑制 [19,20]。以上关于光学谐振腔的应用均与光学谐振腔的相位传输特性相关。因此，从应用的功能特性来讲，光学谐振腔是一种高精度的相敏检测器件，通过精确匹配相位可实现对激光场强度、相位、频率的操控。同时，作为一种操控量子噪声的重要光学器件，其损耗特性——能量传输特性 (损耗等效于引入真空噪声) 将决定量子噪声的抑制水平 [21]。

本章主要介绍光学谐振腔的传输函数理论，包括相位、能量和噪声传输特性。依据谐振腔参数的不同，对比分析欠耦合腔、阻抗匹配腔和过耦合腔三种类型谐振腔的幅度与相位传输特性，由此分析三种腔型的频谱与噪声传输特性，为光学谐振腔在精密测量中的应用提供基本知识体系。同时，作为应用的两个例子，本章简要介绍模式清洁器和光学参量振荡器的基本结构和特性。

2.1　光学谐振腔的分类

由两个或多个反射镜组成并且使光在闭合路径中传播的装置，称为光学谐振腔或光学腔，在有的情况中还称为光学干涉仪。两种基本类型的光学谐振腔分别是驻波谐振腔和行波谐振腔 (或环形谐振腔)。最简单的谐振腔是两镜腔 (由两面反射镜组成)，通常至少一面腔镜是球形的；由三面或三面以上反射镜可以构成环形谐振腔。

对于特定的光学谐振腔，阻抗匹配参数 a 决定了其输出光场的传输特性[22]。a 由输入耦合镜的反射率 r_1 和谐振腔内部的附加损耗 $(1 - r_{loss}^2)$ 决定，附加损耗一般包括输出耦合镜的传输损耗、反射镜的吸收和散射损耗等，则阻抗匹配参数 a 表示为

$$a = \frac{r_{in} - r_{out} r_{loss}}{1 - r_{in} r_{out} r_{loss}} \tag{2.1.1}$$

其中，r_{in} 和 r_{out} 分别是输入耦合镜和输出耦合镜的功率反射率；$(1 - r_{loss})$ 表示功率损耗，它是由反射镜的吸收和散射以及谐振腔内的功率损耗 $(1 - r_2)$ 引起的。在理想情况下，当一束光注入谐振腔时，若光学谐振腔在最佳谐振腔长条件下无反射光输出，即光由输出镜完全透射，那么这样的谐振腔称为阻抗匹配腔 (impedance matched cavity)，阻抗匹配参数为 $a = 0$；当 $a \in (0, 1]$ 时，谐振腔为贝耦合腔 (under-coupled cavity)，当 a 趋于 1 时，绝大部分光场被反射，仅少许功率进入腔内，输出光场为弱光场；当 $a \in [-1, 0)$ 时，谐振腔为过耦合腔 (over-coupled cavity)，当 a 趋于 -1 时，光场被全部反射，几乎无透射光场输出。如果谐振腔为高精细度谐振腔，那么这时满足 $r_{in} r_{out} r_{loss} \to 1$。在构建高精细度光学谐振腔的过程中，要求腔镜具有超低损耗特性，因而阻抗匹配参数对 (2.1.1) 式中的 $(r_{in} - r_{out} r_{loss})$ 比较敏感，这就需要更精细地控制腔镜参数，完成阻抗匹配设计目标。

2.2　光学谐振腔的传输特性

2.2.1　光学谐振腔的能量传输

最简单的光学谐振腔是线性两镜谐振腔，如图 2.2.1 所示。当光学谐振腔的腔长为入射光半波长的整数倍 $(L = q\lambda/2$，其中 q 为整数) 时，入射光场在腔内多次往返，形成多光束干涉，满足干涉相长条件，此时可以由腔内谐振输出梳状的谐振频率。两相邻频率之间的差值称为谐振腔的自由光谱区 ν_{FSR}[23]，由两反射镜间的距离即光学腔长 L 决定：

$$\nu_{\mathrm{FSR}} = \nu_{q+1} - \nu_q = \frac{c}{2L} \tag{2.2.1}$$

自由光谱区 ν_{FSR} 的单位为 Hz。

光学谐振腔输出特性主要由腔镜的反射率和透射率决定,如图 2.2.1 所示,我们定义 R_1、R_2 分别为输入耦合镜 1 和输出耦合镜 2 的光强反射率,$T_1 = 1 - R_1$ 和 $T_2 = 1 - R_2$ 分别为两个耦合镜的光强透射率。输入耦合镜 1 的振幅反射系数和振幅透射系数分别为 r_1、t_1,它们与光强反射率、透射率的关系为 $r_1^2 = R_1$、$t_1^2 = T_1$;同样,输出耦合镜 2 的振幅反射系数和振幅透射系数分别为 r_2、t_2,且有 $r_2^2 = R_2$、$t_2^2 = T_2$。

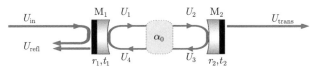

图 2.2.1 两镜驻波腔结构简图

为了理解光学谐振腔可以用作激光功率波动的无源滤波腔,需计算谐振腔的内腔循环场 $U_1 \sim U_4$、反射场 U_{refl} 和透射场 U_{trans},它们均与输入场 U_{in} 相关。为满足能量守恒,每一次透过镜子的传输都会产生 $\pi/2$ 的相移。场累积了 $\exp\left(-\mathrm{i}2\pi\nu L/c\right)$ 的相移,当它传播的长度为 L,并考虑谐振腔的内部损耗 α_0 时,场在一个完整的往返过程中衰减为 $r_{\mathrm{loss}} = \mathrm{e}^{-\alpha_0 2L}$。

由光场在谐振腔内的一个往返过程可推导出一组方程:

$$U_1 = \mathrm{i}t_1 U_{\mathrm{in}} + r_1 U_4 \tag{2.2.2}$$

$$U_2 = \sqrt{r_{\mathrm{loss}}} U_1 \cdot \exp\left(-\mathrm{i}2\pi\nu L/c\right) \tag{2.2.3}$$

$$U_3 = r_2 U_2 \tag{2.2.4}$$

$$U_4 = \sqrt{r_{\mathrm{loss}}} U_3 \cdot \exp\left(-\mathrm{i}2\pi\nu L/c\right) \tag{2.2.5}$$

$$U_{\mathrm{refl}} = r_1 U_{\mathrm{in}} + \mathrm{i}t_1 U_4 \tag{2.2.6}$$

$$U_{\mathrm{trans}} = \mathrm{i}t_2 U_2 \tag{2.2.7}$$

解这组方程可以求得 U_2 和 U_4:

$$U_2 = U_{\mathrm{in}} \frac{\mathrm{i}\sqrt{r_{\mathrm{loss}}} t_1 \mathrm{e}^{-\mathrm{i}2\pi\nu\frac{L}{c}}}{1 - r_{\mathrm{loss}} r_1 r_2 \mathrm{e}^{-\mathrm{i}2\pi\nu\frac{2L}{c}}} \tag{2.2.8}$$

$$U_4 = U_{\text{in}} \frac{\mathrm{i} r_{\text{loss}} r_2 t_1 \mathrm{e}^{-\mathrm{i}2\pi\nu\frac{2L}{c}}}{1 - r_{\text{loss}} r_1 r_2 \mathrm{e}^{-\mathrm{i}2\pi\nu\frac{2L}{c}}} \tag{2.2.9}$$

将其代入 (2.2.6) 式、(2.2.7) 式可得到谐振腔的振幅反射场和振幅透射场:

$$U_{\text{refl}} = \left(r_1 - \frac{t_1^2 r_2 r_{\text{loss}} \mathrm{e}^{-\mathrm{i}2\pi\nu\frac{2L}{c}}}{1 - r_1 r_2 r_{\text{loss}} \mathrm{e}^{-\mathrm{i}2\pi\nu\frac{2L}{c}}} \right) U_{\text{in}} \tag{2.2.10}$$

$$U_{\text{trans}} = -\frac{t_1 t_2 \sqrt{r_{\text{loss}}} \mathrm{e}^{-\mathrm{i}2\pi\nu\frac{L}{c}}}{1 - r_1 r_2 r_{\text{loss}} \mathrm{e}^{-\mathrm{i}2\pi\nu\frac{2L}{c}}} U_{\text{in}} \tag{2.2.11}$$

对应的光强分别为 $I_{\text{refl}} = |U_{\text{refl}}|^2$、$I_{\text{trans}} = |U_{\text{trans}}|^2$。

通常维持光学谐振腔腔长稳定采用 PDH 稳频技术 [24-28],使入射光场在腔内保持谐振状态。此时,光强反射率、透射率和内腔循环功率 [29] 分别为

$$R_0 = \left| \frac{r_1 - r_2 \mathrm{e}^{-\alpha_0 2L}}{1 - r_1 r_2 \mathrm{e}^{-\alpha_0 2L}} \right|^2 \tag{2.2.12}$$

$$T_0 = \left| \frac{t_1 t_2 \mathrm{e}^{-\alpha_0 L}}{1 - r_1 r_2 \mathrm{e}^{-\alpha_0 2L}} \right|^2 \tag{2.2.13}$$

$$T_{\text{c}} = \left| \frac{t_1}{1 - r_1 r_2 \mathrm{e}^{-\alpha_0 2L}} \right|^2 \tag{2.2.14}$$

下面举例说明谐振腔的能量传输特性与腔的类型之间的关系。令腔的输入镜与输出镜反射率之和 $R_1 + R_2 = 1.988$ 保持不变,改变反射率 R_1、R_2 的相对大小,则谐振腔演化为不同的腔型。一束激光由输入镜 1 注入腔内,在不同腔型结构下,研究谐振腔的能量传输特性,如图 2.2.2 所示。假设腔的损耗因子 $\alpha_0 = 0.5\text{‰}$,总内腔损耗为 $1 - r_{\text{loss}}^2 = 0.001$。谐振腔的光强反射率 R_0 为红色虚线,透射率 T_0 为绿色虚线,蓝色虚线表示反射率 R_0 与透射率 T_0 之和 $S = R_0 + T_0$。从图 2.2.2(a) 中可以观察到,反射率 R_2 较小时,由于 $r_1 > r_2 \mathrm{e}^{-\alpha_0 2L}$,即 $a \in (0,1]$,谐振腔为欠耦合腔,其反射率 R_0 随 R_2 的增大而减小,透射率 T_0 随 R_2 的增大而增大;若 $r_1 = r_2 \mathrm{e}^{-\alpha_0 2L}$,即 $a = 0$,谐振腔处于阻抗匹配,此时输入光全部进入腔内,并从腔中透射出去,其反射率 $R_0 = 0$,此时透射率 T_0 达到最大值;R_2 继续增大,$r_1 < r_2 \mathrm{e}^{-\alpha_0 2L}$,即 $a \in [-1,0)$,则谐振腔变为过耦合腔,反射率 R_0 逐渐增大,透射率 T_0 逐渐减小。随着 R_2 的增大,反射率 R_0 与透射率 T_0 之和 $S = R_0 + T_0$ 在逐渐减小,并且始终 $S < 1$。图 2.2.2(b) 为放大倍数与反射率 R_2 的关系,随 R_2 的增大,T_{c} 逐渐增大,即过耦合腔的 T_{c} 最大,因

此,过耦合腔的总损耗为三类腔的最大值,输出场总功率最小。由于内腔损耗的存在,腔的输出总功率 $S < 1$;但是当内腔损耗 $\alpha_0 = 0$ 时,$S = 1$,满足能量守恒。

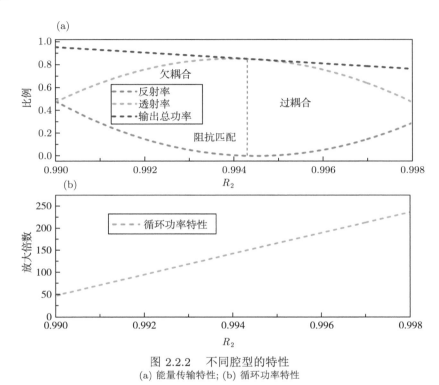

图 2.2.2　不同腔型的特性
(a) 能量传输特性; (b) 循环功率特性

光学谐振腔的线宽 ν_{LW} 定义是透射强度的半峰全宽:

$$\left| U_{\mathrm{trans}} \left(\pm \frac{\nu_{\mathrm{LW}}}{2} \right) \right|^2 = \frac{1}{2} I_{\max} \tag{2.2.15}$$

通过谐振腔传输的功率如图 2.2.3[23] 所示,该腔为一种无损耗、阻抗匹配的光学谐振腔,横坐标为归一化到自由光谱区 ν_{FSR} 的光学频率,纵坐标为归一化后的传输功率,图中最大透射功率的一半处对应的频率宽度即为腔的线宽 ν_{LW}。

　　另一个用来表征光学谐振腔的重要物理量是精细度 F,它是自由光谱区 ν_{FSR} 和线宽 ν_{LW} 的比值:

$$F = \frac{\nu_{\mathrm{FSR}}}{\nu_{\mathrm{LW}}} \tag{2.2.16}$$

精细度 F 与腔镜的反射率有关,其具体表达式为

$$F = \frac{\pi \left(R_1 R_2\right)^{1/4}}{1 - \sqrt{R_1 R_2}} \tag{2.2.17}$$

线宽 ν_{LW} 也可以通过 (2.2.16) 式和 (2.2.17) 式计算。

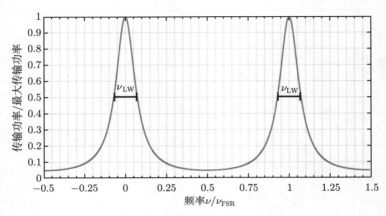

图 2.2.3　谐振腔的传输功率

2.2.2　光学谐振腔的传输函数

　　光学谐振腔的透射端等效于一种低通滤波器，可有效抑制线宽外的高频噪声；反射端等效于带阻滤波器，可实现线宽外噪声的提取。在实际应用中，利用谐振腔反射端可提取缓慢变化的直流信号上的小波动，例如可以用于光学交流耦合技术 [22,23]。光学交流耦合技术是一种基于阻抗匹配光学谐振腔的反射端探测功率波动的高灵敏度功率噪声提取方法，可以用于抑制激光的强度噪声。光学交流耦合系统由谐振腔和放置于反射端的探测器组成，如图 2.2.4[22] 所示。对于小于腔线宽的功率波动成分可完全透过腔，对于大于线宽的功率波动则被反射；但此时，反射端可探测的功率接近零，而探测到的功率波动保留了入射光场的总功率下的等效散粒噪声。这样，在充分保留输入场边带功率波动的基础上，大幅降低了探测器接收的平均功率。为充分发挥抑噪效果，需要谐振腔满足阻抗匹配，并达到接近 100% 的模式匹配效率。在探测器输出相同的光电流条件下，光学交流耦合系统探测到功率波动的灵敏度显著高于无谐振腔的光电直接探测系统。为更好地描述光学耦合噪声传递机制，我们需要构建输入光场到反射光场的功率波动传输函数。假设一束激光的场振幅为 U_{in}，平均振幅为 U_0，对光场进行振幅调制，调制指数 $m \ll 1$，且频率为 $f = \omega/2\pi$，则在平面波近似下，光场的振幅表示为

$$U_{\mathrm{in}} = U_0 \left(1 + m e^{\mathrm{i}\omega t}\right) \tag{2.2.18}$$

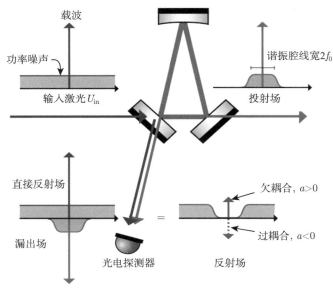

图 2.2.4   三镜环形腔噪声传递原理图

将此光场注入一个光学谐振腔，则腔的反射场振幅 U_{refl} 可以表示为

$$U_{\text{refl}} = U_0 \left(1 + m\mathrm{e}^{\mathrm{i}\omega t}\right) - (1-a) U_0 \left[1 + m\mathrm{e}^{\mathrm{i}\omega t} h\left(f\right)\right]$$

$$= U_0 \left\{a + m\mathrm{e}^{\mathrm{i}\omega t} \left[1 - (1-a) h\left(f\right)\right]\right\} \tag{2.2.19}$$

式中，$U_0 \left(1 + m\mathrm{e}^{\mathrm{i}\omega t}\right)$ 和 $(1-a) U_0 \left[1 + m\mathrm{e}^{\mathrm{i}\omega t} h\left(f\right)\right]$ 分别表示直接反射光场和腔内输出光场的振幅，两者的和为反射场的总振幅 U_{refl}；$h\left(f\right)$ 近似描述谐振腔 (线宽为 f_0) 对功率波动的滤波效果，表示为

$$h(f) = \frac{1}{1 + \mathrm{i}f/f_0} \tag{2.2.20}$$

在高精细谐振腔条件下，输入耦合镜的振幅反射率近似为 1。

在交流耦合降噪技术中，谐振腔的作用是降低载波平均反射功率，即功率衰减率为 $|U_{\text{refl}}|^2 / |U_{\text{in}}|^2 = a^2$。为了描述频率 f 处由输入光场 $|U_{\text{in}}|^2$ 到反射光场 $|U_{\text{refl}}|^2$ 的相对功率波动，这里引入传输函数 $G\left(f\right)$：

$$G(f) = g - (g-1) h(f) \tag{2.2.21}$$

$$|G(f)| = \sqrt{\frac{1 + g^2 \cdot f^2/f_0^2}{1 + f^2/f_0^2}} \qquad (2.2.22)$$

其中，$g(a) = 1/a$。令谐振腔输入耦合镜的功率反射率为 $r_{\text{in}}^2 = 0.99$，输出耦合镜的功率反射率为 $r_{\text{out}}^2 = 0.99$，腔内功率损耗 $1 - r_{\text{loss}}^2 = 0.001$，即 $r_{\text{out}}^2 = 0.99$，由 (2.2.1) 式可得阻抗匹配因子 $a = 0.0474$，那么 $g = 21$。图 2.2.5 为输入光场 $|U_{\text{in}}|^2$ 到反射光场 $|U_{\text{refl}}|^2$ 的相对功率波动传输函数 $G(f)$，横坐标的分析频率 f 归一化至谐振腔的线宽 f_0。传输函数的模 $|G(f)|$ 与频率 f 的关系由图 2.2.5 中绿线所示。可以发现在低频处，传输函数或增益 $|G(f \to 0)| = 1$。当 f 增大时，$|G(f)|$ 增加；当频率 $f = f_0$ 时，传输函数 $|G(f = f_0)| = 14.87$；当在高频处时，$|G(f \to \infty)| \to 21$，也就是 $|G(f \to \infty)| \to g$；即 $|G(f)|$ 的最大值受限于因子 $|g|$。当光学谐振腔为近阻抗匹配腔时，即 $|a| = 1$、$a \neq 0$，可以获得更高的增益。$a = 0.0474$、$g = 21$ 的欠耦合腔传输函数 $G(f)$ 的相位变化为图 2.5.5 中红色曲线，蓝线是过耦合谐振腔的相位变化。当谐振腔为欠耦合时，随着频率 f 的增大，$G(f)$ 的相位先增大后减小，在 $f = 0.22$ 达到最大值 $65.4°$，传输函数 $G(f)$ 的相位始终为正值；在过耦合腔中，传输函数 $G(f)$ 的相位随着频率 f 的增大而单调减小，变化范围是 $0° \sim -180°$。由上述分析可知，光学谐振腔可以被认为是一个与频率 f 相关的分束腔或滤波腔，当 $f < f_0$ 时，腔对功率起伏边带的传输效率较高；f 较高时，功率起伏边带的传输效率较低。

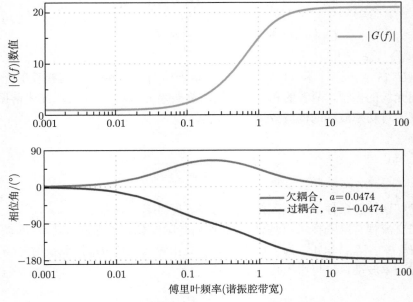

图 2.2.5   传输函数 $G(f)$ 随频率 f 的变化情况

2.2.3 光学谐振腔的噪声特性

这里以图 2.2.6 三镜环形谐振腔为例分析腔的噪声传递特性。三镜环形谐振腔是操控光场噪声的基本单元光学器件，相比两镜驻波腔，三镜腔更容易实现输入光场和输出光场的空间分离，可有效避免反射光返回上游光路引入后向反馈噪声。输入场 A_{in1} 由输入镜 M_1 注入腔内，其反射光场为 A_{out1}。真空场 A_{in2} 从右侧的输出镜 M_2 进入腔内，透射光场为 A_{out2}。其中，腔镜 M_3 是镀有高反膜的凹面镜，在这里不考虑真空场。对于一个谐振腔，输出场 A_{out1}、A_{out2} 与输入场 A_{in1}、A_{in2} 的关系为

$$A_{out1} = \frac{(a + \mathrm{i}f/f_0)\,A_{in1} + \sqrt{1 - a^2}A_{in2}}{1 - \mathrm{i}f/f_0} \tag{2.2.23}$$

$$A_{out2} = \frac{(-a + \mathrm{i}f/f_0)\,A_{in2} + \sqrt{1 - a^2}A_{in1}}{1 - \mathrm{i}f/f_0} \tag{2.2.24}$$

其中，f 为输入场 A_{in1} 的边带频率；f_0 为腔的线宽。

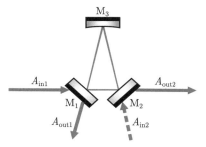

图 2.2.6 三镜环形谐振腔结构简图

在光场的振幅较大而波动较小的情况下，算符 A 可以做线性化处理，这个近似对于多数明亮光场有效。A_{in1}、A_{in2} 算符可以按下列方法线性化：

$$A_{in1} = \alpha + \delta A_{in1} \tag{2.2.25}$$

$$A_{in2} = \delta A_{in2} \tag{2.2.26}$$

其中，α 是光场的载波振幅，与时间无关；引入 δA_{in1} 和 δA_{in2} 描述小波动，它们的期望值均为零。场 A_{in1} 的经典振幅为 α，而输入场 A_{in2} 是真空场，其平均振幅为零，仅携带小波动 δA_{in2}，代入 (2.2.23) 式和 (2.2.24) 式中：

$$A_{out1} = \frac{(a + \mathrm{i}f/f_0)\,\alpha + (a + \mathrm{i}f/f_0)\,\delta A_{in1} + \sqrt{1 - a^2}\delta A_{in2}}{1 - \mathrm{i}f/f_0} \tag{2.2.27}$$

$$A_{\text{out2}} = \frac{\sqrt{1-a^2}\,\alpha + (-a + \mathrm{i}f/f_0)\,\delta A_{\text{in2}} + \sqrt{1-a^2}\delta A_{\text{in1}}}{1 - \mathrm{i}f/f_0} \tag{2.2.28}$$

分别将输出场 A_{out1} 和 A_{out2} 做线性化处理，令

$$A_{\text{out1}} = \alpha_{\text{out1}} + \delta A_{\text{out1}} \tag{2.2.29}$$

$$A_{\text{out2}} = \alpha_{\text{out2}} + \delta A_{\text{out2}} \tag{2.2.30}$$

将其代入 (2.2.27) 式和 (2.2.28) 式：

$$\delta A_{\text{out1}} = \frac{(a + \mathrm{i}f/f_0)\,\delta A_{\text{in1}} + \sqrt{1-a^2}\delta A_{\text{in2}}}{1 - \mathrm{i}f/f_0} \tag{2.2.31}$$

$$\delta A_{\text{out2}} = \frac{(-a + \mathrm{i}f/f_0)\,\delta A_{\text{in2}} + \sqrt{1-a^2}\delta A_{\text{in1}}}{1 - \mathrm{i}f/f_0} \tag{2.2.32}$$

反射光场 A_{out1} 和透射光场 A_{out2} 的起伏量分别为 δA_{out1} 和 δA_{out2}，则可推导出起伏方差 $\text{Var}\,(\delta A_{\text{out1}})$ 和 $\text{Var}\,(\delta A_{\text{out2}})$ 分别为

$$\begin{aligned}\text{Var}\,(\delta A_{\text{out1}}) &= \frac{|a + \mathrm{i}f/f_0|^2\,\text{Var}\,(\delta A_{\text{in1}}) + (1-a^2)\,\text{Var}\,(\delta A_{\text{in2}})}{|1 - \mathrm{i}f/f_0|^2}\\ &= \frac{(a^2 + f^2/f_0^2)\,\text{Var}\,(\delta A_{\text{in1}}) + (1-a^2)}{1 + f^2/f_0^2}\end{aligned} \tag{2.2.33}$$

$$\begin{aligned}\text{Var}\,(\delta A_{\text{out2}}) &= \frac{|-a + \mathrm{i}f/f_0|^2\,\text{Var}\,(\delta A_{\text{in2}}) + (1-a^2)\,\text{Var}\,(\delta A_{\text{in1}})}{|1 - \mathrm{i}f/f_0|^2}\\ &= \frac{(a^2 + f^2/f_0^2) + (1-a^2)\,\text{Var}\,(\delta A_{\text{in1}})}{1 + f^2/f_0^2}\end{aligned} \tag{2.2.34}$$

在傅里叶空间中，可以用谱方差得到功率噪声的双边带功率噪声谱 S：

$$S_{\text{out1}} = \frac{\text{Var}\,(\delta A_{\text{out1}})}{\langle N_{\text{out1}}\rangle} = \frac{(a^2 + f^2/f_0^2)\,\text{Var}\,(\delta A_{\text{in1}}) + (1-a^2)}{1 + f^2/f_0^2}\frac{1}{\alpha^2} \tag{2.2.35}$$

$$S_{\text{out2}} = \frac{\text{Var}\,(\delta A_{\text{out2}})}{\langle N_{\text{out2}}\rangle} = \frac{(a^2 + f^2/f_0^2) + (1-a^2)\,\text{Var}\,(\delta A_{\text{in1}})}{1 + f^2/f_0^2}\frac{1}{\alpha^2} \tag{2.2.36}$$

通常，实验中常采用单边带线性谱密度描述噪声谱，表示为 $s = \sqrt{2S}$。对于一束功率为 P 和光子能量为 hc/λ 的相干光，平均光子流为 $\overline{n} = \alpha^2 = P\lambda/hc$，这

束光的相对功率噪声表示为 $S_q = 1/\alpha^2$。假设输入光场自身的噪声为 20 dB，则输出光场与输入光场的噪声比值为 S_{out}/S_q，相对于输入光场，输出光场的相对功率噪声随 f 的变化趋势如图 2.2.7(a) 和 (b) 所示，横坐标为输入光场的傅里叶频率 f，归一化到腔的线宽，两图中红色和蓝色曲线分别为腔的反射光场和透射光场的相对功率噪声。图 2.2.7(a) 中，腔镜反射率为 $R_1 = R_2 = 0.994$，谐振腔为阻抗匹配 (假设内腔损耗为 0) 的情况，此时阻抗匹配因子 $a = 0$。可以看出，反射光场的相对功率噪声随频率的增大而增大，在低频处噪声较低；而透射光场的相对功率噪声随频率的增大而减小，在高频处噪声较低；当频率 $f/f_0 = 1$ 时，反射光场与透射光场的噪声相等。图 2.2.7(b) 中，腔镜反射率为 $R_1 = 0.99$，$R_2 = 0.998$ 的过耦合腔或腔镜反射率为 $R_1 = 0.998$，$R_2 = 0.99$ 的欠耦合腔 (内腔损耗为 0) 的情况，此时阻抗匹配因子 $a = -0.6678$ 或 $a = 0.6678$，可以发现，腔的反射光场在低频处的噪声较高，没有显著的降噪效果。

为进一步研究腔的反射光场降噪效果与阻抗匹配因子 a 的关系，这里取频率 $f/f_0 = 0.01$，使阻抗匹配因子 a 从 -1 到 1 变化，反射光场的噪声结果如图 2.2.7(c) 所示。可以看出，只有当腔处于阻抗匹配或近阻抗匹配时，才能达到较好的降噪效果。

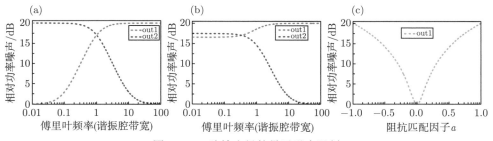

图 2.2.7 腔输出场的量子噪声限制

(a) 阻抗匹配腔中噪声随频率的变化; (b) 非阻抗匹配腔中噪声随频率的变化; (c) 反射光场噪声随阻抗匹配因子 a 的变化。out1: 反射场相对功率噪声; out2: 透射场相对功率噪声

对于透射场，在完全满足谐振条件下，光学谐振腔可以看作是一个低通滤波腔，高频噪声直接被反射，透射场的高频噪声很大程度上被抑制，频率远大于腔线宽的噪声达到散粒噪声基准。窄线宽的光学谐振腔则可以大幅地抑制超出线宽的光场噪声。

2.2.4 光学谐振腔的应用

作为一个典型的应用，无源光学腔可以将光束的相位噪声转换为振幅噪声，实现对相位噪声的测量。下面分析这种噪声转换的物理机理，振幅和相位波动考虑为载波频率两边的频率边带。采用光电探测直接测量，只能测到正交振幅分量。光学谐振腔的色散特性可以在载波和边带之间引入相位差，相位差与腔的失谐量相关。在特定的失谐量条件下，谐振腔反射的光束会将相位噪声转换为振幅噪声，当在相空间中观察时，载波和噪声椭圆发生相对旋转。

单频光场的正交振幅分量和正交相位分量 [7] 分别表示为

$$\delta p\left(\nu\right) = \mathrm{e}^{-\mathrm{i}\varphi}\delta\alpha\left(\nu\right) + \mathrm{e}^{\mathrm{i}\varphi}\delta\alpha^*\left(-\nu\right) \tag{2.2.37}$$

$$\delta q\left(\nu\right) = -\mathrm{i}\left[\mathrm{e}^{-\mathrm{i}\varphi}\delta\alpha\left(\nu\right) - \mathrm{e}^{\mathrm{i}\varphi}\delta\alpha^*\left(-\nu\right)\right] \tag{2.2.38}$$

正交分量是载波和边带 (对称地分布在载波频率两侧) 之间拍频后的边带成分，其中载波振幅作了归一化。通常载波的能量足够大，即使边带光子数极低，普通的光电探测器仍然可以测量边带噪声谱。

振幅和相位波动相差 $\pi/2$ 相位，即正交振幅与场的平均复振幅相位一致，平行于复振幅方向，正交相位方向和它垂直，如图 2.2.8 所示。因此，可以通过控制载波和边带之间的相对相位，使其发生改变，可以将相位波动转换为振幅波动。通过某种调制方案可调节相位 θ 来改变 (2.2.37) 式中的正交振幅分量，使载波和边带之间的相对相位发生旋转。可以在复边带 $\delta\alpha(\nu)$ 中添加相位，正交振幅分量变为

$$\delta p'\left(\nu\right) = \mathrm{e}^{\mathrm{i}\theta}\mathrm{e}^{-\mathrm{i}\varphi}\delta\alpha\left(\nu\right) + \mathrm{e}^{\mathrm{i}\varphi}\delta\alpha^*\left(-\nu\right) = \mathrm{e}^{\mathrm{i}\theta/2}\left[\mathrm{e}^{-\mathrm{i}(\varphi-\theta/2)}\delta\alpha\left(\nu\right) + \mathrm{e}^{\mathrm{i}(\varphi-\theta/2)}\delta\alpha^*\left(-\nu\right)\right] \tag{2.2.39}$$

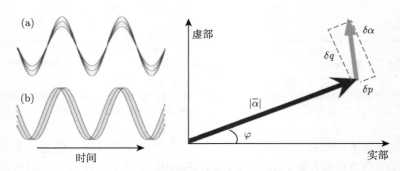

图 2.2.8　光场及其波动在复平面的表示
(a) 在时域的振幅起伏; (b) 在时域的相位起伏

可以发现，无论 θ 发生怎样的改变 $(0\sim2\pi)$，振幅波动仍没有发生转换，还是振幅分量的形式。若在另一个边带上引入 θ，则情况一样，也不能得到相位分量。

若在载带上引入 θ，原相位 φ 变为 $(\varphi+\theta)$，则正交振幅分量变为下面的形式：

$$\delta p'\left(\nu\right) = \mathrm{e}^{-\mathrm{i}(\varphi+\theta)}\delta\alpha\left(\nu\right) + \mathrm{e}^{\mathrm{i}(\varphi+\theta)}\delta\alpha^*\left(-\nu\right) \tag{2.2.40}$$

对于相位 $\theta = \pi/2$ 或 $3\pi/2$, 上式就转化为相位波动。

这里, 我们由光学谐振腔反射端引入相移量, 实现光场两个正交分量噪声之间的转换, 在靠近共振的光腔反射光束的不同频率分量会发生不同的相移。一束光场 $\alpha_{\mathrm{in}}(t) = \bar{\alpha}_{\mathrm{in}} + \delta\alpha_{\mathrm{in}}(t)$ 输入光学谐振腔, 直接反射的光 $\alpha_{\mathrm{R}} = \bar{\alpha}_{\mathrm{R}} + \delta\alpha_{\mathrm{R}}(t)$ 与真空起伏 $\alpha_{\mathrm{v}}(t) = \delta\alpha_{\mathrm{v}}(t)$ 混合后构成腔的反射场, 这里的真空起伏是由腔的输出耦合镜的损耗引入的。相对腔线宽 $\delta\nu_{\mathrm{c}}$ 的分析频率表示为 $\nu' = \nu/\delta\nu_{\mathrm{c}}$, 反射场可以表示为

$$\alpha_{\mathrm{R}}(\nu') = r(\Delta + \nu')\alpha_{\mathrm{in}}(\nu') + t(\Delta + \nu')\alpha_{\mathrm{v}}(\nu') \tag{2.2.41}$$

上式中腔的振幅反射率 $r(\Delta)$ 和透射率 $t(\Delta)$ 分别为

$$r(\Delta) = \frac{r_1 - r_2 \exp(\mathrm{i}2\pi\Delta/F)}{1 - r_1 r_2 \exp(\mathrm{i}2\pi\Delta/F)} \tag{2.2.42}$$

$$t(\Delta) = \frac{t_1 t_2 \exp(\mathrm{i}\pi\Delta/F)}{1 - r_1 r_2 \exp(\mathrm{i}2\pi\Delta/F)} \tag{2.2.43}$$

其中, 腔的精细度 $F = \pi(R_1 R_2)^{1/4}\left(1 - \sqrt{R_1 R_2}\right)$; 载波频率 ν_0 和腔共振频率 ν_{c} 的相对失谐量为 $\Delta = (\nu_0 - \nu_{\mathrm{c}})/\delta\nu_{\mathrm{c}}$。将 (2.2.41) 式分别用在载波和两个边带上, 反射场的平均场部分和两个边带场分别为

$$\bar{\alpha}_{\mathrm{R}} = r(\Delta)\bar{\alpha}_{\mathrm{in}} \tag{2.2.44}$$

$$\delta\alpha_{\mathrm{R}}(\nu') = r(\Delta + \nu')\delta\alpha_{\mathrm{in}}(\nu') + t(\Delta + \nu')\delta\alpha_{\mathrm{v}}(\nu') \tag{2.2.45}$$

$$\delta\alpha_{\mathrm{R}}^*(-\nu') = r^*(\Delta - \nu')\delta\alpha_{\mathrm{in}}^*(-\nu') + t^*(\Delta - \nu')\delta\alpha_{\mathrm{v}}^*(-\nu') \tag{2.2.46}$$

腔的反射场可以反映入射场的振幅和相位分量信息。图 2.2.9[7] 表示了载波和两个边带通过与腔共振而实现相位的旋转, 上面的蓝色曲线表示载波和边带, 下面的红色曲线表示腔的共振透射曲线。

由 (2.2.39) 式可知, 边带的相位变化并不能实现两个正交分量噪声的完全转换, 另外, 来自谐振腔右侧的真空噪声会污染两个边带的噪声, 使噪声椭圆的椭圆度降低, 接近圆形, 造成入射场的噪声转换不完全, 而载波的相位旋转不会对噪声产生影响。其中 $\theta_{\mathrm{R}}(\Delta)$ 是 $r(\Delta)$ 的相位, 它们之间的关系为

$$\exp[\mathrm{i}\theta_{\mathrm{R}}(\Delta)] = r(\Delta)/|r(\Delta)| \tag{2.2.47}$$

以下讨论不同腔型的振幅反射率的模平方 $|r(\Delta)|^2$ 和相位 θ_{R} 的情况。图 2.2.10 是振幅反射率的模平方 $|r(\Delta)|^2$ 和相位 θ_{R} 随腔失谐量 Δ 的变化关系图, 蓝色实线表示振幅反射率的模平方 $|r(\Delta)|^2$, 红色虚线表示相位 θ_{R}。图 2.2.10(a)

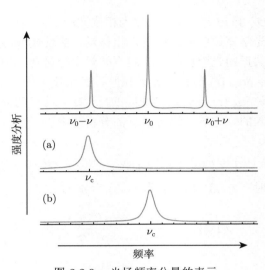

图 2.2.9　光场频率分量的表示

(a) 谐振腔与一个边带共振; (b) 谐振腔与载波共振

表示输入镜反射率为 $R_1 = 0.99$, 输出镜反射率为 $R_2 = 0.998$ 的过耦合腔的情况,
当腔与载波共振时, 即 $\Delta = 0$, 腔的振幅反射率的模平方 $|r(\Delta)|^2$ 达到最小, 反
射场相对入射场发生了 π 的相位变化; 当载波相对腔失谐时, 腔的反射率随着失
谐量 Δ 的增大而增大, 在腔处于远失谐时相位趋近于 0。根据以上分析可知, 要
实现相位正交分量完全转化为振幅正交分量, 则需要使腔反射场相对于反射场的
相位变化 $\theta = \pi/2$ 或 $3\pi/2$, 此时腔处于半失谐状态, 可以发现过耦合腔可以实
现入射场相位分量和振幅分量之间的完全转化。图 2.2.10(b) 为输入镜反射率为
$R_1 = 0.998$, 输出镜反射率为 $R_2 = 0.99$ 的欠耦合腔的情况。腔的振幅反射率的
模平方 $|r(\Delta)|^2$ 与过耦合腔的情况相同, 但是相位的变化范围小, 只在 -0.06π 到
$+0.06\pi$ 变化, 不能实现相位分量和振幅分量之间的完全转化。图 2.2.10(c) 表示
输入镜和输出镜的反射率相等, 即 $R_1 = R_2 = 0.99$ 时的阻抗匹配腔的情况, 当
腔与载波共振时, 即 $\Delta = 0$, 相对于前两种腔, 腔的振幅反射率的模平方 $|r(\Delta)|^2$
达到最小且为 0, 入射场全部透过腔; 当载波相对腔失谐时, 腔的反射率随着失
谐量 Δ 的增大而增大, 在腔处于远失谐时相位趋近于 0; 在近共振处, 相位趋近
于 $\pi/2$ 或 $-\pi/2$。阻抗匹配腔同样也不能实现相位分量和振幅分量之间的完全转
化。因此, 噪声椭圆旋转 $\pi/2$ 只有在过耦合腔中才能实现, 阻抗匹配腔和欠耦合
腔均不能实现。

　　需要注意的是, 当分析频率降低时, 所有三个频率移相干涉都会降低, 只有
当分析频率 $\nu' \geqslant \sqrt{2}$ 时, 载波和边带的作用才能区分开, 噪声的相位分量和振幅
分量之间的完全转化才能实现。

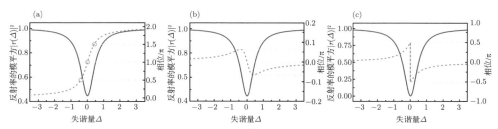

图 2.2.10 振幅反射率的模平方 $|r(\Delta)|^2$ 和相位 θ_R 随腔失谐量 Δ 的变化关系
(a) 过耦合腔: $R_1 = 0.99$, $R_2 = 0.998$; (b) 欠耦合腔: $R_1 = 0.998$, $R_2 = 0.99$; (c) 阻抗匹配腔:
$R_1 = R_2 = 0.99$

为了更好地理解腔反射场相位的变化,可以作以下分析。一束光 E_0 经过一个镜子或分束镜的反射场和透射场可以分别表示为

$$E_{\text{refl}} = rE_0 \tag{2.2.48}$$

$$E_{\text{trans}} = itE_0 \tag{2.2.49}$$

即反射场的相位变化为 $\varphi_r = 0$,透射场的相位变化为 $\varphi_t = \pi/2$。谐振腔的反射场由两部分构成:一个被输入镜直接反射,另一个是从腔内漏出部分。显然,直接反射场的相位为 0。从腔中漏出的场的相位为 π,这是因为光场从输入镜进入腔内发生相移 $\pi/2$,当通过输入镜漏出时再次发生相移 $\pi/2$。

对于过耦合腔,在非共振 (即远失谐) 状态下,入射光大部分被腔的输入镜直接反射,只有非常少的一部分进入腔内;同样,从腔漏出的场也很小。直接反射场和从腔漏出的场尽可能地互相抵消,但较大的直接反射场 "胜出",因此与入射场相比,谐振腔反射场的相移为 0;在腔共振时,入射场大部分进入腔内,少部分被直接反射,直接反射场和从腔中漏出的场的相位情况与非共振情况相同,只是从腔漏出的场比直接反射场要大得多,因为过耦合腔的循环功率相比于其他两种腔型要高,因此反射场的相移为 π;在腔远失谐和共振之间,腔内场的相位发生变化,从而使反射场也随之变化,如图 2.2.10(a) 所示。

对于欠耦合腔,远失谐时反射场的相位情况与过耦合腔相同,但是,当腔处于共振状态时,反射场的相移为 0,而过耦合腔的相移为 π。这是由于欠耦合腔相较于其他两种腔型,输入镜的透射率小,其循环功率小,导致从腔漏出的场少。因此,腔的反射场由输入镜直接反射的场所支配,相位趋于 0。从远失谐到共振,相位变化相对较小,如图 2.2.10(b) 所示。

对于一个阻抗匹配的谐振腔,当腔共振时,从谐振腔漏出的场与直接反射的场完全抵消 (镜子没有损耗)。因此,腔的反射场为 0,入射场从腔全部透射出去,其相位变化,如图 2.2.10(c) 所示 [30−32]。

2.3 模式清洁器技术

2.3.1 模式清洁器的结构

在光学实验中，模式清洁器 (mode cleaner, MC) 一般具有以下三个基本功能：①实现输入光场基模模式的提纯；②稳定输入光场的指向性；③抑制输入光场的高频噪声。通常采用三镜环形光学谐振腔构成模式清洁器，如图 2.3.1 所示。输入镜 M_1 和输出镜 M_2 是参数相同的两个平面高反镜，M_3 为凹面全反镜，附着在压电陶瓷 (PZT) 上，通过高压驱动 PZT 可实现腔长的调控。

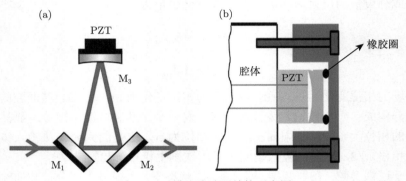

图 2.3.1   模式清洁器结构示意图

图 2.3.2 为实际实验中使用的一种模式清洁器。腔体由一整块航空铝加工而成，其腔体内光程长度约为 430 mm。输入镜和输出镜为两面直径为 25.4 mm、厚度为 6.35 mm 的平面镜，其镀膜参数为：水平偏振 (P 偏振)T=1％@1064 nm/532 nm，竖直偏振 (S 偏振)R=99.95％@1064 nm/532 nm，用紫外胶直接粘于腔体上。这里需要对胶水的选择作简单说明，本书作者团队试用过一款由环氧树脂胶粘接的模式清洁器，由于环氧树脂胶凝固后其力学性能和航空铝差不多，这样可以保证腔体的稳定性。但腔体注入高功率激光工作一段时间后，环氧树脂胶会挥发，从而污染镜面，腔镜的光洁度下降，对光场的损耗增加，透射率显著降低。相比于环氧树脂胶，紫外胶在保证腔体稳定性能的前提下提高了固化时间，即使长时间高功率激光注入也不易挥发，避免了腔镜的污染。第三面腔镜采用的是曲率半径为 1000 mm、直径为 16 mm、厚度为 3 mm 的凹面镜，并镀有零度高反膜，和第三面腔镜一起安装的还有一块压电陶瓷，用于锁定腔长。目前非经典光场实验系统中常用的模式清洁器具体指标如下：在 S 偏振下的精细度 F=4000，在 P 偏振下的精细度 F=256。该模式清洁器的自由光谱范围 (FSR) 可计算为 $\mathrm{FSR} = c/L=$

714 MHz。因此，所得的线宽，即自由光谱范围与精细度的比值，在 S 偏振和 P 偏振情况下分别是 170 kHz 和 2.75 MHz。

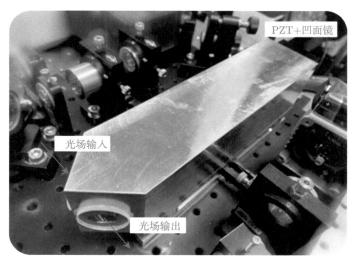

图 2.3.2　一体型模式清洁器实物图

如图 2.3.2 所示的实物图中，模式清洁器的后盖部分采用了大带宽 PZT 压接技术。原来的 PZT 一端经一片凹面镜片与后座粘连在一起，另一端粘接腔体，这样的结构在扫描过程中，会由于黏胶的黏性而对镜片产生阻尼力，这种结构缺陷使得扫描腔长的响应频率下降，而且随机起伏比较明显，响应带宽较窄。经过改进后的 PZT 被紫外胶粘于模式清洁器腔体上，凹面镜经橡胶圈被后面的不锈钢端盖压于腔体上的 PZT 后端面，如图 2.3.1(b) 所示。其中，压电陶瓷和反射镜被后盖压紧，增加了压电陶瓷上的张力，凹面镜就像一个机械振子，一端由 PZT 提供振动动力，另一端由具有良好弹性的丁腈橡胶圈充当弹簧，形成快速响应的恢复力，从而可以实现较大的扫描带宽。整个振动结构在以整个腔体为基座的封闭结构中作简谐振动[33,34]，使得锁定环路对相位起伏的响应频率大大提高，锁定带宽大大增加，显著提高了模式清洁器腔长锁定的稳定性。

2.3.2 模式清洁器的滤波特性

激光腔输出光场并非理想的相干态，其包含较高的强度噪声和相位噪声，尤其在低频段，噪声远高于量子噪声极限。而模式清洁器是一种理想的低通滤波腔，可以大幅抑制大于线宽的强度噪声和相位噪声。下面我们将从理论上分析模式清洁器对强度噪声和相位噪声的滤波特性。

首先是强度噪声经过模式清洁器的滤波特性，可以通过一般的量子化两镜腔

理论模型来描述:

$$\dot{\hat{a}}(t) = -\kappa\hat{a}(t) + \sqrt{2\kappa_1}\hat{a}_1(t) + \sqrt{2\kappa_2}\hat{a}_2(t) + \sqrt{2\kappa_l}\hat{a}_l(t) \tag{2.3.1}$$

其中, $\hat{a}(t)$、$\hat{a}_1(t)$、$\hat{a}_2(t)$ 和 $\hat{a}_l(t)$ 分别表征内腔场、从 M_1 输入的真空场、从 M_2 输入的真空场以及对应内腔损耗的真空场的湮灭算符; κ_1、κ_2、κ_l 分别表征腔镜 M_1、M_2 和腔内的损耗率。为简化计算, 我们把 M_3 的损耗归入腔内损耗中, 则内腔总损耗为

$$\kappa = \kappa_1 + \kappa_2 + \kappa_l \tag{2.3.2}$$

在不失一般性的条件下, 可对量子态的湮灭算符进行线性化近似, 即

$$\hat{a}(t) = \langle\hat{a}(t)\rangle + \delta\hat{a}(t) \tag{2.3.3}$$

其中, $\langle\hat{a}(t)\rangle$ 为 $\hat{a}(t)$ 的平均值; $\delta\hat{a}(t)$ 描述 $\hat{a}(t)$ 的随机起伏。将 (2.3.3) 式代入 (2.3.1) 式, 可以得到 $\delta\dot{\hat{a}}(t)$ 满足如下运动方程:

$$\delta\dot{\hat{a}}(t) = -\kappa\delta\hat{a}(t) + \sqrt{2\kappa_1}\delta\hat{a}_1(t) + \sqrt{2\kappa_2}\delta\hat{a}_2(t) + \sqrt{2\kappa_l}\delta\hat{a}_l(t) \tag{2.3.4}$$

对该式进行傅里叶变换, 再结合正交振幅起伏的定义 $\hat{X} = \hat{a} + \hat{a}^\dagger$, 可以得到内腔的正交振幅起伏:

$$\delta\hat{X}(\omega) = \delta\hat{X}_1(\omega) + \sqrt{2\kappa_2}\delta\hat{X}_2(\omega) + \sqrt{2\kappa_l}\delta\hat{X}_l(\omega) \tag{2.3.5}$$

结合输入–输出关系, 我们可得到输出场的正交振幅起伏:

$$\delta\hat{X}_{\mathrm{out}}(\omega) = \sqrt{2\kappa_2}\delta\hat{X}(\omega) - \delta\hat{X}_2(\omega) \tag{2.3.6}$$

从 (2.3.5) 式和 (2.3.6) 式以及强度噪声的定义 $V_{\mathrm{out}}(\omega) = \left\langle\delta\hat{X}_{\mathrm{out}}^2(\omega)\right\rangle$, 可以最终得到模式清洁器输出的强度噪声谱:

$$V_{\mathrm{out}}(\omega) = \frac{\kappa_1^2 + \omega^2 + 4\kappa_1\kappa_2 V_{\mathrm{in}}(\omega) + 4\kappa_2\kappa_l}{\kappa^2 + \omega^2} \tag{2.3.7}$$

其中, $\omega = 2\pi f$, 这里 f 是分析频率。实验中 M_1 和 M_2 是相同的镜片, 所以 $\kappa_1 = \kappa_2$, 代入 (2.3.7) 式化简可以得到下面的关系式:

$$\frac{V_{\mathrm{out}}(\omega) - 1}{V_{\mathrm{in}}(\omega) - 1} = \frac{4\kappa_1^2}{\kappa^2 + \omega^2} \tag{2.3.8}$$

由于激光腔输出的激光强度噪声起伏总是高于散粒噪声极限, 即 $V_{\mathrm{out}}(\omega) > 1$, 在大于线宽的所有分析频率上, 光学模式清洁器都能对噪声起到抑制作用, 并且频率越高, 效果越明显。

下面是模式清洁器对相位噪声的滤波特性。激光入射进法布里–珀罗 (Fabry-Perot, F-P) 光学谐振腔后多次反射，会产生具有类似于光纤延迟线的时延。模式清洁器也是一种 F-P 光学谐振腔，由于延时效应，激光的相位噪声经过模式清洁器后可以转化成强度噪声。根据理论计算，由激光相位噪声转换而来的相对强度噪声功率谱密度可表示为

$$S(\tau,\omega) = \frac{1}{2}\frac{\tau_{\mathrm{c}}}{1+\tau_{\mathrm{c}}^2\omega^2}\left[1 - \mathrm{e}^{-\tau/\tau_{\mathrm{c}}}\left(\cos\omega\tau + \frac{\sin\omega\tau}{\omega\tau_{\mathrm{c}}}\right)\right] + \frac{\pi}{2}\mathrm{e}^{-\tau/\tau_{\mathrm{c}}}\delta(\omega) \quad (2.3.9)$$

其中，$\delta(\omega)$ 为狄拉克函数；τ_{c} 为相干时间，对应激光源的线宽 $\Delta\nu = 1/\tau_{\mathrm{c}}$；$\tau$ 为模式清洁器的平均延时，也就是光子在腔中的平均寿命，定义为 $\tau = L/\gamma c$，这里 L 为模式清洁器的腔长，c 是光速，$\gamma = \pi/F$ 是谐振腔的平均单程损耗因子，F 为谐振腔的精细度。从 (2.3.9) 式中我们可以得到，转换的功率谱密度函数的大小与激光的线宽、模式清洁器的平均延时因子以及分析频率相关。而激光的线宽是由激光的相位噪声决定的，相位噪声越小，线宽越窄。

2.3.3 模式清洁器的功能和用途

(1) 当输入光场与模式清洁器基模模式实现完全模式匹配时，模式清洁器将滤除输入场中的高阶横模模式，改善其椭圆度，输出纯净的基模激光，提高输出光场的光束质量，同时作为一种光束指向的参考基准，提高输出激光空间指向的稳定性。

在理想的情况下，激光器输出的激光束应具有良好的基模模式。然而，在高功率泵浦的过程中，若不采取任何措施，激光腔内将会出现多种模式满足阈值条件，同时在腔内起振，并以多种模式输出。即使激光器采取了模式选择的措施，由于光力热外场作用，泵浦模和增益介质内的基模模式也难以实现完美的模式匹配，通常基模模式中还会伴随少量高阶模输出，即输出的基模模式具有一定的纯度，模式纯度也成为评价激光模式的一种重要指标。在实际的工作中，我们通常将模式清洁器设计为一种频率非简并的光学谐振腔，针对不同横模具有不同的谐振频率的特性，当我们将输入光束与谐振腔的基模模式实现模式匹配时，高阶模式则由模式清洁器的反射端反射，因此，透射光场将只输出基模模式，从而实现了基模模式的提纯。

实验中，通过选取合适的光学透镜组变换输入光束的模式尺寸和腰斑位置，使输入光与模式清洁器的基模模式实现完全的模式匹配，从而使透射光场只输出一个基模模式，高阶模则被反射抑制。在实际操作的过程中，需要仔细校准模式清洁器使其只对基模模式起振。通过信号源产生的三角波发生器扫描模式清洁器凹面腔镜 M_3 处的 PZT，驱动腔长扫描一个自由光谱区，并在示波器上观察自由光

谱区范围内激发的腔模模式。通过腔前导光镜和透镜组，对入射光束的高低、入射角度和空间模式等进行仔细的调节和变换，使得通过模式清洁器的激光束只有一个主模起振，即示波器上显示一个自由光谱区范围内无小峰，只保留主峰模式谐振。激光束在下游的光学系统传播的过程中，受光路中导光镜、透镜组和偏振分束器等光学组件的影响，可能会引入像散，导致偏振度下降，光束空间模式分布变差，不再是标准的 TEM$_{00}$ 模，此时可以在输出端再添加一个模式清洁器，使光斑恢复为标准的 TEM$_{00}$ 模，实现光束与下游光学系统完美的模式匹配。如图 2.3.3 所示，为一台 795 nm 激光器输出激光的光束质量因子 M^2 在模式清洁器前后的变化。由测试结果可知，通过模式清洁器后激光束的光束质量得到显著提升，提高了光束在下游干涉仪中的干涉对比度 [35]。

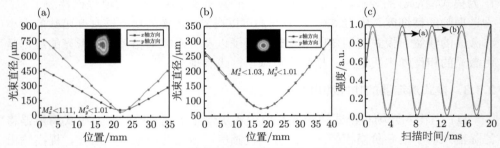

图 2.3.3　795 nm 激光的光束质量因子和干涉对比度测量结果
(a) 模式清洁器前; (b) 经过模式清洁器后; (c) 干涉对比度测试结果对比

模式清洁器抑制高阶模的有效程度，取决于谐振腔的抑制因子 S_{mn}，表示为

$$S_{mn} = \left[1 + \frac{4F^2}{\pi^2} \sin^2 \left(\frac{2\pi \Delta \nu_{mn}}{c} L \right) \right]^{1/2} \tag{2.3.10}$$

$$F = \frac{\pi \sqrt{r_1 r_2 r_3}}{1 - r_1 r_2 r_3} \tag{2.3.11}$$

$$\Delta \nu_{mn} = \frac{c}{2L} (m+n) \frac{1}{\pi} \arccos \left(\sqrt{1 - \frac{L}{R}} \right) \tag{2.3.12}$$

(2.3.10) 式中，S_{mn} 表示任何高阶模 TEM$_{mn}$ 的抑制因子；L 是腔体长度；c 是真空中的光速。(2.3.11) 式对应于三镜环形腔模式清洁器的精细度，其中 r_1、r_2 和 r_3 是每个反射镜的反射率。(2.3.12) 式对应于任一高阶模 TEM$_{mn}$ 与基模 TEM$_{00}$ 之间的频率差，该频率差不仅取决于阶数 m 和 n，而且取决于腔体长度和底端凹面镜的曲率半径 R。腔体长度与底端凹面镜的曲率半径 R 之间的关系通

常可以用腔的 g 参数表示，具体为 (2.3.13) 式。同时在模式清洁器的设计中，需要考虑其具有稳定的腔内本征模式，满足谐振腔的稳定性判据，即 $0 < g_1 \cdot g_2 \cdot g_3 < 1$。

$$g = 1 - \frac{L}{R} \tag{2.3.13}$$

通过 (2.3.13) 式、凹面镜的曲率半径和模式清洁器腔长，可计算 g 参数；通过 (2.3.10) 式和 (2.3.13) 式、g 参数，可计算高阶模式的抑制因子。同时，凹面镜的曲率半径和腔长共同决定了腔的束腰大小，束腰的大小则最终决定每个反射镜上的光斑大小，从而决定了光功率密度。因此，模式清洁器的设计中需要仔细选取合适曲率半径的凹面镜。

高阶横模模式的传输因子 T_{mn} 可由基模的传输因子 T_{00} 与高阶模式的抑制因子之比求得，如 (2.3.14) 式所示。基模的透射率则取决于输入耦合镜 M_1 和输出耦合镜 M_2 的透射率 t_1 和 t_2，以及腔镜反射率 r_1、r_2 和 r_3，如 (2.3.15) 式所示，当完全满足阻抗匹配条件时，透过率为 100%。

$$T_{mn} = T_{00} \frac{1}{\left\{ 1 + \left[\frac{2}{\pi} F \sin\left(\frac{2\pi L}{c} \Delta\nu_{mn} \right) \right]^2 \right\}^{1/2}} \tag{2.3.14}$$

$$T_{00} = \frac{t_1 t_2}{r_1 r_2 r_3} \tag{2.3.15}$$

(2) 模式清洁器对入射激光束的强度和相位噪声具有滤波的作用。由 2.3.2 节可知，模式清洁器具有有限的线宽，其主要原理是激光束在模式清洁器内多次往返而发生多光束相干叠加，通过相位的多程延迟作用，在干涉相长的条件下由输出镜输出，而由于内腔损耗的存在，模式清洁器具有一定的线宽。因此，模式清洁器可等效为一种光学低通滤波器，抑制超出线宽的强度和相位噪声。由于滤波抑噪过程是一种被动滤波，从而避免了光电反馈中可能引入的电子学噪声，可实现大于其线宽的整个频段的噪声抑制，并且频率越大，抑制效果越好。

(3) 模式清洁器还是一把空间模式的"锁"，可以完全控制其后光路的空间模式分布。因此，即使模式清洁器前面的光路发生变更，也只要重新将激光束匹配到模式清洁器即可，而模式清洁器后的光路则保持不变。

(4) 模式清洁器同时可以作为一种辅助谐振腔，用于调节两束或者多束光束之间的模式匹配。模式清洁器就像一个稳定的模式基准源，只有空间模式分布和模式清洁器本征模式完全一样的高斯光束才能完全与模式清洁器匹配，并由模式清洁器谐振输出。当把不同的高斯光束空间模式经过透镜组变换，整形为与模式清洁器 TEM$_{00}$ 模式相同，并实现与该腔模的模式匹配，则这两束或多束高斯光束在空间中实现了完全的重合，可以获得接近 100% 的模式匹配。这种辅助模式匹配的方法，不仅精度高，同时调节方便、高效，尤其是对于损耗敏感的光学系统来说，可以大幅降低损耗的影响。

在高压缩度压缩光源系统中，模式清洁器是一种重要的低噪声光学器件。如图 2.3.4 所示，一套压缩光源系统中至少使用了 3 个模式清洁器。首先，激光器输出的激光经过第一个模式清洁器，优化其光束的空间与偏振模式、指向性，以及抑制激光器的高频强度和相位噪声。其次，激光器输出的基频光经过倍频腔通过频率上转换产生二次谐波的倍频光，倍频光经过第二个模式清洁器用于改善其空间横模模式，并进一步抑制输入光学参量振荡器的泵浦场的强度和相位噪声。最后，激光器分出一部分光作为平衡零拍探测中使用的本底光，用来与压缩光干涉后通过平衡零拍探测法测量压缩光的压缩度。在干涉前，我们通常需要在本底光光路中插入第三个模式清洁器，在整形光斑的同时稳定上游光路长程传播后指向的偏移，以实现接近 100% 的干涉效率，从而降低探测中的光学损耗，提高可观测的压缩态光场的压缩度。

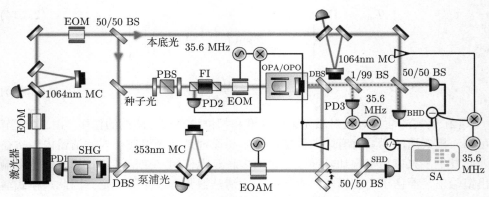

图 2.3.4   压缩光源实验装置图[36]

SHG-倍频腔; EOM-电光调制器; MC-模式清洁器腔; BS-分光棱镜; PBS-偏振分光棱镜; FI-法拉第隔离器;
PD-光电探测器; OPA-光学参量放大器; OPO-光学参量振荡器; DBS-双色镜; EOAM-电光幅度调制器;
BHD-平衡零拍探测器; SA-频谱分析仪

2.4   光学参量腔技术

图 2.4.1(a) 和 (b) 分别例举了单共振和双共振简并光学参量振荡器 (OPO) 的腔型结构。OPO 由凹面镜和 PPKTP 晶体组成。PPKTP 晶体长为 10 mm，一端面为凸面，曲率半径为 12 mm，对 1550 nm 和 775 nm 镀有高反射膜 (HR)；另一端面为平面，镀有减反射膜 (AR)。凹面镜作为输出耦合器，其曲率半径为 25 mm。单共振和双共振光学参量腔的区别就在于输出凹面镜的镀膜，其中双共

振 OPO 在 1550 nm 和 775 nm 的反射率分别为 85% 和 97.5%, 单共振 OPO 对 1550 nm 的反射率为 88%, 对 775 nm 为高透 (HT)。

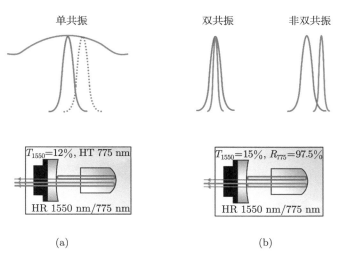

图 2.4.1 光学参量腔的腔型结构
(a) 单共振光学参量腔; (b) 双共振光学参量腔 [11,32]

因此, 单共振 OPO 只有基频种子光在腔内谐振, 而双共振 OPO 种子光和二次谐波泵浦光同时在腔内共振。相比于单共振 OPO, 双共振 OPO 的泵浦光在腔内是多次穿过非线性晶体, 在较低的泵浦功率下, 就可以获得更高的内腔功率密度, 使其阈值远低于单共振的 OPO。表 2.4.1 展示了单共振和双共振 OPO 实验上测得的相关参数, 其中单共振 OPO 的阈值为 520 mW, 双共振 OPO 的阈值为 16.6 mW, 相比于单共振 OPO 降低了一个数量级之多。另外, 通过增大输出镜的透射率, 可获得更高的逃逸效率和更大的压缩频谱带宽。如图 2.4.2 所示, 将双共振 OPO 输出镜在 1550 nm 波段的透射率从 12% 增加至 15%, 使压缩的带宽从 67 MHz 增加至 84.2 MHz。

表 2.4.1 单共振和双共振 OPO 实验参数的对比

类型	阈值/mW	带宽/MHz	基频光的精细度 (线宽)	倍频光的精细度 (线宽)
单共振 OPO	520	70	47.2(83.2 MHz)	——
双共振 OPO	16.6	93	34.7(110.4 MHz)	200(19 MHz)

对于单共振 OPO, 随着信号光透射率的增大, 阈值会急剧增大, 如图 2.4.3 中黑线所示, 当输出镜的透射率大于 17% 时, 单共振 OPO 的泵浦阈值达到瓦级。较高的泵浦功率不仅需要大功率的激光设备, 而且会引起严重的晶体热效应, 影

响高压缩度压缩态光场的制备。而双共振 OPO 随着输出镜透射率的增大其泵浦阈值变化并不明显，更有利于实现低阈值、大带宽的光学参量的设计及其应用。

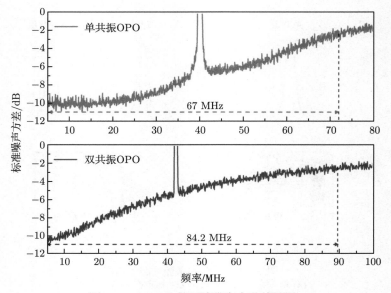

图 2.4.2　　OPO 的压缩带宽实验结果图

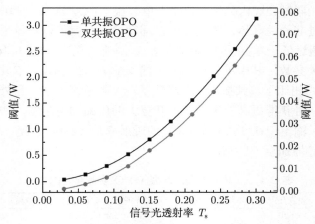

图 2.4.3　　光学参量腔的阈值与信号光透射率的关系 [11]

　　此外，单共振 OPO 和双共振 OPO 的锁腔误差信号的提取存在区别，如表 2.4.2 所示。相比于单共振 OPO，双共振 OPO 的种子光和泵浦光同时在腔内共振。可以采用泵浦光来锁定腔长，为过耦合输入，注入腔内的信号较多，因而其反射信号携带更多的腔内谐振信息，有利于提高锁定误差信号的信噪比 (signal to noise ratio, SNR)。而单共振的 OPO 仅种子光与腔长共振，所以只能通过种子光提取误差信号，为欠耦合输入，大部分的基频光被反射，仅有少量的光进入 OPO，腔内输出的有用信号较少，不利于腔长的锁定。

表 2.4.2　单共振 OPO 和双共振 OPO 锁腔误差信号的区别

类型	特征	误差信号的提取	锁定基线的标准偏差/MHz	位噪声/mrad
单共振 OPO	仅种子光共振	种子光	2.54	<3.1
双共振 OPO	种子光和泵浦光同时共振	泵浦光	0.32	<1.4

　　为了比较两种 OPO 腔长的锁定稳定性，这里分别对锁定前后的误差信号进行处理，得到了误差信号的频率分布统计图，如图 2.4.4 所示。其中，单共振 OPO 锁定后的标准偏差为 2.54 MHz；而双共振 OPO 的标准偏差仅为 0.32 MHz，相比于单共振 OPO，降低了近一个数量级，因此，双共振 OPO 的腔长锁定稳定性明显优于单共振 OPO。

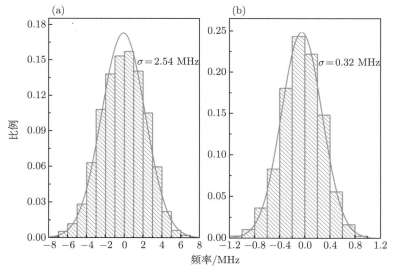

图 2.4.4　误差信号的频率分布统计图
(a) 单共振 OPO; (b) 双共振 OPO

参 考 文 献

[1] 翟泽辉, 郝温静, 刘建丽, 等. 用于光学薛定谔猫态制备的滤波设计与滤波腔腔长测量. 物理学报, 2020, 69(18): 232-237.

[2] 刘奎, 马龙, 苏必达, 等. 基于非简并光学参量放大器产生光学频率梳纠缠态. 物理学报, 2020, 69(12): 269-275.

[3] 周瑶瑶，田剑锋，闫智辉，等. 两腔级联纠缠增强的理论分析. 物理学报, 2019, 68(6): 114-121.

[4] 葛瑞芳，杨鹏飞，韩星，等. 强耦合腔-QED 系统中原子的纳秒脉冲激发光谱研究. 量子光学学报, 2020, 26(1): 21-26.

[5] 石柱，郭永瑞，徐敏志，等. 无源光学谐振腔的设计加工及其在稳频激光器中的应用. 量子光学学报, 2018, 24(2): 237-242.

[6] Wang Y, Shen H, Jin X, et al. Experimental generation of 6 dB continuous variable entanglement from a nondegenerate optical parametric amplifier. Opt. Express, 2010, 18(6): 6149-6155.

[7] Villar S. The conversion of phase to amplitude fluctuations of a light beam by an optical cavity. Am. J. Phys., 2008, 76(10): 922-929.

[8] Wang Y J, Zheng Y H, Shi Z, et al. High-power single-frequency Nd:YVO$_4$ green laser by self-compensation of astigmatisms. Laser Phys. Lett., 2012, 9(7): 506-510.

[9] Zhao G, Hausmaninger T, Ma W, et al. Whispering-gallery-mode laser-based noise-immune cavity-enhanced optical heterodyne molecular spectrometry. Opt. Lett., 2017, 42(16): 3109-3112.

[10] 胡悦，曹凤朝，董仁婧，等. 共焦腔稳定性突变的分析. 物理学报, 2020, 69(22): 313-319.

[11] 王俊萍，张文慧，李瑞鑫，等. 宽频带压缩态光场光学参量腔的设计. 物理学报, 2020, 69(23): 141-148.

[12] Schreiber K U, Gebauer A, Wells J-P R. Closed-loop locking of an optical frequency comb to a large ring laser. Opt. Lett., 2013, 38(18): 3574-3577.

[13] Leibrandt D R, Heidecker J. An open source digital servo for atomic, molecular, and optical physics experiments. Rev. Sci. Instrum., 2015, 86(12): 123115.

[14] Liu K, Zhang F L, Li Z Y, et al. Large-scale passive laser gyroscope for earth rotation sensing. Opt. Lett., 2019, 44(11): 2732-2735.

[15] Kwee P, Willke B, Danzmann K. Laser power noise detection at the quantum-noise limit of 32 A photocurrent. Opt. Lett., 2011, 36(18): 3563-3565.

[16] Kaufer S, Kasprzack M, Frolov V, et al. Demonstration of the optical AC coupling technique at the advanced LIGO gravitational wave detector. Classical and Quantum Gravity, 2017, 34(14): 145001.

[17] Junker J, Oppermann P, Willke B. Shot-noise-limited laser power stabilization for the AEI 10 m Prototype interferometer. Opt. Lett., 2017, 42(4): 755-758.

[18] Kaufer S, Willke B. Optical AC coupling power stabilization at frequencies close to the gravitational wave detection band. Opt. Lett., 2019, 44(8): 1916-1919.

[19] Zhao Y, Aritomi N, Capocasa E, et al. Frequency-dependent squeezed vacuum source for broadband quantum noise reduction in advanced gravitational-wave detectors. Phys. Rev. Lett., 2020, 124(17): 171101.

[20] McCuller L, Whittle C, Ganapathy D, et al. Frequency-dependent squeezing for advanced LIGO. Phys. Rev. Lett., 2020, 124(17): 171102.

[21] Capocasa E, Barsuglia M, Degallaix J, et al. Estimation of losses in a 300 m filter cavity

and quantum noise reduction in the KAGRA gravitational-wave detector. Phys. Rev. D, 2016, 93(8): 082004.

[22] Kwee P. Laser characterization and stabilization for precision interferometry. Hannover: Leibniz Universität Hannover, 2010.

[23] Kaufer S. Optical AC coupling in the gravitational wave detection band. Hannover: Leibniz Universität Hannover, 2018.

[24] Drever R W P, Hall J L, Kowalski F V, et al. Laser phase and frequency stabilization using an optical resonator. Appl. Phys. B, 1983, 31(2): 97-105.

[25] Black E D. An introduction to Pound-Drever-Hall laser frequency stabilization. Am. J. Phys., 2001, 69(1): 79-87.

[26] Thorpe J I, Numata K, Livas J. Laser frequency stabilization and control through offset sideband locking to optical cavities. Opt. Express, 2008, 16(20): 15980-15990.

[27] 孙旭涛，陈卫标. 注入锁定激光器的边带锁频技术稳频系统优化分析. 光子学报, 2008, 37(9): 1748-1752.

[28] Luo Y, Li H, Yeh H C, et al. A self-analyzing double-loop digital controller in laser frequency stabilization for inter-satellite laser ranging. Rev. Sci. Instrum., 2015, 86(4): 044501.

[29] Brozek S. Frequency stabilization of a Nd:YAG high-power laser system for the gravitational wave detector GEO 600. Hannover: University of Hannover, 1999.

[30] Bond C, Brown D, Freise A, et al. Interferometer techniques for gravitational-wave detection. Living Rev. Relativ., 2016, 19(1): 3.

[31] 王雅君，王俊萍，张文慧，等. 光学谐振腔的传输特性. 物理学报, 2021, 70(20): 72-78.

[32] 王俊萍. 连续变量量子照明中的量子光源研究. 太原: 山西大学, 2021.

[33] Bachor H A, Ralph T C. A Guide to Experiments in Quantum Optics. 3rd ed. Weinheim: Wiley-VCH Verlag GmbH & Co. KGaA, 2019.

[34] Bowen W. Experiments towards a quantum information network with squeezed light and entanglement. Canberra: Australian National University, 2003.

[35] 李志秀，杨文海，王雅君，等. 用于 795 nm 压缩光源的单频激光系统的优化设计. 中国激光, 2015, 42(9): 30-36.

[36] 杨文海. 高压缩度压缩光源的实验研究与仪器化. 太原: 山西大学, 2018.

第 3 章　光场调制技术

3.1　光场调制的基本概念

激光光波的瞬时电场可表示为 $e_c(t) = A_c \cos(\omega_c t + \varphi_c)$，式中 A_c 为振幅，ω_c 为角频率，φ_c 为相位角。从表达式中可知激光具有振幅、频率、相位、强度、偏振等参量，如果利用某种物理方法改变光波的某一参量，使其按调制信号的规律变化，那么激光就受到了信号的调制，达到了"运载"信息的目的。激光调制按其调制的性质可以分为振幅调制、频率调制、相位调制和强度调制等。下面简要地介绍一下这几种调制的概念 [1]。

3.1.1　振幅调制

振幅调制是载波的振幅随着调制信号的规律而变化振荡的调制技术，简称调幅，如图 3.1.1 所示。设激光载波的电场强度为 $e_c(t) = A_c \cos(\omega_c t + \varphi_c)$，如果调制信号是一个时间的余弦函数，则 $a(t) = A_m \cos\omega_m t$，式中 A_m 是调制信号的振

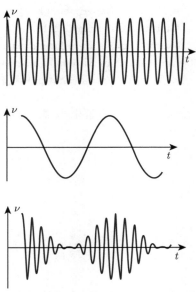

图 3.1.1　调幅波的形成：从上至下依次为载波信号、调制信号、调幅波形

幅，ω_{m} 是调制信号的角频率。当激光被振幅调制之后，激光振幅 A_{c} 不再是常量，而是与调制信号成正比的函数，其调幅波的表达式为

$$e\left(t\right) = A_{\mathrm{c}}\left(1 + m_{\mathrm{a}}\cos\omega_{\mathrm{m}}t\right)\cos\left(\omega_{\mathrm{c}}t + \varphi_{\mathrm{c}}\right) \tag{3.1.1}$$

利用三角函数公式将 (3.1.1) 式展开，即得到调幅波的频谱公式，即

$$e\left(t\right) = A_{\mathrm{c}}\cos\left(\omega_{\mathrm{c}}t + \varphi_{\mathrm{c}}\right) + \frac{m_{\mathrm{a}}}{2}A_{\mathrm{c}}\cos\left[\left(\omega_{\mathrm{c}} + \omega_{\mathrm{m}}\right)t + \varphi_{\mathrm{c}}\right]$$
$$+ \frac{m_{\mathrm{a}}}{2}A_{\mathrm{c}}\cos\left[\left(\omega_{\mathrm{c}} - \omega_{\mathrm{m}}\right)t + \varphi_{\mathrm{c}}\right] \tag{3.1.2}$$

式中，$m_{\mathrm{a}} = A_{\mathrm{m}}/A_{\mathrm{c}}$，称为调幅系数。由 (3.1.2) 式可知，调幅波的频谱是由三个频率分量组成的。其中，第一项是载频分量，第二、第三项是因调制而产生的新分量，称为边频分量，如图 3.1.2 所示。

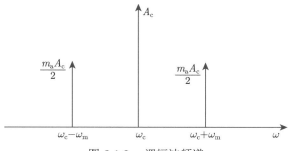

图 3.1.2　调幅波频谱

3.1.2 频率调制和相位调制

频率调制 (调频) 或相位调制 (调相) 是光载波的频率或相位随着调制信号的变化规律而改变的技术。这两种调制波都表现为总相角 $\varphi(t)$ 的变化，因此统称为角度调制。对频率调制来说，(3.1.2) 式中的角频率 ω_{c} 不再是常数，而是随调制信号而变化，即

$$\omega\left(t\right) = \omega_{\mathrm{c}} + \Delta\omega\left(t\right) = \omega_{\mathrm{c}} + k_{\mathrm{f}}a\left(t\right) \tag{3.1.3}$$

式中，ω_{c} 是未调制时的角频率；$\Delta\omega(t)$ 是调制后的角频率增量；$a(t)$ 是调制信号；k_{f} 是比例系数。已调波的总相角为

$$\varphi\left(t\right) = \int_0^t \omega\left(t\right)\mathrm{d}t + \varphi_{\mathrm{c}} = \int_0^t \left[\omega_{\mathrm{c}} + k_{\mathrm{f}}a\left(t\right)\right]\mathrm{d}t + \varphi_{\mathrm{c}} = \omega_{\mathrm{c}}t + \int_0^t k_{\mathrm{f}}a\left(t\right)\mathrm{d}t + \varphi_{\mathrm{c}} \tag{3.1.4}$$

令 $k_{\mathrm{f}}A_{\mathrm{m}} = \Delta\omega$，$\Delta\omega/\omega_{\mathrm{m}} = m_{\mathrm{f}}$，则得到调频波的表达式为

$$e\left(t\right) = A_{\mathrm{c}}\cos\left(\omega_{\mathrm{c}}t + m_{\mathrm{f}}\sin\omega_{\mathrm{m}}t + \varphi_{\mathrm{c}}\right) \tag{3.1.5}$$

式中，m_f 称为调频系数，调频波波形如图 3.1.3 所示。

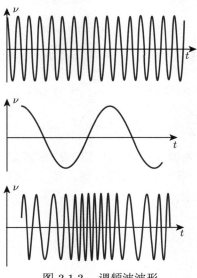

图 3.1.3　调频波波形

同样，对于相位调制，相位角 φ_c 随调制信号的变化规律而变化，调相波的总相角为

$$\varphi\left(t\right)=\omega_c t+\varphi_c+k_\varphi a\left(t\right)=\omega_c t+\varphi_c+k_\varphi A_m\cos\left(\omega_m t\right) \tag{3.1.6}$$

则调相波的表达式为

$$e\left(t\right)=A_c\cos\left(\omega_c t+m_\varphi\cos\omega_m t+\varphi_c\right) \tag{3.1.7}$$

式中，$m_\varphi=k_\varphi A_m$，称为调相系数。

由于调频和调相实质上最终都是调制总相角，因此调频和调相波的频谱，可写成统一的形式，即

$$e\left(t\right)=A_c\cos\left(\omega_c t+m\sin\omega_m t+\varphi_c\right) \tag{3.1.8}$$

利用三角函数公式展开 (3.1.8) 式，得

$$e\left(t\right)=A_c\left[\cos\left(\omega_c t+\varphi_c\right)\cos\left(m\sin\omega_m t\right)-\sin\left(\omega_c t+\varphi_c\right)\sin\left(m\sin\omega_m t\right)\right] \tag{3.1.9}$$

这个相位角调制振荡是时间的周期函数，故可分解为傅里叶级数，将 (3.1.9) 式 $\cos\left(m\sin\omega_m t\right)$ 和 $\sin\left(m\sin\omega_m t\right)$ 两项分别展开为

$$\cos\left(m\sin\omega_m t\right)=J_0\left(m\right)+2\sum_{n=1}^{\infty}J_{2n}\left(m\right)\cos\left(2n\omega_m t\right) \tag{3.1.10}$$

$$\sin\left(m\sin\omega_{\mathrm{m}}t\right)=2\sum_{n=1}^{\infty}\mathrm{J}_{2n-1}\left(m\right)\sin\left[\left(2n-1\right)\omega_{\mathrm{m}}t\right] \tag{3.1.11}$$

式中,$\mathrm{J}_n(m)$ 是 m 的 n 阶第一类贝塞尔函数,利用这两个关系式,就可以将 (3.1.9) 式展开为

$$\begin{aligned} e\left(t\right)=A_{\mathrm{c}}\big\{&\mathrm{J}_0\left(m\right)\cos\left(\omega_{\mathrm{c}}t+\varphi_{\mathrm{c}}\right)+\mathrm{J}_1\left(m\right)\cos\left[\left(\omega_{\mathrm{c}}+\omega_{\mathrm{m}}\right)t+\varphi_{\mathrm{c}}\right]\\ &-\mathrm{J}_1\left(m\right)\cos\left[\left(\omega_{\mathrm{c}}-\omega_{\mathrm{m}}\right)t+\varphi_{\mathrm{c}}\right]+\mathrm{J}_2\left(m\right)\cos\left[\left(\omega_{\mathrm{c}}+2\omega_{\mathrm{m}}\right)t+\varphi_{\mathrm{c}}\right]\\ &+\mathrm{J}_2\left(m\right)\cos\left[\left(\omega_{\mathrm{c}}-2\omega_{\mathrm{m}}\right)t+\varphi_{\mathrm{c}}\right]+\cdots\big\} \end{aligned} \tag{3.1.12}$$

由此可见, 在单频正弦波调制时, 其角度调制波的频谱是由光载频与在它两边对称分布的无穷多对边频所组成的。各边频之间的频率间隔是 ω_{m}, 各边频幅度的大小 $\mathrm{J}_n(m)$ 由贝塞尔函数决定, 如图 3.1.4 和图 3.1.5 所示。

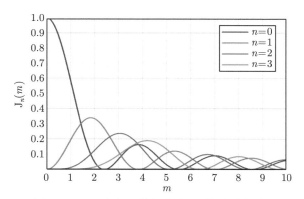

图 3.1.4　贝塞尔函数与参量 m 的关系曲线

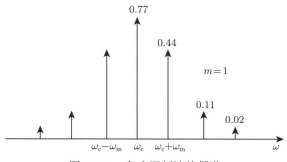

图 3.1.5　角度调制波的频谱

3.2　光场调制的物理基础

3.2.1　电光调制的物理基础

电光效应是实现电光调制的物理基础，当外加调制电场施加到电光晶体 (EOC) 材料上时，晶体内的束缚电荷会重新分布，引起介电常数的变化，最终导致晶体折射率的改变，当光波通过此晶体时，光波特性 (相位、频率、偏振态和强度等) 会受到外加调制电场的影响，从而对光波进行调制。晶体折射率 n 与施加电场 E 的函数关系可以表示为 [1]

$$n = n_0 + \gamma E + h E^2 + \cdots \tag{3.2.1}$$

其中，n_0 为未施加电场时晶体的折射率；γ 为一阶电光系数；由 γE 项引起的晶体折射率变化与电场的一次方成正比，称为线性电光效应或泡克耳斯 (Pockels) 效应；h 为二阶电光系数，由 hE^2 项引起的晶体折射率变化与电场的二次方成正比，称为二次电光效应或克尔 (Kerr) 效应。对于一般的电光晶体，一次电光效应较明显，二次电光效应较小，可以忽略，因此，只考虑一次电光效应。

对电光效应的分析和描述可以用折射率椭球的方法，未施加电场时，在主轴坐标系中，折射率椭球方程可以表示为

$$\frac{x^2}{n_x^2} + \frac{y^2}{n_y^2} + \frac{z^2}{n_z^2} = 1 \tag{3.2.2}$$

其中，x，y，z 表示晶体的主轴方向，相应的主折射率为 n_x，n_y，n_z。对于单轴晶体，$n_x = n_y = n_o$ 为寻常光的折射率，$n_z = n_e$ 为非常光的折射率，z 轴为晶体的光轴。当 $n_e > n_o$ 时，为正单轴晶体；当 $n_e < n_o$ 时，为负单轴晶体。晶体中存在两个不同折射率的现象称为双折射现象，如图 3.2.1 所示，当自然光入射到双折射晶体中时，会分解成偏振方向相互垂直的 o 光和 e 光在晶体内传播，它们的折射率分别为 n_o 和 n_e。

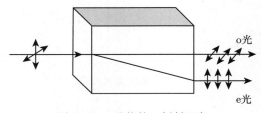

图 3.2.1　晶体的双折射现象

当在晶体上施加电场时，折射率椭球会发生形变，椭球方程可表示为

$$\left(\frac{1}{n^2}\right)_1 x^2 + \left(\frac{1}{n^2}\right)_2 y^2 + \left(\frac{1}{n^2}\right)_3 z^2$$
$$+ 2\left(\frac{1}{n^2}\right)_4 yz + 2\left(\frac{1}{n^2}\right)_5 xz + 2\left(\frac{1}{n^2}\right)_6 xy = 1 \tag{3.2.3}$$

比较 (3.2.2) 式和 (3.2.3) 式可以看出，在外电场作用下，折射率椭球的系数发生了变化，其变化量与施加电场之间的关系定义为

$$\Delta\left(\frac{1}{n^2}\right)_i = \sum_{j=1}^{3} \gamma_{ij} E_j \tag{3.2.4}$$

其中，γ_{ij} 为一阶电光系数或线性电光系数；$j = 1, 2, 3$ 分别代表 x, y, z 轴；i 取值为 $1, 2, \cdots, 6$。从 (3.2.4) 式中可以看出，在外加电场的作用下，折射率椭球方程的系数发生改变，从而使晶体的主轴发生旋转，晶体主折射率的大小也随之改变，产生新的折射率椭球方程，当 $E = 0$ 时，椭球方程重新变为 (3.2.2) 式。将 (3.2.4) 式表示成张量的矩阵形式为

$$\begin{bmatrix} \Delta\left(\dfrac{1}{n^2}\right)_1 \\ \Delta\left(\dfrac{1}{n^2}\right)_2 \\ \Delta\left(\dfrac{1}{n^2}\right)_3 \\ \Delta\left(\dfrac{1}{n^2}\right)_4 \\ \Delta\left(\dfrac{1}{n^2}\right)_5 \\ \Delta\left(\dfrac{1}{n^2}\right)_6 \end{bmatrix} = \begin{bmatrix} \gamma_{11} & \gamma_{12} & \gamma_{13} \\ \gamma_{21} & \gamma_{22} & \gamma_{23} \\ \gamma_{31} & \gamma_{32} & \gamma_{33} \\ \gamma_{41} & \gamma_{42} & \gamma_{43} \\ \gamma_{51} & \gamma_{52} & \gamma_{53} \\ \gamma_{61} & \gamma_{62} & \gamma_{63} \end{bmatrix} \begin{bmatrix} E_x \\ E_y \\ E_z \end{bmatrix} \tag{3.2.5}$$

式中，E_x, E_y, E_z 为电场沿 x, y, z 方向的分量，由 γ_{ij} 元素组成的 6×3 矩阵称为电光张量，γ_{ij} 元素的值表征晶体感应极化的强弱，随晶体的不同而不同。

铌酸锂 (LiNbO$_3$) 晶体为负单轴晶体，掺氧化镁铌酸锂 (MgO: LiNbO$_3$) 晶体为电光调制器 (EOM) 中常用的晶体[2,3]，光轴方向为 z 轴，折射率 $n_x = n_y = n_o$，$n_z = n_e$，且 $n_o > n_e$，其属于三方晶系，电光张量可以表示为

$$\gamma_{ij} = \begin{bmatrix} 0 & -\gamma_{22} & \gamma_{13} \\ 0 & \gamma_{22} & \gamma_{13} \\ 0 & 0 & \gamma_{33} \\ 0 & \gamma_{51} & 0 \\ \gamma_{51} & 0 & 0 \\ -\gamma_{22} & 0 & 0 \end{bmatrix} \tag{3.2.6}$$

将 (3.2.5) 式和 (3.2.6) 式代入 (3.2.3) 式, 可得

$$\left(\frac{1}{n_o^2} - \gamma_{22}E_y + \gamma_{13}E_z\right)x^2 + \left(\frac{1}{n_o^2} + \gamma_{22}E_y + \gamma_{13}E_z\right)y^2 + \left(\frac{1}{n_e^2} + \gamma_{33}E_z\right)z^2$$

$$+ 2\gamma_{51}E_y yz + 2\gamma_{51}E_x xz - 2\gamma_{22}E_x xy = 1 \tag{3.2.7}$$

当电场施加在晶体的 z 轴方向时, $E_x = E_y = 0$, 只有 E_z 存在, (3.2.7) 式变为

$$\left(\frac{1}{n_o^2} + \gamma_{13}E_z\right)x^2 + \left(\frac{1}{n_o^2} + \gamma_{13}E_z\right)y^2 + \left(\frac{1}{n_e^2} + \gamma_{33}E_z\right)z^2 = 1 \tag{3.2.8}$$

新的折射率椭球方程中不存在交叉项, 因此, 在 z 轴方向加电场时, 晶体的主轴方向不会旋转, 只是改变了折射率的大小, 新的折射率变为

$$n_{x'} = n_o - \frac{1}{2}n_o^3\gamma_{13}E_z$$

$$n_{y'} = n_o - \frac{1}{2}n_o^3\gamma_{13}E_z \tag{3.2.9}$$

$$n_{z'} = n_e - \frac{1}{2}n_e^3\gamma_{33}E_z$$

式中, $\gamma_{13} = 9.6$ pm/V, $\gamma_{33} = 30.9$ pm/V, 可以看出沿 z 轴方向的电光系数较大, 在施加相同的电压时, z 轴方向折射率的变化更明显。

3.2.2　声光调制的物理基础

声光调制的物理基础是声光效应, 声光效应是指光波在介质中传播时被超声波场衍射或散射的现象。介质的折射率周期变化形成折射率光栅时, 光波在介质中传播就会发生衍射现象, 衍射光的强度、频率和方向等将随着超声场的变化而变化。声光调制是利用声光效应将信息加载于光频载波上的一种物理过程, 调制信号是以电信号 (调幅) 形式作用于电–声换能器上, 将相应的电信号转化成超声场, 当光波通过声光介质时, 由于声光作用, 光载波受到调制而成为 "携带" 信息的强度调制波。声光调制器 (AOM) 由声光介质、电–声换能器、吸声 (或反射) 装置及驱动电源等组成。

1. 声光调制的类型

以介质中的超声频率及声光相互作用长度为分类依据, 声光调制产生的衍射现象可分为拉曼–奈斯 (Raman-Nath) 衍射和布拉格 (Bragg) 衍射两种类型。

1) 拉曼–奈斯衍射

在超声波频率较低且声光介质的厚度 L 比较小的情况下, 当激光垂直于超声场的传播方向入射到声光介质中时, 将产生明显的拉曼–奈斯声光衍射现象, 如图 3.2.2 所示。在这种情况下, 超声光栅类似于平面光栅, 当光通过时, 将产生多级衍射, 而且各级衍射的极大值对称分布在零级条纹的两侧, 其强度依次递减。

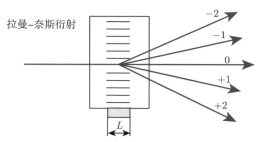

图 3.2.2 拉曼–奈斯衍射

2) 布拉格衍射

在实际应用的声光器件中, 经常采用布拉格衍射方式工作, 如图 3.2.3 所示。布拉格衍射是在超声波频率较高、声光作用区较长、光线与超声波波面有一定角度斜入射时发生的。这种衍射工作方式的显著特点是衍射光强分布不对称, 而且只有 0 级和 +1 级或 −1 级衍射光, 如果恰当地选择参量, 并且超声功率足够强, 则可以使入射光的能量几乎全部转移到 0 级或 1 级衍射极值方向上。因此, 利用这种衍射方式制作的声光器件, 衍射效率很高。

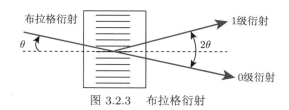

图 3.2.3 布拉格衍射

3) 拉曼–奈斯衍射与布拉格衍射的区分标准

从外界条件分析, 产生拉曼–奈斯衍射的超声波频率相对较小, 声光相互作用长度短, 光波入射方向与声波传播方向垂直, 在声光介质的另一端对称分布着多级衍射光。而产生布拉格衍射的超声波频率相对较大，声光相互作用长度长，光波入射方向与声波传播方向的夹角要求为布拉格角，在声光介质的另一端，只存在 0 级和 +1 级 (或 −1 级) 衍射光。定量区分两种衍射类型，可以引入参数 Q，即

$$Q = \frac{2\pi\lambda L}{\lambda_s^2 \cos\theta_i} \tag{3.2.10}$$

式中，λ 为光波波长；λ_s 为声波波长；θ_i 为光波入射角；L 为声光相互作用长度。当 $Q \leqslant 1$ 时，此条件下声光耦合波方程的解代表拉曼–奈斯衍射；当 $Q \geqslant 1$ 时，声光耦合波方程的解代表布拉格衍射。在实际研究中发现，对于布拉格衍射，只需满足 $Q \geqslant 4\pi$ 即可；对于拉曼–奈斯衍射，只需满足 $Q \leqslant 4\pi$。由于 Q 值与声光相互作用长度有关，为了应用方便，这里引入新变量 L_0，称为声光相互作用特征长度，即

$$L_0 \approx \frac{\lambda_s^2}{\lambda} \tag{3.2.11}$$

得到：当 $L \geqslant 2L_0$ 时，为布拉格衍射；当 $L < 2L_0$ 时，为拉曼–奈斯衍射。类似地，也可引入特征频率作为区分标准 [4]。

2. 声光调制器原理

声光调制器是以声光效应为理论基础，对光信号采用强度调制的方式，将待传输信息加载到光载波上的重要器件，其在光通信领域具有极大的应用价值。声光调制器可分为声光调制器及声光波导调制器两种。

3. 声光调制器结构

声光调制器的组成 [5] 包括电–声换能器、声光介质、吸声 (或反射) 装置及驱动源，其结构如图 3.2.4 所示。

(1) 电–声换能器：利用具有压电效应的压电晶体或压电半导体，使其在外加电场作用下，通过机械振动产生超声波，将电功率转变为声功率。这种受电场影响形成的声场是声光效应中的声波源。

(2) 声光介质：产生声光效应的物理介质。利用品质因数不同的声光材料，使得光波和超声场在介质内发生声光相互作用，从而产生拉曼–奈斯衍射或布拉格衍射，实现对光信号的强度调制。

(3) 吸声 (或反射) 装置：置于声光介质末端。若选择吸声装置，则超声场处于行波状态；若选择反射装置，则超声场处于驻波状态。

(4) 驱动源：声光调制系统的重要组成部分，其通过输出射频信号来驱动电–声换能器正常工作，改变驱动信号的幅值及频率，可以控制超声场的声功率及波长。

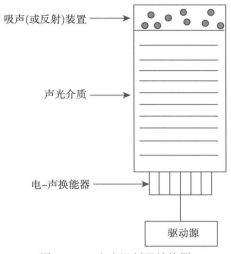

吸声(或反射)装置

声光介质

电−声换能器

驱动源

图 3.2.4　声光调制器结构图

4. 声光调制器的工作原理

声光调制器实现对激光的强度调制，体现在衍射光光强随超声波功率的变化上，由此引出一个重要参量：衍射效率。下面对衍射效率进行计算。当发生布拉格衍射时，设入射光强为 I_i，则 1 级衍射光强可表示为

$$I_1 = I_i \sin^2 \left(\frac{\nu}{2} \right) \tag{3.2.12}$$

式中，ν 是光波穿过超声场时附加的相位延迟，即

$$\nu = \frac{2\pi}{\lambda} \Delta n L \tag{3.2.13}$$

其中，Δn 为声致折射率的变化。根据晶体光学的知识，在各向同性的介质中，当光波和声波沿对称方向传播时，声致折射率 Δn 可表示为

$$\Delta n = -\frac{1}{2} n^3 P S \tag{3.2.14}$$

式中，P 为介质的弹光系数；S 为声场作用下介质的弹性应变幅值。将 S 用超声场功率及换能器面积等参数替换，得到衍射效率的表达式：

$$\eta_s = \frac{I_1}{I_i} = \sin^2 \left[\frac{\pi}{\sqrt{2}\lambda} \sqrt{\left(\frac{L}{H} \right) M_2 P_s} \right] \tag{3.2.15}$$

式中，λ 为激光波长；L 为换能器的长度；H 为换能器的宽度；M_2 为声光材料的品质因数；P_s 为超声驱动功率[6]。

经上述分析，声光调制器的工作原理可表述为：工作时，驱动源输出射频驱动信号作用于电–声换能器，电–声换能器将电功率转换为声功率在声光介质中产生超声波，入射光波与介质内超声波经声光相互作用后发生衍射现象，衍射光光强受到超声驱动功率调制，即衍射效率受到驱动源输出电功率的控制，使衍射光成为可传输信息的强度调制波。若衍射类型为布拉格衍射，则衍射效率与超声驱动功率的关系为非线性调制曲线形式，为使信号调制工作在线性区，可加入超声偏置，防止信号发生失真，调制特性曲线如图 3.2.5 所示。可见，当光束以布拉格角入射时，通过控制驱动功率就可以达到调制衍射光强的目的。布拉格衍射由于衍射效率高，调制带宽大，被广泛应用于各种声光调制器。布拉格型声光调制器工作原理如图 3.2.6 所示。

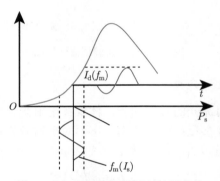

图 3.2.5   布拉格衍射调制特性曲线

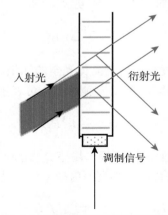

图 3.2.6   布拉格型声光调制器工作原理

若衍射类型为拉曼–奈斯衍射，则工作时驱动源输出的射频信号一般低于10 MHz，其工作原理如图 3.2.7 所示。在应用中，可使用光阑遮挡其他级的衍射光，只输出某级受驱动电压调制的衍射光。由于拉曼–奈斯衍射的声光相互作用距离短，衍射效率低，当工作在高频状态时，对驱动功率的要求很高，因此这种声光调制方式一般工作在低频状态，且带宽有限[7]。

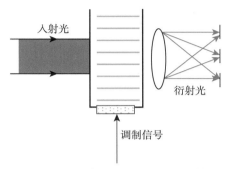

图 3.2.7 拉曼–奈斯型声光调制器工作原理

5. 声光调制器的调制带宽

在声光调制器中存在两种转换，一是压电换能器把电能转换为超声波，二是在声光介质中，超声波通过声光相互作用引起布拉格衍射。这两种转换都存在带宽问题，前者称为换能器带宽，主要是指能使驱动源提供的电功率有效地转换为超声功率的频率范围；后者称为布拉格带宽，是指能有效完成布拉格衍射的频率范围。对于布拉格型声光调制器，调制带宽主要受布拉格带宽限制。下面分析影响调制带宽的因素，在理想情况下，光波和声波有确定的波矢量，因此对于入射角确定的入射光波，若发生布拉格衍射，则有且仅有一个确定频率和波矢的声波满足条件。而实际情况中，光波和声波均具有一定的发散角，该发散角导致了布拉格衍射可以在一个满足条件的声频率范围内发生。根据上文中提到的布拉格方程得

$$\Delta f_{\mathrm{s}} = \frac{2n\nu_{\mathrm{s}}\cos\theta_{\mathrm{B}}}{\lambda}\Delta\theta_{\mathrm{B}} \tag{3.2.16}$$

式中，Δf_{s} 为满足条件的声频率带宽；$\Delta\theta_{\mathrm{B}}$ 为布拉格角满足条件的变化量。设入射光束的发散角为 $\delta\theta_{\mathrm{i}}$，声波束的发散角为 $\delta\varphi$，则

$$\delta\theta_{\mathrm{i}} \approx \frac{2\lambda}{\pi n\omega_0} \tag{3.2.17}$$

$$\delta\varphi \approx \frac{\lambda_{\mathrm{s}}}{L} \tag{3.2.18}$$

式中，ω_0 为入射光束的束腰半径；n 为声光材料的折射率；L 为声束的宽度。

　　若将发散的入射光束在 $\delta\theta_i$ 范围内分解成若干方向不同的平面波，则对于其中每个方向的平面波来说，都存在一个频率和波矢相对应的声波可以满足布拉格方程的要求。声波受电信号调制后，包含了很多中心频率的声载波，因此，在每一个声频率下都会有不同的声波分量与入射光波互相作用发生布拉格衍射。给定一个入射光，其衍射光的发散角就为 $2\delta\varphi$，如图 3.2.8 所示。

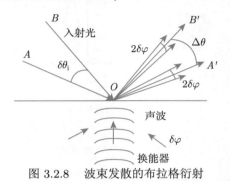

图 3.2.8　　波束发散的布拉格衍射

　　在解调过程中，为了得到强度调制后衍射光束所包含的信息，需在平方律探测器中对不同频移的衍射光进行混频，即要求图 3.2.8 中的 OA' 和 OB' 有重叠，则取 $\delta\varphi \approx \delta\theta_i$。根据 (3.2.16) 式，则调制带宽为

$$\Delta f_m = \frac{1}{2}\Delta f_s = \frac{2n\nu_s}{\pi\omega_0}\cos\theta_B \tag{3.2.19}$$

　　由 (3.2.19) 式可知，声光调制器的调制带宽与入射光束的束腰半径成反比，即采用束腰半径小的光束可提高调制带宽。同时，为了使 0 级和 1 级衍射光能够区分开，则光束的发散角也不能过大。一般认为调制带宽的最大值近似为声频率的一半，所以调制带宽大的场合需用高频信号作驱动信号[8]。

6. 声光调制器的衍射效率

　　声光体调制器的衍射效率是反映调制过程中能量利用效率的重要参量，其用 1 级 (或 −1 级) 衍射光强和入射光强的比值来表示，根据衍射效率的表达式 (3.2.15) 可得：当声功率为

$$P_s = \frac{\lambda^2\cos^2\theta_B}{2M_2}\left(\frac{H}{L}\right) \tag{3.2.20}$$

时，衍射效率可达 100%。可见，选择品质因数 M_2 较大的声光材料，并将电-声换能器的截面设计得长而窄，均可以在保证衍射效率的同时降低所需声功率。但由于调制带宽、衍射效率及声光偏转性能等参数相互制约，所以在设计声光调

制器时要权衡考虑，综合达到衍射效率高、所需声功率小以及调制带宽大这三个目的 [9]。

声光调制器驱动源的载波频率 f_0 即声光介质内超声波的频率，该频率越大，布拉格衍射中衍射光与 0 级光的夹角就越大，使得两束光易于分离。其中，衍射光与 0 级光严格分离的条件是

$$f_0 \geqslant \frac{2.55}{\tau} = 3.5 f_s \tag{3.2.21}$$

式中，f_s 为调制信号的频率；τ 为渡越时间。τ 定义为

$$\tau = \frac{d_0}{\nu} \tag{3.2.22}$$

式中，d_0 为激光束的直径；ν 为声速。

由上述分析可知，在选择驱动源的频率范围时，一方面要考虑器件的调制带宽要满足传输信号的需要；另一方面要参考所用激光束的直径，使激光发生布拉格衍射后易于将衍射光束分离 [10]。

3.3 横向电光强度调制

LiNbO$_3$ 晶体属于三角晶系，$3m$ 晶类，主轴 z 方向有一个三次旋转轴，光轴与 z 轴重合，是单轴晶体，折射率椭球是旋转椭球，其表达式为

$$\frac{x^2 + y^2}{n_o^2} + \frac{z^2}{n_e^2} = 1 \tag{3.3.1}$$

式中，n_o 和 n_e 分别为晶体的寻常光和非寻常光的折射率。加上电场后折射率椭球发生畸变，对于 $3m$ 类晶体，由于晶体的对称性，电光系数矩阵形式为 (3.2.5) 式。

当 x 轴方向加电场时，光沿 z 轴方向传播，称这种情况为横向电光调制。此时，晶体由单轴晶体变为双轴晶体，光轴 z 方向折射率椭球截面由圆变为椭圆，此椭圆方程为

$$\left(\frac{1}{n_o^2} - \gamma_{22} E_x \right) x^2 + \left(\frac{1}{n_o^2} + \gamma_{22} E_x \right) y^2 - 2\gamma_{22} E_x xy = 1 \tag{3.3.2}$$

进行主轴变换后得到

$$\left(\frac{1}{n_o^2} - \gamma_{22} E_x \right) x^2 + \left(\frac{1}{n_o^2} + \gamma_{22} E_x \right) y^2 = 1 \tag{3.3.3}$$

考虑到 $n_{\mathrm{o}}^2 \gamma_{22} E_x \ll 1$，经化简得到

$$n_{x'} = n_{\mathrm{o}} + \frac{1}{2}n_{\mathrm{o}}^3 \gamma_{22} E_x$$
$$n_{y'} = n_{\mathrm{o}} - \frac{1}{2}n_{\mathrm{o}}^3 \gamma_{22} E_x \tag{3.3.4}$$

当 x 轴方向加电场时，新折射率椭球绕 z 轴转动 $45°$。

图 3.3.1 为利用 $\mathrm{LiNbO_3}$ 晶体横向电光效应原理的激光强度调制器原理图，其中起偏器的偏振方向平行于电光晶体的 x 轴，检偏器的偏振方向平行于 y 轴。因此，入射光经起偏器后变为振动方向平行于 x 轴的线偏振光，它在晶体的感应轴 x' 和 y' 轴上的投影的振幅和相位均相等，设分别为

$$e_{x'} = A_0 \cos \omega t$$
$$e_{y'} = A_0 \cos \omega t \tag{3.3.5}$$

或用复振幅的表示方法，将位于晶体表面 $(z = 0)$ 的光波表示为

$$E_{x'}(0) = A$$
$$E_{y'}(0) = A \tag{3.3.6}$$

所以，入射光的强度是

$$I \propto E \cdot E^* = |E_{x'}(0)|^2 + |E_{y'}(0)|^2 = 2A^2 \tag{3.3.7}$$

当光通过长为 l 的电光晶体后，x' 和 y' 两分量之间就产生相位差 δ，即

$$E_{x'}(l) = A$$
$$E_{y'}(l) = Ae^{-\mathrm{i}\delta} \tag{3.3.8}$$

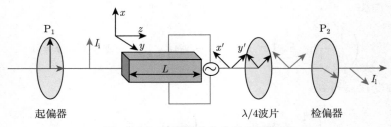

图 3.3.1   晶体横向电光效应原理图

通过检偏器出射的光，是这两分量在 y 轴上的投影之和：

$$(E_y)_0 = \frac{A}{\sqrt{2}}(e^{i\delta} - 1) \tag{3.3.9}$$

其对应的输出光强 I_1 可写成

$$I_1 \propto \left[(E_y)_0 \cdot (E_y)_0^*\right] = \frac{A^2}{2}\left(e^{-i\delta} - 1\right)\left(e^{i\delta} - 1\right) = 2A^2 \sin^2 \frac{\delta}{2} \tag{3.3.10}$$

由 (3.2.20) 式及 (3.3.10) 式，光强透过率 T 为

$$T = \frac{I_1}{I_i} = \sin^2 \frac{\delta}{2} \tag{3.3.11}$$

$$\delta = \frac{2\pi}{\lambda}(n_{x'} - n_{y'})l = \frac{2\pi}{\lambda}n_0^3 \gamma_{22} V \frac{l}{d} \tag{3.3.12}$$

由 (3.3.12) 式可知，δ 和 V 有关，当电压增加到某一值时，x' 和 y' 方向的偏振光经过晶体后产生 $\lambda/2$ 的光程差，相位差 $\delta = \pi, T = 100\%$，此时的电压值称为半波电压，通常用 V_π 或 $V_{\lambda/2}$ 表示；V_π 是描述晶体电光效应的重要参数，在实验中，这个电压越小越好，如果 V_π 小，则需要的调制信号电压也小。根据半波电压值，可以估计出电光效应控制透过强度所需电压。由 (3.3.12) 式得

$$V_\pi = \frac{\lambda}{2n_o^3 \gamma_{22}} \frac{d}{l} \tag{3.3.13}$$

其中，d 和 l 分别为晶体的厚度和长度。此外，由 (3.3.12) 式及 (3.3.13) 式得

$$\delta = \pi \frac{V}{V_\pi} \tag{3.3.14}$$

进一步，将 (3.3.11) 式改写成

$$T = \sin^2 \frac{\pi}{2V_\pi}V = \sin^2 \frac{\pi}{2V_\pi}\left(V_0 + V_m \sin \omega t\right) \tag{3.3.15}$$

其中，V_0 是直流偏压；$V_m \sin \omega t$ 是交流调制信号；V_m 是其振幅；ω 是调制频率，从 (3.3.15) 式可以看出，改变 V_0 或 V_m 的输出特性，透过率 T 将相应地发生变化。

对于单色光，$\pi n_o^3 \gamma_{22}/\lambda$ 为常数，因而 T 仅随晶体上所加电压的变化而变化，如图 3.3.2 所示，T 与 V 的关系是非线性的，若工作点选择不适合，输出信号会发生畸变。但在 $V_\pi/2$ 附近有一近似直线部分，这一直线部分称作线性工作区，由 (3.3.15) 式可以看出：当 $V = V_\pi/2$ 时，$\delta = \pi/2, T = 50\%$。

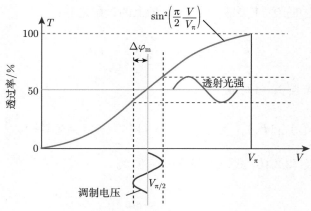

图 3.3.2　T 与 V 的关系曲线图

改变直流偏压时选择工作点对输出特性的影响:

(1) 当 $V_0 = \dfrac{V_\pi}{2}$, $V_\mathrm{m} \ll V_\pi$ 时, 将工作点选定在线性工作区的中心处, 此时, 可获得较高频率的线性调制, 把 $V_0 = \dfrac{V_\mathrm{m}}{2}$ 代入 (3.3.9) 式, 得

$$
\begin{aligned}
T &= \sin^2\left[\frac{\pi}{4} + \left(\frac{\pi}{2V_\pi}\right) V_\mathrm{m} \sin\omega t\right] = \frac{1}{2}\left[1 - \cos\left(\frac{\pi}{2} + \frac{\pi}{V_\pi} V_\mathrm{m} \sin\omega t\right)\right] \\
&= \frac{1}{2}\left[1 + \sin\left(\frac{\pi}{V_\pi} V_\mathrm{m} \sin\omega t\right)\right]
\end{aligned}
\tag{3.3.16}
$$

当 $V_\mathrm{m} = V_\pi$ 时,

$$
T \approx \frac{1}{2}\left[1 + \left(\frac{\pi V_\mathrm{m}}{V_\pi}\right) \sin\omega t\right]
\tag{3.3.17}
$$

即 $T \propto V_\mathrm{m} \sin\omega t$。这时, 调制器输出的波形和调制信号波形的频率相同, 即线性调制。

(2) 当 $V_0 = \dfrac{V_\pi}{2}$, $V_\mathrm{m} > V_\pi$ 时, 调制器的工作点虽然选定在线性工作区的中心, 但不满足小信号调制的要求, (3.3.16) 式不能写成 (3.3.17) 式的形式, 此时的透射率函数应展开成贝塞尔函数, 即由 (3.3.17) 式, 得

$$
\begin{aligned}
T &= \frac{1}{2}\left[1 + \sin\left(\frac{\pi}{V_\pi} V_\mathrm{m} \sin\omega t\right)\right] \\
&= 2\left[\mathrm{J}_1\left(\frac{\pi V_\mathrm{m}}{V_\pi}\right) \sin\omega t - \mathrm{J}_3\left(\frac{\pi V_\mathrm{m}}{V_\pi}\right) \sin 2\omega t + \mathrm{J}_5\left(\frac{\pi V_\mathrm{m}}{V_\pi}\right) \sin 5\omega t + \cdots\right]
\end{aligned}
\tag{3.3.18}
$$

由 (3.3.18) 式可以看出，输出的光束除包含交流的基波外，还含有奇次谐波。因此，当调制信号的幅度较大时，奇次谐波不能被忽略，这时虽然工作点选定在线性区，但输出波形仍然失真。

(3) 当 $V_0 = 0$，$V_\mathrm{m} = V_\pi$ 时，把 $V_0 = 0$ 代入 (3.3.9) 式，得

$$
\begin{aligned}
T &= \sin^2\left(\frac{\pi}{2V_\pi}V_\mathrm{m}\sin\omega t\right) = \frac{1}{2}\left[1 - \cos\left(\frac{\pi V_\mathrm{m}}{V_\pi}\sin\omega t\right)\right] \\
&\approx \frac{1}{4}\left(\frac{\pi V_\mathrm{m}}{V_\pi}\right)^2\sin^2\omega t \approx \frac{1}{8}\left(\frac{\pi V_\mathrm{m}}{V_\pi}\right)^2(1 - \cos 2\omega t)
\end{aligned} \tag{3.3.19}
$$

即 $T \propto \cos 2\omega t$。从 (3.3.19) 式可以看出，输出光是调制信号频率的二倍，即产生"倍频"失真。若把 $V_0 = V_\pi$ 代入 (3.3.15) 式，经类似的推导，可得

$$
T \approx 1 - \frac{1}{8}\left(\frac{\pi V_\mathrm{m}}{V_0}\right)^2(1 - \cos 2\omega t) \tag{3.3.20}
$$

即 $T \propto \cos 2\omega t$ "倍频" 失真。这时看到的仍是 "倍频" 失真的波形。

(4) 直流偏压 V_0 在 0V 附近或在 V_π 附近变化时，由于工作点不在线性工作区，输出波形将分别出现上、下失真。

综上所述，电光调制是利用晶体的双折射现象，将入射的线偏振光分解成 o 光和 e 光，利用晶体的电光效应，加载电信号改变晶体的折射率，从而控制两个振动分量所形成的像差 δ，再利用光的相干原理两束光叠加，从而实现对光强度的调制。晶体的电光效应灵敏度极高，调制信号频率最高可达 $10^9 \sim 10^{10}$ Hz，因此在激光通信、激光显示等领域内，电光调制得到非常广泛的应用。

3.4 电光相位调制

3.4.1 电光相位调制的原理

根据所加电场方向与通光方向的关系，电光相位调制可分为横向和纵向两种方式，如图 3.4.1 所示，当电场方向与通光方向垂直时，为横向电光相位调制；当电场方向与通光方向平行时，为纵向电光相位调制。横向电光相位调制的优点是半波电压较低，其主要缺点是存在自然双折射现象，即在没有施加外电场时，通过晶体的两个偏振分量 o 光和 e 光之间就有相位差的存在，当晶体的温度变化时，折射率 n_o 和 n_e 随之改变，导致两光波的相位差随温度漂移，产生剩余振幅调制 (RAM)。纵向电光相位调制不存在自然双折射现象，但是其半波电压很高，尤其是在调制频率较高时，功率损耗很大。因此，在实验上一般选择横向电光相位调制的方式对光波的相位进行调制。

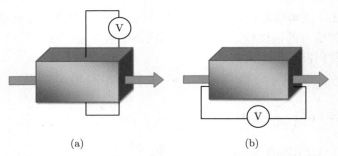

(a)   (b)

图 3.4.1　(a) 横向电光相位调制；(b) 纵向电光相位调制

　　图 3.4.2 为横向电光相位调制的原理图，在理想情况下，利用起偏器 (polari-
zer) 可以使入射光变为纯的线偏振光，并且其偏振方向严格平行于晶体的 z 轴方
向，此时只有一个沿 z 轴方向偏振的光通过晶体，出射光的偏振状态和强度不会
改变，只是改变其相位，此相位调制为纯的相位调制，用公式表示为

$$E_{\text{PM}} = E_0 e^{i(\omega t + \Delta\phi)} \tag{3.4.1}$$

式中，E_0 为入射光场的振幅；ω 为光场的圆频率；光场的相位变化 $\Delta\phi$ 表示为

$$\Delta\phi = \frac{2\pi}{\lambda}\Delta n l = \frac{2\pi}{\lambda}\left(\frac{1}{2}n_e^3\gamma_{33}E_z(t)\right)l = \frac{2\pi}{\lambda}\left(\frac{1}{2}n_e^3\gamma_{33}\frac{U(t)}{d}\right)l \tag{3.4.2}$$

其中，λ 为光波波长；$\Delta n = \dfrac{1}{2}n_e^3\gamma_{33}\dfrac{U(t)}{d}$ 为电场作用下折射率的变化；γ_{33} 为有
效电光系数；$U(t)$ 为施加在晶体上的电压；l 为晶体的长度；d 为晶体的厚度。当
相位变化 $\Delta\phi = \pi$ 时，所需的电压为半波电压：

$$U_\pi = \frac{\lambda d}{\gamma_{33}n_e^3 l} \tag{3.4.3}$$

对于 LiNbO$_3$ 晶体，未施加电场时，o 光和 e 光的折射率分别为 $n_o = 2.232$@1064
nm，$n_e = 2.156$@1064 nm，当晶体尺寸为 3 mm×4 mm×40 mm 时，其半波电压

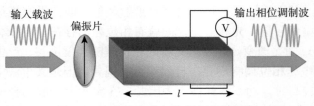

输入载波　　　偏振片　　　　　　　　　　　　　　输出相位调制波

l

图 3.4.2　横向电光相位调制的原理图

为 258 V。由上述计算可知，对于块状的电光晶体，横向电光相位调制的半波电压依然很高，通常可以利用电光晶体的电容特性，设计共振电路和阻抗匹配网络，使电路在某一特定频率处实现共振，从而降低半波电压[11]。

如果将调制电压信号设定为频率为 Ω 的正弦信号 $U = U_{\mathrm{m}} \sin \Omega t$，则纯的相位调制光场表示为

$$E_{\mathrm{PM}} = E_0 \mathrm{e}^{\mathrm{i}(\omega t + M \sin \Omega t)} \tag{3.4.4}$$

其中，$M = \dfrac{\pi n_{\mathrm{e}}^3 \gamma_{33} l}{\lambda d} U_{\mathrm{m}}$ 为调制系数，这里 U_{m} 为调制电压；Ω 为调制频率。将 (3.4.4) 式利用贝塞尔函数展开后得

$$E_{\mathrm{PM}} \approx E_0 \left[\mathrm{J}_0\left(M\right) \mathrm{e}^{\mathrm{i}\omega t} + \mathrm{J}_1\left(M\right) \mathrm{e}^{\mathrm{i}(\omega + \Omega)t} - \mathrm{J}_1\left(M\right) \mathrm{e}^{\mathrm{i}(\omega - \Omega)t} \right] \tag{3.4.5}$$

由 (3.4.5) 式可知，经相位调制的光场包含 3 个频率成分：频率为 ω 的载波和频率为 $\omega \pm \Omega$ 的两个边带，$\mathrm{J}_0(M)$ 和 $\mathrm{J}_1(M)$ 分别为零阶和一阶贝塞尔系数，分别代表载波和两个边带的幅度大小，载波的功率为 $P_{\mathrm{c}} = \mathrm{J}_0^2\left(M\right) E_0^2$，边带的功率为 $P_{\mathrm{s}} = \mathrm{J}_1^2\left(M\right) E_0^2$。可以看出，对于纯的相位调制，两个边带的大小相等、相位相反，由于 $M = 1$，二阶和二阶以上的贝塞尔系数可以被忽略。纯的相位调制光的光强可以表示为

$$
\begin{aligned}
I_{\mathrm{PM}} &= E_{\mathrm{PM}} \cdot E_{\mathrm{PM}}^* \\
&= E_0^2 \big[\mathrm{J}_0^2\left(M\right) + 2\mathrm{J}_1^2\left(M\right) \\
&\quad + \mathrm{J}_0\left(M\right) \mathrm{J}_1\left(M\right) \cos\left(\Omega t\right) - \mathrm{J}_0\left(M\right) \mathrm{J}_1\left(M\right) \cos\left(\Omega t\right) \big]
\end{aligned} \tag{3.4.6}
$$

由于两个边带拍频产生的 2Ω 项较小，可以被忽略。从 (3.4.6) 式可以看出，在纯的相位调制下，根据两个边带等幅、反向的特性，载频和两个边带之间在调制频率处的拍频信号可以相互抵消，交流项为 0，并且 $\mathrm{J}_0^2\left(M\right) + 2\mathrm{J}_1^2\left(M\right) \approx 1$，因此，相位调制后光场的强度并没有发生改变，只是相位受到了调制。

3.4.2　存在剩余振幅调制的电光相位调制

在相位调制过程中，引起剩余振幅调制 (residual amplitude moduialtion, RAM) 的原因是多方面的，包括晶体的自然双折射效应、平行端面引起的标准具效应、调制电场空间分布的不均匀、压电作用引起的弹光效应，以及射频信号功率和激光频率的起伏等。相比于其他因素，晶体的自然双折射效应是引起剩余振幅调制的主要因素，在横向电光相位调制器中，这种效应是不可避免的，下面将对其进行详细的理论分析。

如图 3.4.3 所示，调制电场施加在晶体的 z 轴方向，光波沿晶体的 x 轴方向传播，在理想情况下，通过调节起偏器可以使入射光的偏振方向与晶体的 z 轴方

向严格平行。但是在实际的实验操作中，很难保证两者完全平行，当两者之间存在一定的夹角时，由于晶体的双折射效应，在晶体的入射端面，光波会分解成偏振方向沿 y 轴的寻常光 o 和偏振方向沿 z 轴的非常光 e 在晶体内分别进行传播，相应的折射率分别为

$$n_{\text{o}}' = n_{\text{o}} - \frac{1}{2}n_{\text{o}}^3\gamma_{13}E_z$$

$$n_{\text{e}}' = n_{\text{e}} - \frac{1}{2}n_{\text{e}}^3\gamma_{33}E_z \tag{3.4.7}$$

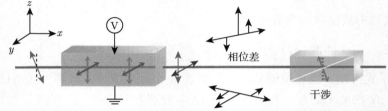

图 3.4.3　　在横向电光相位调制器中，晶体双折射效应引起剩余振幅调制的原理图

当 o 光和 e 光通过长度为 l、厚度为 d 的电光晶体后，相位延迟分别为

$$\phi_{\text{o}}' = \frac{2\pi}{\lambda}\left(n_{\text{o}} - \frac{1}{2}n_{\text{o}}^3\gamma_{13}E_z\right)l = \phi_{\text{o}} + \delta_{\text{o}}\sin\Omega t$$

$$\phi_{\text{e}}' = \frac{2\pi}{\lambda}\left(n_{\text{e}} - \frac{1}{2}n_{\text{e}}^3\gamma_{33}E_z\right)l = \phi_{\text{e}} + \delta_{\text{e}}\sin\Omega t \tag{3.4.8}$$

其中，

$$\phi_{\text{o}} = \frac{2\pi}{\lambda}n_{\text{o}}l, \quad \phi_{\text{e}} = \frac{2\pi}{\lambda}n_{\text{e}}l, \quad \Delta\phi = \phi_{\text{e}} - \phi_{\text{o}}$$

$$\delta_{\text{o}} = -\frac{\pi}{\lambda}n_{\text{o}}^3\gamma_{13}U\frac{l}{d}, \quad \delta_{\text{e}} = -\frac{\pi}{\lambda}n_{\text{e}}^3\gamma_{33}U\frac{l}{d} \tag{3.4.9}$$

式中，ϕ_{o} 和 ϕ_{e} 分别为晶体的自然双折射所引起的 o 光和 e 光的相位延迟；$\Delta\phi$ 为两者之间的相位差；δ_{o} 和 δ_{e} 分别为 o 光和 e 光的调制系数。为了定义入射光和出射光的偏振方向，在晶体前后分别放置一个偏振元件 P_1 和 P_2，当入射光的偏振方向与晶体的 z 轴方向之间的夹角为 β 时，光束在晶体的入射端面分解成的 e 光和 o 光的振幅分别为 $E_0\cos\beta$ 和 $E_0\sin\beta$。两者的偏振方向相互垂直，经过调制后，分别产生两个调制边带，o 光和 e 光与各自的调制边带之间有固定的相位关系。但是 o 光和 e 光之间由于折射率的不同，它们的相位延迟分别为 ϕ_{o} 和 ϕ_{e}，调制器后面的检偏器 P_2 将部分的 o 光与 e 光导入相同的偏振方向上，当检偏器 P_2 的透振方向与晶体的 z 轴方向之间的夹角为 γ 时，干涉部分的 e 光和 o 光分别为 $E\cos\beta\cos\gamma$ 和 $E\sin\beta\sin\gamma$，因此，存在 RAM 的相位调制光场表示为

$$E_{\text{PM-RAM}} = E_0\text{e}^{\text{i}\omega t}[a\text{e}^{\text{i}(\phi_{\text{o}}+\delta_{\text{o}}\sin\Omega t)} + b\text{e}^{\text{i}(\phi_{\text{e}}+\delta_{\text{e}}\sin\Omega t)}]$$

$$= E_0[a\mathrm{e}^{\mathrm{i}\phi_\mathrm{o}}(\mathrm{J}_{0,\mathrm{o}}\mathrm{e}^{\mathrm{i}\omega t} + \mathrm{J}_{1,\mathrm{o}}\mathrm{e}^{\mathrm{i}(\omega+\varOmega)t} - \mathrm{J}_{1,\mathrm{o}}\mathrm{e}^{\mathrm{i}(\omega-\varOmega)t}) \tag{3.4.10}$$

$$+ b\mathrm{e}^{\mathrm{i}\phi_\mathrm{e}}(\mathrm{J}_{0,\mathrm{e}}\mathrm{e}^{\mathrm{i}\omega t} + \mathrm{J}_{1,\mathrm{e}}\mathrm{e}^{\mathrm{i}(\omega+\varOmega)t} - \mathrm{J}_{1,\mathrm{e}}\mathrm{e}^{\mathrm{i}(\omega-\varOmega)t})]$$

其中，$a = \sin\beta\sin\gamma, b = \cos\beta\cos\gamma$。

存在剩余振幅调制的相位调制光的光强表示为

$$I_{\mathrm{PM\text{-}RAM}} = E_{\mathrm{PM\text{-}RAM}} \cdot E_{\mathrm{PM\text{-}RAM}}^*$$

$$= E_0^2 \left[a^2\left(\mathrm{J}_{0,\mathrm{o}}^2 + 2\mathrm{J}_{1,\mathrm{o}}^2\right) + b^2\left(\mathrm{J}_{0,\mathrm{e}}^2 + 2\mathrm{J}_{1,\mathrm{e}}^2\right) + 2ab\mathrm{J}_{0,\mathrm{o}}\mathrm{J}_{0,\mathrm{e}}\cos\Delta\phi \right. \tag{3.4.11}$$

$$\left. - 4ab\mathrm{J}_1\left(M\right)\sin\Delta\phi\sin\varOmega t \right]$$

其中，$\mathrm{J}_1\left(M\right) = \mathrm{J}_{0,\mathrm{o}}\mathrm{J}_{1,\mathrm{e}} - \mathrm{J}_{0,\mathrm{e}}\mathrm{J}_{1,\mathrm{o}}$。由 (3.4.11) 式可知，o 光和 e 光与各自的边带拍频时，拍频信号为 0；当 o 光与 e 光的边带拍频，或者 e 光与 o 光的边带拍频时，由于它们之间存在相位差 $\Delta\phi$，拍频信号不能完全抵消，因此，存在剩余振幅。调制的相位调制光场除了受到相位调制外，还受到剩余幅度调制，如图 3.4.4 中红色曲线所示，在调制频率处的拍频信号表示为

$$I_{\mathrm{ac}} = -4E_0^2 ab\mathrm{J}_1\left(M\right)\sin\Delta\phi\sin\varOmega t \tag{3.4.12}$$

将拍频的交流信号与本底信号 $\sin\left(\varOmega t + \varphi\right)$ 混频，低通滤波后得

$$V_{\mathrm{RAM}} = 2E_0^2 ab\mathrm{J}_1\left(M\right)\sin\Delta\phi\cos\varphi \tag{3.4.13}$$

由 (3.4.13) 式可知，RAM 的大小与偏转角度 β 和 γ，以及由自然双折射效应引起的相位差 $\Delta\phi$ 和解调相位 φ 都呈正弦函数的关系，并且相位差 $\Delta\phi$ 与晶体的折射率有如下关系：

$$\Delta\phi = \phi_\mathrm{e} - \phi_\mathrm{o} = \frac{2\pi}{\lambda}\left(n_\mathrm{e} - n_\mathrm{o}\right)l \tag{3.4.14}$$

而 LiNbO_3 晶体的折射率会随温度变化而变化，表达式如下：

$$n_\mathrm{o}^2 = 4.9130 - 2.78\times10^{-2}\lambda^2 + \frac{0.1173 + 1.65\times10^{-8}T^2}{\lambda^2 - \left(0.212 + 2.7\times10^{-8}T^2\right)^2}$$

$$n_\mathrm{e}^2 = 4.5567 - 2.24\times10^{-2}\lambda^2 + 2.605\times10^{-7}T^2 + \frac{0.097 + 2.7\times10^{-8}T^2}{\lambda^2 - \left(0.201 + 5.4\times10^{-8}T^2\right)^2}$$

$$\tag{3.4.15}$$

式中，T 为晶体温度 (单位为 K)；λ 为光波波长 (单位为 μm)。因此，当晶体的折射率随温度变化时，相位差 $\Delta\phi$ 会随之改变，最终会引起锁腔和锁相误差信号零基线的漂移。

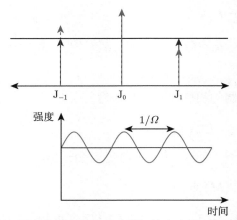

图 3.4.4　纯相位调制光场的边带及输出光强 (蓝色曲线) 和
存在剩余振幅调制的相位调制光的边带及输出光强 (红色曲线)

3.4.3　抑制剩余振幅调制技术

为了抑制相位调制过程中产生的剩余振幅调制，在光谱技术和激光稳频系统中，许多实验小组利用主动控制的方法，通过在晶体上施加直流偏置电压来补偿由双折射效应产生的相位差，并对晶体的温度进行精确控制，从而减小剩余振幅调制 [12−24]。这种方案适用于波导型的电光调制器 (EOM)，其具有较小的半波电压，可以通过输入端口直接将直流电压加载到射频信号上。对于自由空间的电光调制器，其半波电压很高，需要很高的直流电压才能达到补偿的效果。并且在压缩光的制备系统中，需要多路锁腔和锁相的环路，附加的用于抑制 RAM 的环路会增加系统的复杂性和调试的难度。

为了获得更具一般性的剩余振幅调制的抑制方法，这里利用楔形的电光晶体 (EOC) 来对剩余振幅调制进行抑制，如图 3.4.5 所示。引起剩余振幅调制的主要因素是电光晶体的自然双折射效应，当入射激光的偏振方向与晶体的 z 轴方向不重合时，入射光会分解成偏振方向相互垂直的 o 光和 e 光在晶体内分别进行调制，产生各自的载波和边带，由于 o 光和 e 光的折射率不同，经过晶体后它们之间存在一定的相位差，且此相位差会随环境温度的变化而变化。对于端面平行的晶体，经调制后两束光在空间中完全交叠，调制器后的偏振元件会使这两束光发生偏振干涉，导致相位调制光的振幅同时发生变化，即产生剩余振幅调制，如图 3.4.6 所示。然而，对于存在楔角的晶体，o 光和 e 光折射率的不同，导致它们在楔形端面处偏折角度的不同，从而可以将两光束进行空间分离，避免它们之间的干涉，同时，也可以减小晶体产生的标准具效应，从而抑制剩余振幅的产生，如图 3.4.7 所示。但是，在电光晶体中 o 光和 e 光的折射率差别非常小，对于 LiNbO₃ 晶体，

其折射率分别为 $n_o = 2.232@1064$ nm 和 $n_e = 2.156@1064$ nm，并且晶体的楔角也很小，导致 o 光和 e 光的偏折角度差别很小。由于激光器出射的高斯光束分布在一定的空间范围内，所以 o 光和 e 光在通过楔形端面后并不能完全分离，它们需要传播足够的距离后才能完全分离，当偏振元件放置于此距离以内时，o 光和 e 光存在部分的交叠，仍然会产生偏振干涉，引起剩余振幅调制。一般地，楔形晶体的剩余振幅调制依赖于两束光的交叠度，可以通过增加 PDH 锁定环路的尺寸来减小剩余振幅调制，但是压缩光制备系统中包含多个锁定环路，这使得整个系统的结构变得更加复杂，不利于压缩源的小型化和集成化，同时，光程的增大也会使压缩源的稳定性降低。

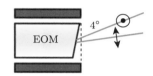

图 3.4.5   楔形电光晶体原理简图

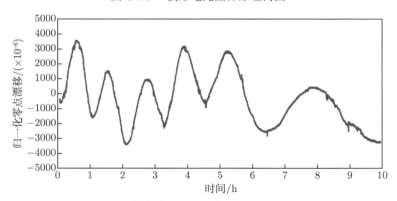

图 3.4.6   传统端面平行晶体误差信号零点漂移

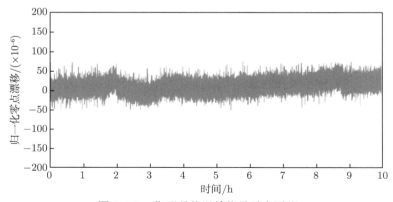

图 3.4.7   楔形晶体误差信号零点漂移

  进一步的研究发现，楔形晶体的剩余振幅调制大小不仅与两光束的交叠度有关，还与其他因素有关。由于高斯光束的光强具有一定的空间分布，当光束的不同部分通过楔形晶体的楔角时，其经过的光程不同，会产生不同的相位延迟，因此，在晶体的楔形端面处 (o 光和 e 光完全交叠在一起)，光束不同部分的 o 光和 e 光相位差不同，产生各种具有不同椭圆率的椭圆偏振光。调制器后的偏振元件会使光束产生偏振干涉，由于不同位置处的相位差不同，会出现干涉条纹。相位差随温度变化，因此干涉条纹会随温度移动。产生干涉条纹的数目与晶体中光斑的大小和晶体楔角的大小有关，当干涉条纹数目增多时，随着干涉条纹的移动，光强的变化呈下降的趋势，即剩余振幅调制减小，当满足某种特定条件时，总的光强保持恒定，与条纹的移动无关，此时剩余振幅调制为 0。

  图 3.4.8 为晶体的双折射效应引起 RAM 的原理图，晶体的 z 轴和 y 轴方向分别代表 e 光和 o 光的主轴方向，光束沿 x 轴方向传播。调制电场施加在晶体的 z 轴方向上。对于端面平行的晶体，晶体的两个通光面垂直于 x 轴，当晶体前面的偏振元件 P_1 的透振方向与晶体的 z 轴方向存在夹角 β 时，由于晶体的双折射效应，入射光会在晶体内分解成 e 光和 o 光分别进行传播，e 光和 o 光的相位差表示为

$$\Delta\phi_{\text{parallel}} = \frac{2\pi}{\lambda}\left(n_{\text{e}} - n_{\text{o}}\right)l = \frac{2\pi}{\lambda}\left(\mu_{\text{e}} - \mu_{\text{o}}\right)\delta Tl \tag{3.4.16}$$

其中，λ 为激光波长；l 为晶体长度；n_{e} 和 n_{o} 分别为 e 光和 o 光的折射率 (晶体上未施加调制电场时)；μ_{e} 和 μ_{o} 为相应的折射率的温度系数，当温度变化在 $20\sim30\,^{\circ}\text{C}$ 时，e 光和 o 光温度系数的差值 $\mu_{\text{e}} - \mu_{\text{o}}$ 为 $3.956\times10^{-5}\,^{\circ}\text{C}^{-1}$。对于端面平行的晶体，晶体的长度 l 是一个定值，光强具有一定空间分布的高斯光束通过晶体时，整个光斑中的 e 光和 o 光具有相同的路程 l，因此，整个光斑中 e 光和 o 光的相位差相同，且此相位差会随晶体温度的变化而变化。当调制器后面的偏振元件 P_2 与晶体的 z 轴方向之间存在夹角 γ 时，偏振方向相互垂直的 e 光和 o 光会在偏振元件 P_2 上发生偏振干涉，由于整个光斑中的相位差相同，光强会随温度整体的变化，产生随温度变化的 RAM。

  与端面平行的晶体不同，对于楔形晶体，由于楔角的存在，晶体的长度 l 不是一个定值，其依赖于光束在楔形端面上的位置，经过楔形晶体后，光束的不同位置处 e 光和 o 光的相位差表示为 [25]

$$\Delta\phi_{\text{wedged}} = \frac{2\pi}{\lambda}\left(\mu_{\text{e}} - \mu_{\text{o}}\right)\delta T\left(l + \frac{1}{2}z\Delta\right) \tag{3.4.17}$$

其中，Δ 为光斑的上边缘和下边缘在楔角上传输距离的差值，为最大的光程差，其大小依赖于光斑半径 R 和晶体的楔角 α，可以表示为 $\Delta = 2R\tan\alpha$，对于端面

平行的晶体，$\alpha = 0°$；$z(-1 \leqslant z \leqslant 1)$ 为归一化的坐标参数，当 $z = 0$ 时晶体的长度为 l，对应于光斑的中心，光斑的上下边缘对应的 z 坐标为 ± 1。

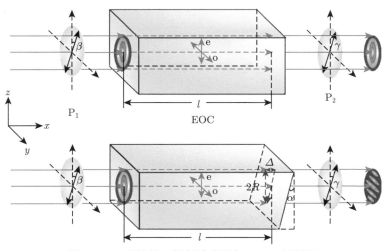

图 3.4.8　晶体的双折射效应引起 RAM 的原理

考虑高斯光束横截面的光强分布方程, 楔形晶体的 RAM 为整个光斑中 RAM 的积分，表示为

$$V_{\text{RAM}} = C\eta \iint\limits_{y^2+z^2=1} \exp\left[-2\left(y^2+z^2\right)\right] \sin\left[\frac{2\pi}{\lambda}\left(\mu_{\text{e}} - \mu_{\text{o}}\right)\delta T\left(l + \frac{1}{2}z\Delta\right)\right] \mathrm{d}y\mathrm{d}z$$

(3.4.18)

其中，$C = 2abKA^2 \mathrm{J}_1(M)B$。这里 A 为入射光的振幅；$a = \sin\beta\sin\gamma$，$b = \cos\beta\cos\gamma$，β 和 γ 分别为调制器前、后的偏振元件的透振方向与晶体 z 轴的夹角；$\mathrm{J}_1(M)$ 为一阶贝塞尔函数，M 为调制系数；K 为解调和探测过程中的增益；B 为归一化因子。在实验中，保持上述参数恒定，即令 C 为定值，仅改变光斑半径 R 和晶体楔角 α 的大小。η 为 e 光和 o 光之间的交叠度，其随着楔形端面和下游偏振元件之间距离 d 的增加而减小。对于端面平行的晶体，$\Delta = 0$。

根据 (3.4.18) 式，可以获得归一化的 RAM 随最大光程差 Δ 的变化关系。当考虑交叠度为 100% 时，归一化的 RAM 随最大光程差 Δ 的变化如图 3.4.9 所示。对于端面平行的 EOM，$\Delta = 0$，此时 RAM 的值为一个常数，为了便于比较，将其归一化为 1。对于楔形晶体，$\Delta = 2R\tan\alpha$，RAM 随最大光程差 Δ 的增大呈现类似 sinc 函数的形式，振荡衰减趋近于 0。如果满足特定的条件，RAM 为 0，并且不受晶体温度的影响，RAM 的第一个 0 点出现在 Δ 为 24 μm 时，对于波长为 1064 nm 的激光, 随着 Δ 的增大, RAM 出现多个分离的 0 点, 然而, 在实验中, 由于受光斑半径 R 和晶体楔角 α 的测量准确度的影响, 不可能精确满足 RAM 为 0 的条件。但是, 从图中可以看出, 随着 Δ 的增加, RAM 的值呈现下降的趋势, 即使不能精确控制 RAM 为 0。当 Δ 为 92 μm 时, 楔形晶体的 RAM 仅为端面平行的晶体的 0.5%, 如图中 Q 点所示。在理论上, Δ 的值越大, RAM 越小。因此, 增加光斑半径 R 的值可以减小 RAM, 但是, 晶体通光孔径的大小限制了光斑半径 R 的不断增大, 实验中存在一个最大的 R 值; 对于一个确定的 R, 晶体楔角 α 的增大可以减小 RAM, 然而, 楔角 α 的增大会使出射光束的偏折角增大, 增加光路调试的难度, 存在一个最佳的楔角 α 使得 RAM 足够小, 而又不增加光路调试的难度。交叠度 η, 作为一个比例因子, 是另一个影响 RAM 的因素。对于端面平行的晶体, 交叠度 η 始终为 100%, 与光斑半径 R 和距离 d 无关; 对于楔形晶体, o 光和 e 光在楔形端面上的偏折角度不同, 随着传输距离 d 的增加, 交叠度 η 会减小, 从而可以减小 RAM。因此, 通过优化上述参数, 包括光斑半径 R、晶体楔角 α 和楔形端面到下游偏振元件的距离 d, 在不增加系统的尺寸的条件下, RAM 可以被减小[25]。

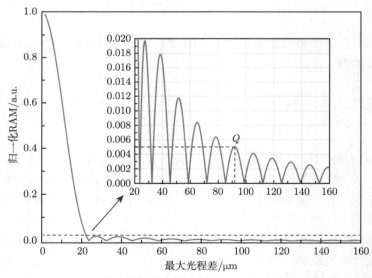

图 3.4.9　归一化的 RAM 随最大光程差 Δ 的变化关系

3.5　电光调制器的电学性能

对于电光调制器, 人们总是希望获得高的调制效率及满足要求的调制带宽。下面分析电光调制器在不同调制频率情况下的工作特性。前面对电光调制的分析,均认为调制信号频率远低于光波频率，并且调制信号波长 λ_m 远大于晶体的长度 L，因而在光波通过晶体 L 的渡越时间内，调制信号电场在晶体各处的分布是均匀的，光波在各部位所获得的相位延迟也都相同，即光波在任一时刻不会受到不同强度或反向的调制电场的作用。在这种情况下，装有电极的调制晶体可以等效为一个电容，即可以看成是电路中的一个集总元件，通常称为集总参量调制器。集总参量调制器的频率特性主要受外电路参数的影响。

调制带宽是光调制器的一个重要参量，对于电光调制器，晶体的电光效应本身不会限制调制器的频率特性，因为晶格的谐振频率可以达到 10^{12} Hz，所以调制器的调制带宽主要是受其外电路参数的限制。

电光调制器的等效电路如图 3.5.1 所示，其中，V_S 和 R_S 分别表示调制电压和调制电源内阻，C_0 为调制器的等效电容，R_e 和 R 分别为导线电阻和晶体的直流电阻。由图可知，作用到晶体上的实际电压为

$$V = \frac{V_S \left(\dfrac{1}{1/R + j\omega C_0} \right)}{R_S + R_e + \dfrac{1}{1/R + j\omega C_0}} = \frac{V_S R}{R_S + R_e + R + j\omega C_0 \left(R_S R + R_e R \right)} \tag{3.5.1}$$

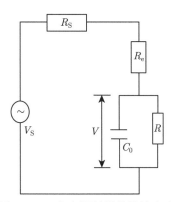

图 3.5.1 电光调制器的等效电路

在低频调制时，一般有 $R \gg R_S + R_e$，且 $j\omega C_0$ 也较小，因此信号电压可以有效地加到晶体上。但是当调制频率进一步增高时，调制晶体的阻抗变小，当 $R_S > (\omega C_0)^{-1}$ 时，大部分调制电压就降到 R_S 上，表示调制电源与晶体负载电路之间阻抗不匹配，这时调制效率就要大大降低，甚至不能工作，实现阻抗匹配的办法是在晶体两端并联一电感 L，构成一个并联谐振回路，其谐振频率为 $\omega_0^2 = (LC_0)^{-1}$，另外还并联一个分流电阻 R_L，其等效电路如图 3.5.2 所示。当调制信号频率 $\omega_m = \omega_0$ 时，此电路的阻抗就等于 R_L，若选择 $R_L \gg R_S$，就可使调

制电压大部分加到晶体上。这种方法虽然能提高调制效率，但谐振回路的带宽是有限的，它的阻抗只在频率间隔的范围内才比较高。因此，欲使调制波不发生畸变，其最大调制带宽 (即调制信号占据的频带宽度) 必须小于

$$\Delta f_{\mathrm{m}} = \frac{\Delta \omega}{2\pi} \approx \frac{1}{2\pi R_{\mathrm{L}} C_0} \tag{3.5.2}$$

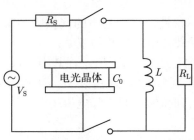

图 3.5.2　调制器的并联谐振回路

此外，还要求有一定的峰值相位延迟 $\Delta \varphi_{\mathrm{m}}$，与之相应的驱动峰值调制电压为 $V_{\mathrm{m}} = \dfrac{\lambda}{2\pi n_{\mathrm{o}}^3 \gamma_{63}} \Delta \varphi_{\mathrm{m}}$，对于 LiNbO$_3$ 晶体，为得到最大的相位延迟所需要的驱动功率为

$$P = \frac{V_{\mathrm{m}}^2}{2R_{\mathrm{L}}} \tag{3.5.3}$$

由 (3.5.3) 式可知，当调制晶体的种类、尺寸、激光波长和所要求的相位延迟确定后，其调制功率与调制带宽呈正比关系。

参 考 文 献

[1] 蓝信钜, 等. 激光技术. 北京: 科学出版社, 2000: 7-10.

[2] Gillot J, Tetsing-Talla S F, Denis S, et al. Digital control of residual amplitude modulation at the 10^{-7} level for ultra-stable lasers. Optics Express, 2022, 30(20): 35179-35188.

[3] Sathian J, Jaatinen E. Dependence of residual amplitude noise in electro-optic phase modulators on the intensity distribution of the incident field. J. Opt., 2013, 15: 125713.

[4] du Burck F, Tabet A, Lopez O. Frequency-modulated laser beam with highly efficient intensity stabilisation. Electronics Letters, 2005, 41(4): 188-190.

[5] 李银柱, 李卓, 杨睿, 等. 多通道声光调制器的研制. 中国激光, 2000, 27(9): 809-813.

[6] 廖帮全, 赵启大, 董孝义, 等. 多通道全光纤声光调制器的理论研究. 光学学报, 2003, 23(9): 1053-1057.

[7] 李娟, 杨志文. 声光调制器在激光测距模拟系统中的应用. 激光与红外, 2008, 38(6): 535-536.

[8] 李明, 李冠成. 声光效应实验研究. 应用光学, 2005, 26(6): 23-27.

[9] 张秀峰, 王培昌, 常治学. 声光调制系统驱动器的研制. 压电与声光, 2007, 29(3): 255-257.

[10] 杨苏辉, 吴克瑛, 赵长明, 等. 并联驱动声光调制器在连续波线性调频激光雷达系统中的应用. 光学学报, 2002, 22(6): 739-742.

[11] 马红亮. PPKTP 晶体光学参量过程产生压缩光的理论和实验研究. 太原: 山西大学, 2005.

[12] Bachor H A. A Guide to Experiments in Quantum Optics. Weinheim: Wiley-VCH, 1995.

[13] Lam P K, Ralph T C, Huntington E H, et al. Noiseless signal amplification using positive electro-optic feedforward. Phys. Rev. Lett., 1997, 79(8): 1471-1474.

[14] 刘鑫鑫, 张鹏飞, 李刚, 等. 一种基于 Labview 快速实现电光调制器射频阻抗匹配的方法. 山西大学学报 (自然科学版), 2013, 36: 49-55.

[15] Wong N C, Hall J L. Servo control of amplitude modulation in frequency-modulation spectroscopy: Demonstration of shot-noise-limited detection. Opt. Soc. Am. B, 1985, 2: 1527-1533.

[16] Kluczynski P, Axner O. Theoretical description based on Fourier analysis of wavelength-modulation spectrometry in terms of analytical and background signals. Appl. Opt., 1999, 38(27): 5803-5815.

[17] Li L F, Liu F, Wang C, et al. Measurement and control of residual amplitude modulation in optical phase modulation. Rev. Sci. Instrum., 2012, 83: 043111.

[18] Sathian J, Jaatinen E. Intensity dependent residual amplitude modulation in electro-opticc phase modulators. Appl. Opt., 2012, 51: 3684-3691.

[19] Sathian J, Jaatinen E. Reducing residual amplitude modulation in electro-optic phase modulators by erasing photorefractive scatter. Opt. Express, 2013, 21: 12309-12317.

[20] Ehlers P, Silander I, Wang J Y, et al. Fiber-laser-based noise-immune cavity-enhanced optical heterodyne molecular spectrometry instrumentation for Doppler-broadened detection in the 10^{-12}cm^{-1}Hz$^{-1/2}$ region. J. Opt. Soc. Am. B, 2012, 29: 1305-1315.

[21] Kokeyama K, Izumi K, Korth W, et al. Residual amplitude modulation in interferometric gravitational wave detectors. J. Opt. Soc. Am. A, 2014. 31: 81-88.

[22] Whittaker E A, Gehrtz M, Bjorklund G C. Residual amplitude modulation in laser electro-optic phase modulation. J. Opt. Soc. Am. B, 1985, 2: 1320-1326.

[23] Zhang W, Martin M J, Benko C, et al. Reduction of residual amplitude modulation to 1×10^{-6} for frequency modulation and laser stabilization. Opt. Lett., 2014, 39: 1980-1983.

[24] Ge J H, Chen Z, Chen Y F, et al. Optimized design of parameters for wedge-crystal depolarizer. Mech. Aerosp. Eng., 2012, 110-116: 3351-3357.

[25] Li Z X, Tian Y H, Wang Y J, et al. Residual amplitude modulation and its mitigation in wedged electro-optic modulator. Optics Express, 2019, 27: 7064-7071.

第 4 章　激光噪声抑制技术

激光中的噪声是指激光器输出激光的振幅、相位或频率发生随机起伏的现象。对于窄线宽激光器而言，人们需要了解其完整的噪声光谱，从而更好地了解该激光器的输出特性及其性能。

首先，激光束的强度噪声是很重要的一种噪声。强度噪声包含量子噪声 (与激光器增益和谐振腔损耗相关) 和技术噪声，例如泵浦光源的附加噪声、谐振腔镜的移动、增益介质的热涨落等。产生的强度噪声依赖于工作环境，当泵浦功率很高时噪声会变弱，这时弛豫振荡被抑制，可以采用反馈系统来进一步减小噪声 (激光器的稳定)。大多数情况下，激光光束能达到的最低强度噪声为散粒噪声。当噪声频率非常高，高于弛豫振荡频率时，很多激光器能达到这一噪声水平。然而，光的压缩态的强度噪声可以小于散粒噪声，但是以增加相位噪声为代价。

其次，单频激光器的输出并不是严格的单色光，还存在相位噪声。这导致激光器输出具有有限的线宽。锁模激光器中的频率部分也同样存在，即辐射的频率梳。相位噪声的来源为量子噪声，尤其是增益介质中的自发辐射辐射到谐振腔模式中，还包含与光学损耗有关的量子噪声。另外，技术噪声也会产生影响，例如腔镜的振动或者温度涨落。有时，强度噪声也会与相位噪声通过非线性相互作用发生相互耦合。

为了获得功率更高、噪声更低、输出更稳定的激光器，让其广泛应用于高灵敏度干涉仪、高精细光谱、光通信以及量子信息研究等领域，人们对激光器的强度噪声和相位噪声进行了进一步的研究。

4.1　强 度 噪 声

4.1.1　强度噪声理论基础

激光器的强度噪声在时域上表现为功率的波动，如图 4.1.1(a) 所示；在频域上用功率谱或者功率密度谱描述噪声，如图 4.1.1(b) 所示。通常用相对强度噪声 (RIN) 来衡量，其表达式为

$$\text{RIN} = \frac{1}{B} \frac{\Delta P(\omega)^2}{P^2} \tag{4.1.1}$$

其中，B 表示等效带宽；$\Delta P(\omega)^2$ 为指定频率下的均方光强波动；P 为输出光强度的平均值。

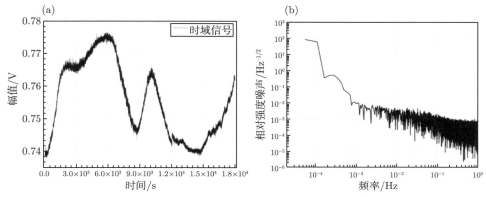

图 4.1.1   激光输出的时域谱和频域谱

激光器的强度噪声根据频段的不同通常可以分为低频段的技术噪声、中频段的弛豫振荡噪声以及高频段的量子噪声。技术噪声主要来源于泵浦源的波动以及外界环境因素的影响，例如温度以及空气扰动的影响。弛豫振荡噪声的根本来源是激光腔内的辐射和增益介质的互相作用。量子噪声又称为散粒噪声，主要来自与频率不相关的光量子波动。对应产生的量子噪声极限是经典光场强度噪声的基本局限，其计算公式为

$$\mathrm{RIN_{sn}} = \frac{2h\nu}{P} \tag{4.1.2}$$

式中，h 为普朗克常数；ν 为激光中心频率；P 为进行测量的激光功率。$h\nu$ 在物理上可以理解为光量子波动的最小能量波动为 2 个光子的能量，此值与进行测量时的激光器功率 P 的比值，也就是功率谱变化的极限。根据 (4.1.2) 式，在不同功率测试条件下，相对强度噪声的量子噪声极限值是不同的。

强度噪声的研究主要聚焦于低频段的技术噪声和中频段的弛豫振荡噪声两方面。同时，最近，对于高频段的量子噪声，也有相关的研究用于降低强度噪声。实现强度噪声的抑制主要有中频段的光电反馈、低频段的反馈泵浦电流，以及高频段的通过提高注入探测器的功率的阵列二极管探测方案与光学 AC 耦合等技术方案。以上技术方案将在 4.1.3 节中进行详细介绍。

激光指的是受激辐射光放大，其光束质量具有高相干的特点。激光产生的一个必要条件是粒子数反转，可以通过各种泵浦机制实现。泵浦源利用其提供的辐射电磁场使工作介质中大量处于低能级的粒子跃迁至高能级，从而实现粒子数反转。这个过程即是电子跃迁中的受激吸收过程，受激吸收跃迁的概率不仅与原子

特性相关，还与泵浦源提供的外界辐射场相关 [1]。

　　产生激光的真正过程与电子跃迁中的受激辐射过程密不可分，该过程是指处于高能级的粒子在入射光子或者辐射电磁场的作用下，受激地跃迁至低能级并且释放出一个与入射光子具有同一光子态的光子。受激辐射跃迁的概率同受激吸收类似，与原子特性相关的同时，也与外界辐射电磁场成正比。正是由于受激辐射过程中产生的光子与入射光子具有相同的频率、波矢、相位和偏振态等特性，从而实现了辐射光的高相干性的特点。在激光的产生过程中还存在着一种电子跃迁过程，即自发辐射，是指高能级地原子自发地向低能级跃迁，并且释放一个光子的过程。自发辐射是由原子本身的性质决定的，不受外界辐射场的影响。由于各个原子的自发辐射过程是无规则、彼此无关的，辐射出的光子在频率、波矢、相位、偏振态等方面都存在着任意性，因此自发辐射呈现出的特点是，辐射出的是非相干光。

　　在绝对理想状况下，假设激光器输出光不存在自发辐射，产生的激光完全由受激辐射产生，那么对于一个单模工作的激光器，可以认为其输出频率和相位保持稳定，其输出光可以表示为

$$E = E_0 e^{j(\omega_0(t)+\varphi_0)} \tag{4.1.3}$$

　　但是对于实际的激光输出，自发辐射是一定存在的。受激辐射产生的激光强度和相位都是恒定的，然而由于自发辐射是无规则、随机的，自发辐射的光子会将一小部分场分量随机加到受激辐射建立的相干场中，导致原相干光场的振幅和相位的波动。E_0 会变成 $E(t)$，φ_0 会变为 $\varphi(t)$，输出光场的表达式为

$$E = E(t) e^{j(\omega_0(t)+\varphi(t))} \tag{4.1.4}$$

其中，相位的波动带来激光器的相位噪声，强度的波动带来激光器的强度噪声。在长途光纤通信链路中，光纤色散会将相位噪声转换为强度噪声 [2]。载流子的涨落是引起 RIN 的主要原因，量子效率的起伏、外界环境温度的变化、泵浦源的电流波动，这些都会引发激光器 RIN。并且在链路应用中，由于连接头、光纤端面引入的折射率不连续性会使得一些光被反射回链路，即使是很小的光反馈也会影响激光器的工作，引入附加的 RIN。多模激光器存在的模分配噪声也会使得输出光的强度发生波动，即使是单模激光器，工作过程中也会伴随着一个或多个边模的存在，这些边模相对于主模得到了很大抑制，但是依然会劣化激光器的性能 [3]。

　　可以在速率方程的基础上添加一个朗之万力 (Langevin force) 的噪声项，通过这个新的方程研究激光器的噪声。结合噪声项是均值为零的高斯随机过程以及 RIN 的定义而得到 RIN 功率谱。激光器 RIN 一般在低频段取得比较大的值，并

且 RIN 功率谱密度谱线有一个峰值,该峰值在弛豫振荡频率附近。弛豫振荡频率与载流子的寿命 τ_c、光子寿命 τ_p、泵浦注入电流均有关系。通常,光纤激光器的弛豫振荡频率小于半导体激光器的弛豫振荡频率。

1. 技术噪声

当一个激光器处于理想状态时,理论上可以认为其强度噪声仅包含弛豫振荡噪声和量子噪声。但是,实际中的激光器不可能处于理想状态,这些 "非理想" 因素引入的噪声称为技术噪声。典型的技术噪声包括泵浦噪声、谐振腔扰动噪声和热噪声 (thermal noise) 等。

泵浦噪声:无论是电泵浦还是光泵浦形式,泵浦源都不可能是理想的,总包含了一定的泵浦噪声。这些泵浦噪声会耦合到激光器强度噪声和频率噪声中。例如,以半导体激光器作为光纤激光器或固体激光器的泵浦源时,其自身强度波动会引起被泵浦激光器的强度波动。再例如,激光器驱动电路也可能在某些频率 (如 50 Hz 工频及其谐波频率) 处有噪声,并将这些电路上的噪声最终引入激光器的强度噪声中。

谐振腔扰动噪声:外界环境的振动、温度、湿度变换等因素都有可能造成谐振腔腔长的变化,甚至形变,从而对激光输出的强度和频率都造成影响。因此,对在严苛条件下使用的激光器,通常需要采取隔音隔振措施。

热噪声:稳态条件下的激光腔内部的光功率密度通常较高,腔内由于材料吸收、无辐射跃迁等因素会积累一定的热量,引起腔内温度不稳定,进而造成谐振腔参数的变化并最终影响输出激光的强度和频率。为了确保激光器的稳定运行,采取温度控制措施是十分必要的。

引起技术噪声的因素远不止以上三种,还包括腔内损耗等,但各种各样的技术噪声主要集中分布在低频段 (一般小于 10 kHz),越低的频段其受技术噪声的影响越明显,且即使通过反馈的方法也很难完全抑制。低频技术噪声在时域上的直观表现就是激光功率的波动。

2. 弛豫振荡噪声

激光器中的弛豫振荡 (relaxation oscillation) 是指上能级粒子数和腔内光子数呈阻尼振荡形式。弛豫振荡会同时对激光输出的频率和强度造成影响,进而产生相位噪声和强度噪声。一般调制类噪声会在噪声功率谱上引起一个或者多个频率范围极小的尖峰,而弛豫振荡在噪声功率谱上引起的则是一个频率范围较宽的峰,称为弛豫振荡峰。单频激光器往往只有一个弛豫振荡峰,而多纵模激光器的噪声功率谱上可能具有多个弛豫振荡峰。不同类型激光器的弛豫振荡峰所处的频率区间不同,这与不同增益介质中的上能级粒子寿命有关。例如,短腔单频光纤激光器的弛豫振荡峰一般在几百 kHz 到几 MHz 之间,稀土离子掺杂的固体单频激光器，其弛豫振荡峰一般在几百 kHz。这两类激光器的弛豫振荡频率均位于中频段，这是由于稀土离子掺杂的增益介质的上能级粒子寿命较长。而对于半导体激光器，其载流子寿命相对较短，因此其弛豫振荡频率一般在几 GHz。当然，对于各种不同激光器弛豫振荡峰的具体频率，还要根据泵浦功率、谐振腔长度以及增益介质掺杂浓度等条件来进行判断。

3. 量子噪声

在只使用经典噪声抑制手段的情况下，激光的噪声无法低于某一极限值，该极限即为激光强度噪声的量子噪声极限 (quantum noise limit, QNL) 或称为散粒噪声极限 (shot noise limit, SNL)。量子噪声来源于激光增益介质中的自发辐射，其功率谱密度与频率无关，为白噪声。当噪声频率较高，规避掉技术噪声和弛豫振荡噪声时，多数激光器能达到这一噪声水平。同时，为了得到更低的散粒噪声极限，可以通过两种方法来达到。一种是通过提高注入探测器的功率，因为量子噪声极限与探测器的功率值成正比，注入功率越高，则散粒噪声越小，一般设计采用阵列式二极管探测。另一种方法是利用光学 AC (alternating current) 耦合法来达到降低散粒噪声极限的目的，利用 ACC (AC coupling cavity) (欠耦合腔) 得到两束光的干涉信号，提高了探测器的灵敏度，从而只需注入很少的光功率就可以得到更低的量子噪声极限。

以上方法都是采用经典手段，但是为了突破量子噪声极限，可以通过利用自发参量下转换 (spontaneous parametric down-conversion, SPDC) 等技术方法来制备压缩态光场，并利用压缩态光场辅助降噪，从而突破量子噪声极限的限制，实现对量子增强激光噪声的抑制。

4.1.2　强度噪声的测量与表征

1. 强度噪声的测量方法

在对宽谱光源 RIN 特性进行具体测试研究之前，首先要确定 RIN 的测试方案及数据处理方法，通过各种测量方法原理以及优缺点的比较，为测量方案的设计选择给予指导意见。

1) 直接测量法

频谱分析仪直接测试方法是目前国内外最常见的测量 RIN 的方法 (图 4.1.2)。光射入低噪声光电探测器，使用射频频谱分析仪和示波器对输出进行监视。也可以直接利用采集卡替代频谱仪对噪声信号进行采集，则可通过功率谱估计方法对数据进行处理，通过光电探测器采集到的电信号为数字信号，可利用 MATLAB 进行数字信号处理得到 RIN，具体内容将在之后的"强度噪声的表征方法"中讲解。光电探测器是平方探测器，因此电流大小为

$$I(t) = RP_{in} = RE^2$$
$$= RE(t)\,e^{j(\omega_0(t)+\varphi(t))}E(t)\,e^{-j(\omega_0(t)+\varphi(t))} \qquad (4.1.5)$$
$$= R|E|^2$$

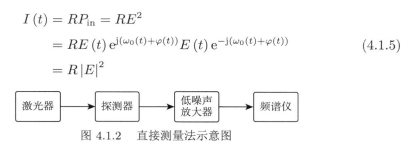

图 4.1.2　直接测量法示意图

值得注意的是，(4.1.5) 式中 R 为探测器响应度，由于 RIN 的存在，进入放大器的信号是一个大的直流信号加一个微小的噪声波动信号；由于检测的是噪声信号，直流信号相当于干扰，因此放大器需要具备滤除直流的功能，如图 4.1.3 所示；另外，由于频谱分析仪具有本底噪声，所以需要前置放大装置将待测噪声信号放大，使得待测信号大于本底噪声，不至于淹没在测试仪器底噪中。

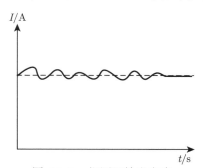

图 4.1.3　探测器输出电流

此方案中对放大器的要求非常严格：不仅需要放大器滤除直流，增益足够大，还需要放大器是一个低噪声前置放大器。放大器的噪声以及由放大器的供电电源引入的干扰，都会对测量结果的准确性造成一定影响，一般需要放大器的噪声在很低的水平。由于光链路中的放大器一般是针对射频信号进行放大，其关注的频率范围一般在 MHz 至 GHz 级别。这种类型的放大器一般不能检测到噪声低频段的响应。

2) 互谱测量法

直接测量法对于放大器噪声特性的要求比较严格，而互谱测量法恰可以解决这个问题，测量框图如图 4.1.4 所示。其通过两个前置放大器后接互谱估计器完成激光器 RIN 谱的测量。

两个放大器用两个电源分别供电，由于供电电源带来的干扰噪声以及放大器自身存在的噪声之间相互独立、互不相关，从而可以在互谱估计中消除。利用互谱测量可以有效地消除放大器噪声以及电源供电波动等因素对噪声测量带来的影响，保证了测量精度。

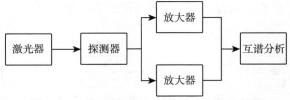

图 4.1.4   激光器 RIN 互谱测量方案示意图

假设放大器放大的 RIN 为 $s(t)$，两个放大器的等效输入噪声电压分别为 $n_1(t), n_2(t)$，则放大器的输出信号分别为

$$x_1(t) = \int_0^\infty h_1(t)\left[s(t-u) + n_1(t-u)\right]\mathrm{d}u \tag{4.1.6}$$

$$x_2(t) = \int_0^\infty h_2(t)\left[s(t-u) + n_2(t-u)\right]\mathrm{d}u \tag{4.1.7}$$

式中，$h_1(t), h_2(t)$ 是两个放大器的脉冲响应函数，$x_1(t)$ 与 $x_2(t)$ 的互相关函数为

$$R_{x_1x_2} = E\left[x_1(t)x_2(t-\tau)\right] \tag{4.1.8}$$

根据维纳–欣钦 (Wiener-Khinchine) 定理，宽平稳随机过程的功率谱密度是自相关函数的傅里叶变换，因此互谱密度为

$$S_{x_1x_2}(\omega) = \int_\infty^{-\infty} R_{x_1x_2}\mathrm{e}^{-\mathrm{j}\omega\tau}\mathrm{d}\tau \tag{4.1.9}$$

由于 $s(t), n_1(t), n_2(t)$ 互不相关，可以得到

$$S_{x_1x_2}(\omega) = K_1(\mathrm{j}\omega)K_2^*(\mathrm{j}\omega)S_s(\omega) \tag{4.1.10}$$

其中，$S_{x_1x_2}(\omega)$ 为 RIN 信号的功率谱；$K_1(\mathrm{j}\omega), K_2(\mathrm{j}\omega)$ 表示两个放大器的增益。(4.1.10) 式说明，通过两个放大器输出的互谱估计可以得到 RIN 信号的功率谱密度，并且放大器噪声对 RIN 信号测量的影响可以消除。

3) 相噪估计法

由于激光器 RIN 测量链路中会引入其他噪声，这些噪声不只是有高斯噪声，还包含着其他有色噪声。电子元器件中一般都会存在着 $1/f$ 噪声，该噪声主要分布在低频段，故其会对激光器 RIN 低频段的测量带来影响。相噪估计法为了提高测量精度，将测量放在电域的高频端进行，避免了近直流端噪声的影响 [4]。

单频点微波信号作为射频信号，通过调制器加载于待测激光器的输出光上，由于受到微波光链路中噪声的影响，其相位噪声会相应增加。单频点微波信号源的

相位噪声用 $L_{\mathrm{m}}(f_{\mathrm{m}})$ 表示，经过测量链路后相位噪声为 $L'_{\mathrm{m}}(f_{\mathrm{m}})$：

$$L'_{\mathrm{m}}(f_{\mathrm{m}}) = \frac{P'_{\mathrm{SSB}}}{P_{\mathrm{out}}} = \frac{G_{\mathrm{RF}}P_{\mathrm{SSB}} + N_{\mathrm{total}}}{G_{\mathrm{RF}}P_{\mathrm{in}}} = L_{\mathrm{m}}(f_{\mathrm{m}}) + \frac{N_{\mathrm{total}}}{P_{\mathrm{out}}} \tag{4.1.11}$$

式中，$P_{\mathrm{SSB}}, P'_{\mathrm{SSB}}$ 分别为微波信号以及微波信号经过链路后单位频率内的功率；G_{RF} 为链路增益；$P_{\mathrm{in}}, P_{\mathrm{out}}$ 分别为对应信号的输入、输出功率；N_{total} 表示链路中存在的噪声功率，主要是散粒噪声、热噪声和相对强度噪声，其中散粒噪声功率与探测器电流相关。

利用此测量方案的测量步骤如下：第一步，将单频点微波信号直接通过同轴电缆与相噪仪相连，测出相位噪声 $L_{\mathrm{m}}(f_{\mathrm{m}})$；第二步，如图 4.1.5 所示连接测量链路，调节调制器的偏置电压，使其工作在正交偏置点；第三步，利用光功率计测出激光器输出光功率以及探测器入射光功率，得出链路增益，并根据探测器响应度得到探测器输出光电流；第四步，记录输出信号的相位噪声 $L'_{\mathrm{m}}(f_{\mathrm{m}})$ 以及 P_{out}。

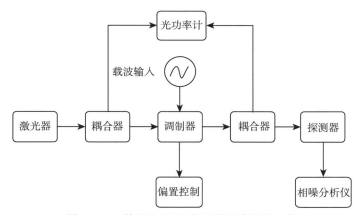

图 4.1.5　激光器 RIN 相噪估计法测量方案

该方案相对比较复杂，其复杂性主要表现在测量的第二步，由于调制器的偏置电压会因为环境温度、振动等影响而发生漂移[5]，为了使其能够始终工作在正交偏置点，通常需要引入额外的偏置控制电路来实现偏置点的稳定控制。

4) 数字测量法

数字测量法则是由数据采集卡、高速示波器等设备采集激光器输出功率的时域信息，然后利用强度噪声的概念，采用快速傅里叶变换 (FFT) 等方法计算得出相对强度噪声。利用傅里叶分析仪测量强度噪声，是一种典型的数字测量的案例。相比于直接测量法，数字测量法对频率较高的噪声的测试精度较低，但对低频和甚低频噪声的分析能力较强，并且有较好的实时记录和分析能力。

2. 强度噪声的表征方法

当直接利用采集系统对噪声信号进行采集时，需通过功率谱估计方法对数据进行处理，这就涉及功率谱密度 (PSD) 估计方法，以及如何表征强度噪声[6]。

常用的功率谱估计算法有周期图法 (对应 MATLAB 函数为 periodogram) 和 Welch 方法 (pwelch)。对于采集系统收集到的数字信号，也可以如本节开头直接用频谱仪进行表征，由于不同谱仪具体的功能与操作不同，这里主要介绍自行处理信号数据的方法。

1) 周期图法

由于计算机只能处理有限长度的信号，所以周期图法会先根据待处理信号性质，选用合适窗函数对信号进行加窗处理，然后利用快速傅里叶变换将信号从时域转化到频域[7]：

$$X\left(k\right)=\sum_{n=0}^{N-1}x\left(n\right)\mathrm{e}^{-\mathrm{i}\frac{2\pi}{N}nk} \tag{4.1.12}$$

随后利用 Wiener-Khinchine 定理即可获得功率谱：

$$S\left(k\right)=\frac{2}{Nf_\mathrm{s}}\left|X\left(k\right)\right|^2 \tag{4.1.13}$$

2) Welch 方法

Welch 方法又称为分段周期法，相对于周期图法增加了分段平均的思想，其将数据等分为多段，并且允许各段数据之间具有一定的重叠率以补偿窗函数所引入的数据不平权的影响。对每段数据采用周期图法，最后将各段分别计算的功率谱进行算数平均，获得最终的谱估计值[8]。由于把采样数据进行分段估计，减小周期图法的方差，所以 Welch 方法的处理结果更加精准，但计算量较大。

3. LPSD 算法

欧洲航天局 (ESA) 在 LISA 计划中提出了一种对数频率点功率谱估计算法，即 LPSD 算法[9]。LPSD 算法的基本思想是采用对数分布的频率点，在离散傅里叶变换 (DFT) 的过程中，需要取对数变化的频率点将采集的离散信号周期延拓成为周期信号，即 LPSD 算法中频率分辨率随频率点变化，由于此时频率点的差值不是定值，因而在求取每个频率点对应的功率谱密度时应当对原始数据进行不同的分段。这就是说，LPSD 算法的每个频率点对应于不同分段次数下 Welch 方法中的相应点。

图 4.1.6 展示了周期图法、Welch 方法以及 LPSD 算法对功率谱估计的结果。其中，蓝色曲线的周期图法一次性使用了全部的数据，因而有最高的频率分

辨率，可以看到更低的频带。但是其高频部分的数据波动较大，且波动范围不会随着点数的增加而减小，即使采集更多的数据点也无法减小估计结果的方差。橙色的 Welch 方法由于对数据进行了分段，直接进行 FFT 的数据相对较少，导致频率分辨率降低。但是分段平均使得高频波动的幅值大大减小，可以验证，高频波动会随着分段次数的增加而进一步减小。LPSD 算法在低频处有更高的频率分辨率，在高频对谱密度的估计也更准确，兼顾了周期图法和 Welch 方法的优点。然而 LPSD 算法牺牲了数值计算的速度，在处理的数据点数相同的情况下，LPSD 算法的运算速度往往是周期图法和 Welch 方法运算速度的几十分之一。

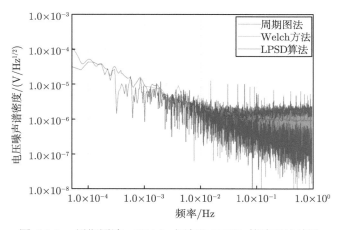

图 4.1.6 周期图法、Welch 方法和 LPSD 算法对比结果

4.1.3 强度噪声抑制技术

对于工业应用中的大功率激光器，一般只要求输出功率相对稳定，对具体的强度噪声指标没有苛刻要求。但在诸如激光干涉仪、相干通信、光纤水听器、激光雷达的领域中，对激光的强度噪声提出了明确的要求。因此，抑制激光的强度噪声成为一项关键的激光操控技术。经过几十年的发展，已形成多种不同的方法可以用来稳定激光功率噪声[10−13]，其中技术最为成熟的是被动滤波和主动反馈控制降噪。在实际应用中，由于激光器噪声表现出频率依赖的噪声特性，因而为了选择合适的降噪方法，首先需要对自由运转激光器的噪声进行频谱分析，针对频谱噪声的不同来源采取不同的抑噪方法达到预期的抑噪目标。

1. 被动滤波抑制强度噪声

在被动滤波降噪中，通常利用光学器件的滤波特性来减少激光束参数的波动。例如，通过光学谐振腔透射的激光束可以降低超过谐振腔带宽的频率波动，如图 4.1.7 所示；或者通过双折射晶体 (偏振器) 传输的激光束可以抑制偏振波动。大多数光学器件降噪受限于器件的频率特性，只能满足器件特定参数范围内的噪声抑制，抑噪水平有限，并且环境中的额外噪声也会通过器件耦合到光束中，从而限制了被动滤波降噪技术的应用范围。

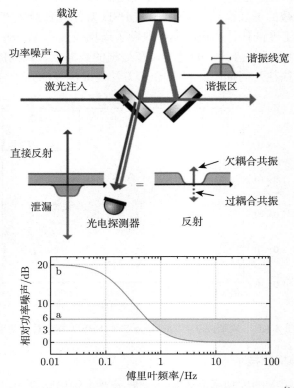

图 4.1.7　光学谐振腔作为低通滤波器噪声抑制原理图 [14]

模式清洁器是一种与激光频率锁定的高精细度无源腔 (如法布里–珀罗腔、三镜环形腔等)。模式清洁器常在光学系统中用于对激光进行横模滤波或者模式匹配。除了改善激光的空间模式的主要用途外，模式清洁器还是一种有效的噪声低通滤波器；模式清洁器的线宽即滤波器的滤波带宽，低于该滤波带宽频率的强度噪声可以透过，其余的部分被反射。在实际应用中，为了有效地降低输出激光的强度噪声，模式清洁器所对应的无源腔的线宽应尽可能窄 [10]。

基于模式清洁器抑制强度噪声的技术方案，在高频段具有显著的强度噪声抑制效果，甚至可以满足引力波探测系统中激光干涉仪对激光器强度噪声的苛刻要求。但是其大量光学元件的存在使得整个实验系统较为庞大，且需要配合多路激光调制和锁定系统，从而难以控制和调试。同时还存在强度噪声抑制幅度和透射激光功率两者之间的取舍问题。

2. 主动反馈控制抑制强度噪声

主动反馈控制降噪方案通过传感器 (光电探测器) 和执行器 (电光幅度调制器 (EOAM)、声光调制器 (AOM)、驱动电流源等) 结合反馈控制环路抑制激光功率波动[15]。其噪声抑制能力主要取决于两个因素: 一是反馈控制环路的环路增益, 二是传感器的灵敏度。一般而言, 对于自由运转的光场噪声, 最终的噪声抑制水平是由控制环路增益决定的。

1) 光电前馈、反馈技术

随着现代通信的发展和科学研究的进一步深入, 对信息传输中信噪比的要求越来越高, 因而人们想尽各种办法来降低激光束的经典噪声, 抑制噪声一般采用电光调制和声光调制进行反馈降噪。通过电光调制和声光调制, 可以调制通过信号的振幅、相位等参量, 从而可以抑制信息中所携带的不可避免的强度噪声。

光电反馈是抑制激光器强度噪声最常用的方式之一。利用分束器抽取激光输出的部分光, 然后输入光电探测器中转化为电信号, 接着光电反馈电路对光电探测器 (PD) 输出的电信号进行幅度和相位控制处理, 处理之后的反馈控制信号输入执行机构, 对激光器的功率进行控制。这些执行机构大致可以分为衰减型和增益型两类; 衰减型包括声光、电光调制器, 液晶衰减器等; 增益型包括泵浦源、半导体光放大器等。通过这样一套负反馈系统, 可以完成对激光强度噪声的抑制。基于光电反馈抑制强度噪声的方案的优势在于结构相对简单, 容易集成, 成熟可靠。前馈与反馈的装置示意图分别如图 4.1.8、图 4.1.9 所示。

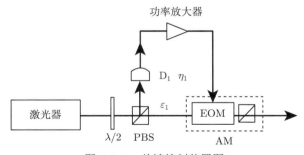

图 4.1.8　前馈抑制装置图

图 4.1.8 中激光器出射的激光通过一个电光调制器后, 再通过一个 $\lambda/2$ 波片, 经过一个偏振分束器后, 将一部分光通过探测器和放大器反馈到电光调制器中作为反馈信号对激光进行调制, 来达到抑制噪声的目的。假定偏振分束器的透射率为 ε_1, 损耗可忽略, 其反射光束由量子效率为 η_1 的探测器探测, 该探测器和功

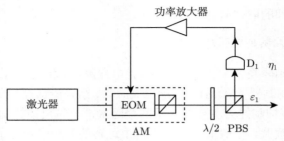

$$图 4.1.9\quad 反馈抑制装置图^{[16]}$$

率放大器一起构成反馈回路。输入光场的湮灭算符 A_{in} 可表示为 [11]

$$A_{\mathrm{in}}(t) = \bar{A}_{\mathrm{in}} + \delta A_{\mathrm{in}}(t) \tag{4.1.14}$$

式中，$\bar{A}_{\mathrm{in}}$ 为光场的平均值；$\delta A_{\mathrm{in}}(t)$ 为光场的量子起伏，其平均值为零。假定反馈回路的振幅调制器不影响光场的平均功率，而只引入一个小的起伏项 δr，那么经过振幅调制器后，光场的湮灭算符 $A_{\mathrm{in}}(t)$ 可表示为 [17]

$$A'_{\mathrm{in}}(t) = A_{\mathrm{in}}(t) + \delta r = \bar{A}_{\mathrm{in}} + \delta A_{\mathrm{in}}(t) + \delta r \tag{4.1.15}$$

经过偏振分束器后，透射输出光和反射输出光的湮灭算符 A_{out}、A_{ref} 可分别表示为

$$A_{\mathrm{out}} = \sqrt{\varepsilon}\left(\bar{A}_{\mathrm{in}} + \delta A_{\mathrm{in}} + \delta r\right) + \sqrt{1-\varepsilon}\,\delta A_{\mathrm{V}} \tag{4.1.16}$$

$$A_{\mathrm{ref}} = \sqrt{1-\varepsilon}\left(\bar{A}_{\mathrm{in}} + \delta A_{\mathrm{in}} + \delta r\right) - \sqrt{\varepsilon}\,\delta A_{\mathrm{V}} \tag{4.1.17}$$

式中，δA_{V} 表示偏振分束器所引入的真空起伏，利用上两式，反馈回路所引入的小的起伏项 δr 可具体为

$$\delta r = -\int_{-\infty}^{\infty} k(\tau)\sqrt{1-\varepsilon}\,\bar{A}_{\mathrm{in}}\left\{\sqrt{1-\varepsilon}\left[\delta X_{\mathrm{in}}(t-\tau)\right] - \sqrt{\varepsilon}\,\delta X_{\mathrm{V}}(t-\tau)\right\}\mathrm{d}\tau \tag{4.1.18}$$

这里 $k(\tau)$ 为反馈回路的响应函数，负号表示负反馈：

$$\delta X_{\mathrm{in}} = \delta A_{\mathrm{in}} + \delta A_{\mathrm{in}}^{+}$$

$$\delta X_{\mathrm{r}} = \delta r + \delta r^{+} \tag{4.1.19}$$

$$\delta X_{\mathrm{V}} = \delta A_{\mathrm{V}} + \delta A_{\mathrm{V}}^{+}$$

它们分别表示输入场的强度起伏、反馈回路光电流的强度起伏，以及由偏振分束器引入的真空噪声的强度起伏。经傅里叶变换后，可得

$$\delta X_{\rm r}(\omega) = -\frac{g[\delta X_{\rm in}(\omega) - \sqrt{\dfrac{\varepsilon}{1-\varepsilon}}\delta X_{\rm V}(\omega)]}{1+g} \tag{4.1.20}$$

其中，ω 表示频率；$g = 2k(\omega)(1-\varepsilon)\bar{A}_{\rm in}$，称为反馈回路的开回路增益。输出场的强度噪声谱 $V_{\rm out}(\omega) = |\delta X_{\rm out}(\omega)|^2$，其中 $V_{\rm out}(\omega) = \delta A_{\rm out} + \delta A_{\rm out}^+$ 表示输出场的强度起伏。对 (4.1.16) 式进行傅里叶变换，将 (4.1.20) 式代入，并取由偏振分束器引入的真空噪声 $V = 1$，最终可求得输出场强度噪声谱的表达式：

$$V_{\rm out}(\omega) = 1 + \frac{\varepsilon}{1-\varepsilon}\frac{(1-\varepsilon)[V_{\rm in}(\omega)-1]+|g|^2}{|1+g|^2} \tag{4.1.21}$$

其中，$V_{\rm in}(\omega) = |\omega X_{{\rm in}(\omega)}|^2$，为输入场的强度噪声谱。可见，输出场的强度噪声主要由偏振分束器的透射率 ε、反馈回路的开回路增益 g，以及输入场的强度噪声 $V_{\rm in}(\omega)$ 决定。对 (4.1.21) 式求极值得，当 $g = (1-\varepsilon)[V_{\rm in}(\varepsilon)-1]$ 时，反馈回路对输入光场有最大的噪声抑制：

$$V_{\rm out}(\omega) = 1 + \frac{\varepsilon}{\dfrac{1}{V_{\rm in}(\omega)-1}+(1-\varepsilon)} \tag{4.1.22}$$

可见，当输入光场为相干光 ($V_{\rm in}=1$)，反馈回路满足 $k(\omega)=0$ (即没有反馈) 时，得到输出光场噪声最小，$V_{\rm out}(\omega)=1$，此时输出光场也为相干光。(4.1.21) 式的曲线如图 4.1.10(b) 所示，从中可以看到，输入光强度噪声越大，得到最佳抑制所需的反馈回路增益也越大，抑制后的噪声值也相应地略有增加，且 $V_{\rm out}$ 始终大于等于 1，因此不可能利用该光电负反馈回路获得振幅压缩光。此外可以看出，达到最佳抑制后，当减小反馈回路增益时，噪声变化明显；而增大增益时，噪声变化不明显，且当增益趋向于负无穷大时，输出光的强度噪声不再依赖于输入光的强度噪声，而为一固定值，由 (4.1.21) 式可求得，它只与偏振分束器的透射率有关：

$$V_{{\rm out}I{\rm gain}\to\infty}(\omega) = 1 + \frac{\varepsilon}{1-\varepsilon} \tag{4.1.23}$$

对于反馈回路，采用和前馈相似的分析方法，经过振幅调制器后光场的湮灭算符表达式为

$$\hat{A}_{\rm m}(t) = \hat{A}_{\rm m}(t) + \delta\hat{r} = \bar{A}_{\rm m} + \delta\hat{A}_{\rm tn}(t) + \delta\hat{r} \tag{4.1.24}$$

经过偏振分束器后, 透射输出光和反射输出光的湮灭算符 A_{out}、A_{ref} 分别可表示为

$$A_{\text{out}} = \sqrt{\varepsilon}\left(\bar{A}_{\text{in}} + \delta A_{\text{in}} + \delta r\right) + \sqrt{1-\varepsilon}\,\delta A_V$$

$$A_{\text{ref}} = \sqrt{1-\varepsilon}\left(\bar{A}_{\text{in}} + \delta A_{\text{in}} + \delta r\right) - \sqrt{\varepsilon}\,\delta A_V$$

$$(4.1.25)$$

考虑反馈回路的探测器后, 进入理想探测器光场的湮灭算符为

$$\hat{A}_{\text{l-back}} = \sqrt{\eta}\left[\sqrt{1-\varepsilon}\left(\bar{A}_{\text{m}} + \delta\hat{A}_{\text{m}} + \delta\hat{r}\right) - \sqrt{\varepsilon}\,\delta\hat{v}\right] + \sqrt{1-\eta}\,\delta\hat{v}_{\text{i}} \qquad (4.1.26)$$

这里 $\delta\hat{v}_{\text{i}}$ 表示由探测器引入的真空起伏。(4.1.26) 式线性化后平均值表示为 $\bar{A}_{\text{D-back}} = \sqrt{\eta\left(1-\varepsilon\right)}\bar{A}_{\text{m}}$, 起伏项表示为

$$\delta\hat{A}_{\text{back}}\left(t\right) = \sqrt{\eta}\left\{\sqrt{1-\varepsilon}\left[\delta\hat{A}_{\text{m}}\left(t\right) + \delta\hat{r}\right] - \sqrt{\varepsilon}\,\delta\hat{v}\right\} + \sqrt{1-\eta}\,\delta\hat{v}_{\text{i}} \qquad (4.1.27)$$

经光电探测后产生的光电流表示为 $\delta I_{\text{D-back}}\left(t\right) = \sigma\bar{A}_{\text{D-back}}\left(t\right)\delta\hat{X}_{\text{D-back}}\left(t\right)$, 利用正交振幅算符的关系式 $\delta\hat{X}\left(t\right) = \delta\hat{A}\left(t\right) + \delta\hat{A}^{+}\left(t\right)$, 线性化 (4.1.27) 式得到

$$\delta I_{\text{D-back}}\left(t\right) = \sigma\bar{A}_{\text{D-back}}\delta\hat{X}_{\text{D-back}}\left(t\right) \qquad (4.1.28)$$

反馈回路所引入的小的起伏项 $\delta\hat{r}$ 表示为

$$\delta\hat{r} = -\int_{0}^{\infty}\sigma k\left(\tau\right)\sqrt{\eta}\sqrt{1-\varepsilon}\bar{A}_{\text{m}}\sqrt{\eta}\left\{\sqrt{1-\varepsilon}\left[\delta\hat{X}_{\text{m}}\left(t-\tau\right) + \delta\hat{X}_{\text{r}}\left(t-\tau\right)\right]\right.$$

$$\left. -\sqrt{\varepsilon}\,\delta\hat{X}_{\text{v}}\left(t-\tau\right)\right\} + \sqrt{1-\eta}\,\delta\hat{X}_{\text{v1}}^{\text{r}}\left(t-\tau\right)$$

$$(4.1.29)$$

相应的正交振幅表达式经傅里叶变换后为

$$\delta\hat{X}_{\text{r}}\left(\omega\right) = -2\sigma k\left(\omega\right)\bar{A}_{\text{m}}\sqrt{\eta}\sqrt{1-\varepsilon}\left(\sqrt{\eta}\left\{\sqrt{1-\varepsilon}\left[\delta\hat{X}_{\text{m}}\left(\omega\right) + \delta\hat{X}_{\text{r}}\left(\omega\right)\right]\right.\right.$$

$$\left.\left. -\sqrt{\varepsilon}\,\delta\hat{X}_{\text{v}}\left(\omega\right)\right\} + \sqrt{1-\eta}\,\delta\hat{X}_{\text{vl}}\left(\omega\right)\right)$$

$$(4.1.30)$$

定义回路增益 $h\left(\omega\right) = 2\sigma k\left(\omega\right)\bar{A}_{\text{m}}\eta\left(1-\varepsilon\right)$, (4.1.30) 式整理得

$$\delta\hat{X}_{\text{r}}\left(\omega\right) = \frac{-h\left(\omega\right)\left[\delta\hat{X}_{\text{m}}\left(\omega\right) - \dfrac{\sqrt{\varepsilon}}{\sqrt{1-\varepsilon}}\delta\hat{X}_{\text{v}}\left(\omega\right) + \dfrac{\sqrt{1-\eta}}{\sqrt{\eta}\sqrt{1-\varepsilon}}\delta\hat{X}_{\text{vl}}\left(\omega\right)\right]}{1+h\left(\omega\right)} \qquad (4.1.31)$$

输入场的平均值 $\bar{A}_{\text{out}} = \sqrt{\varepsilon}\bar{A}_{\text{m}}$，起伏项表达式为

$$\delta\hat{A}_{\text{out}}(t) = \sqrt{\varepsilon}\left(\delta\hat{A}_{\text{m}} + \delta\hat{r}\right) + \sqrt{1-\varepsilon}\delta\hat{v} \tag{4.1.32}$$

由此，正交振幅起伏方差表示为

$$\delta\hat{X}_{\text{out}}(t) = \sqrt{\varepsilon}\left(\delta\hat{X}_{\text{m}}(t) + \delta\hat{X}_{\text{r}}(t)\right) + \sqrt{1-\varepsilon}\delta\hat{X}_{\text{r}}(t) \tag{4.1.33}$$

将 (4.1.31) 式代入 (4.1.33) 式整理得到

$$\begin{aligned}
\delta\hat{X}_{\text{out}}(t) = {} & \frac{\sqrt{\varepsilon}}{1+h(\omega)}\delta\hat{X}_{\text{m}}(t) - \frac{\sqrt{\varepsilon}\sqrt{1-\eta}h(\omega)}{\sqrt{\eta}\sqrt{1-\varepsilon}\left[1+h(\omega)\right]}\delta\hat{X}_{\text{vl}}(\omega) \\
& + \left\{\frac{\varepsilon h(\omega)}{\sqrt{1-\varepsilon}\left[1+h(\omega)\right]} + \sqrt{1-\varepsilon}\right\}\delta\hat{X}_{\text{r}}(\omega)
\end{aligned} \tag{4.1.34}$$

由此得到的输出场的噪声谱为

$$V_{\text{out}}(\omega) = 1 + \frac{\varepsilon|h(\omega)|^2 + \varepsilon\eta(1-\varepsilon)\left[V_{\text{m}}(\omega)-1\right]}{\eta(1-\varepsilon)|1+h(\omega)|^2} \tag{4.1.35}$$

其中，已经将各真空噪声取为 1。同前馈一样，可以求出最佳抑制的回路增益和输出噪声分别为

$$h(\omega) = \eta(1-\varepsilon)\left[V_{\text{m}}(\omega)-1\right] \tag{4.1.36}$$

$$V_{\text{nm}}^{\text{opmnal}}(\omega) = 1 + \frac{\varepsilon\left[V_{\text{m}}(\omega)-1\right]}{1+\eta(1-\varepsilon)\left[V_{\text{m}}(\omega)-1\right]} \tag{4.1.37}$$

前馈和反馈的比较如下所述。

图 4.1.10(a) 和 (b) 分别显示了前馈回路和反馈回路输出噪声在不同输入噪声时随回路增益的变化情况。图中曲线 A、B、C、D、E 的输入噪声分别取为 0 dB、10 dB、20 dB、30 dB、40 dB，分束器的透射率取为 95%，探测器的量子效率取为 95%。

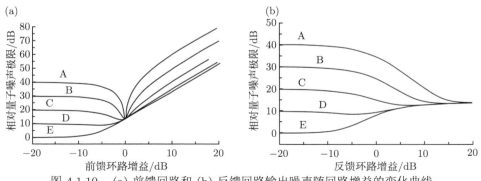

图 4.1.10　(a) 前馈回路和 (b) 反馈回路输出噪声随回路增益的变化曲线

　　图 4.1.11 显示了回路最佳增益随输入光场噪声的变化曲线，曲线 i 相应于反馈回路，曲线 ii 相应于前馈回路。从图 4.1.10 与图 4.1.11 中，可以发现以下特征。

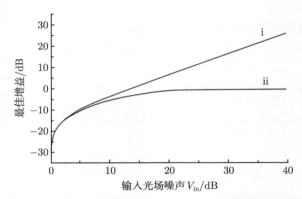

图 4.1.11　　回路最佳增益随输入光场噪声的变化曲线

　　对于前馈回路：① 达到最佳抑制仅需要较小的增益；② 光场的噪声很大时，最佳抑制所需的回路增益是确定的，不随噪声的大小而改变；③ 光场的噪声很大时，最佳抑制后输出光的噪声基本是一样的，与输入噪声无关；④ 输出光的最佳抑制噪声对回路增益变化非常敏感。

　　对于反馈回路：① 最佳增益随输入噪声的增大而增大；② 输出光的最佳抑制噪声对回路增益变化不敏感；③ 光场的噪声很大时，最佳抑制后输出光的噪声基本是一样的，与输入噪声无关。

　　总之，前馈回路所需增益较小，但输出噪声对增益敏感；反馈回路所需增益较大，且最佳增益随输入噪声的增大而增大，但输出噪声对增益变化不敏感，也就是说，回路运行的稳定性要好，抗干扰能力强。但从前馈回路和反馈回路的输出表达式来看，只要输入光束的噪声大于 1，那么输出光束的噪声也始终大于 1。

　　散粒噪声极限激光功率稳定技术：激光功率稳定是高精度测量、量子光学实验和引力波探测的重要且经常不可避免的内容。功率稳定性可能会受到技术和量子噪声的限制。在许多情况下，技术噪声源可以显著减少，而量子噪声是一个基本限制。下面描述了传统功率稳定的量子噪声限制。

　　首先，必须区分激光束和功率稳定的量子极限，激光束的量子噪声由光束功率和光子能量给出。激光束的相对功率噪声的基本限制由量子噪声 S_q 给出，它仅取决于光束功率 P 和光子能量 hc/λ，见 (4.1.38) 式。这种量子噪声，即所谓的相干光束的功率噪声，只能用非经典态光场来降低，例如压缩态光场。

$$s_q = \sqrt{\frac{2hc}{P\lambda}} \tag{4.1.38}$$

但是，使用传统的功率稳定是不可能达到这个极限的，其原因有两方面：一方面，需要使用光电探测器 (环路内探测器) 来检测光束功率，以通过控制回路补偿功率波动。这降低了实际实验的光束功率 (环路外光束) 并增加了相对量子噪声，因为这取决于光束功率 P。另一方面，环路内探测器测量的量子噪声以及探测器本身的电子学噪声会通过控制回路压印在主光束中，这反过来又增加了环路外光束的功率噪声。因此，即使忽略任何技术噪声源，传统功率稳定中的环路外相对功率噪声也高于原始光束的量子噪声。

功率稳定的量子噪声是忽略任何技术噪声源的环路外功率噪声，环路外光束的功率噪声通常高于光束本身的量子噪声。传统功率稳定的量子极限 s_{q} 的单边线性谱密度由 (4.1.39) 式给出：

$$s_{\mathrm{q}} = \sqrt{\frac{1}{r\left(1-r\right)}}\sqrt{\frac{2hc}{P\lambda}} \tag{4.1.39}$$

其中，P 是原始光束的总功率。实现的激光功率稳定性取决于分束比 r 和光子流 $P\lambda/hc$。为了获得良好的功率稳定性，必须检测到大的光子流，因此必须检测到高功率 P，并且必须选择 $r = 0.5$ 的分光比。在实际实验中，必须考虑光学元件的损耗和光电二极管的量子效率。因此，通常更容易分别使用环内和环外检测器的电光电流 I_{il} 和 I_{ool} 来计算功率稳定的量子极限：

$$s_{\mathrm{q}} = \sqrt{\frac{2e}{I_{\mathrm{il}}} + \frac{2e}{I_{\mathrm{ool}}}} \tag{4.1.40}$$

然而许多实验在 $r \ll 0.5$ 下进行，因为在许多情况下，更需要激光的功率在实际的实验中应用，而不是为了功率稳定而限制激光的实际可用功率。此外，现有的光电探测器远不能处理激光器直接输出主功率的 50%，在许多实验中，由于技术噪声源，功率稳定的散粒噪声极限没有达到。下面介绍两种技术手段，分别是阵列光探测技术与光学 AC 耦合技术，将量子噪声降低到可探测的水平，并以这种方式实现所需的灵敏度。

2) 阵列光探测技术

为了达到地基引力波干涉仪探测灵敏度 2×10^{-9} $\mathrm{Hz}^{-1/2}$ 的要求，光电探测器被设计用于探测到 200 mA 的总光电流。如果仅使用一个光电二极管进行检测，则如此高的光电流会导致热效应，从而需要复杂的冷却方案和极低噪声的读出电子设备 [12]。通过将功率分配给四个光电二极管，每个光电二极管都由其自己的电子设备读出，从而避免了这些问题。因此，一个简单的光电二极管被动冷却方案就足够了，并且放宽了对读出电子设备的要求，具体实验方案如图 4.1.12 所示，使用 Nd:YAG 作为激光器，EOAM 作为功率驱动器，高功率的光电二极管阵列作为功率传感器[13]。将光电二极管阵列和上游环形谐振腔放置在密封罐中，充入过滤后的空气进行声屏蔽。环形谐振器被用作模式清洁器和减少波束指向波动。通过多次反射用 50/50 分束器将光束分成 8 束。光电二极管的电子器件被放置在密封罐外面。添加 4 个信号用于稳定激光功率 (内环)，添加其余 4 个信号用于验证功率稳定性 (外环)。为了稳定环路信号首先需要通过电压基准将直流成分减去，并经过低通滤波，在模拟伺服电子学中放大，并反馈到 EOAM。这种直流耦合反馈控制回路的带宽约为 80 kHz，在 1 kHz 以下的频率下，环路增益超过 68 dB。

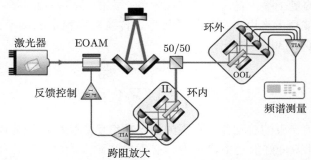

图 4.1.12　　光电二极管阵列稳定功率实验的简化设置[12]

　　在 1 Hz~1 kHz 的频率范围内，模式清洁器下游的相对功率噪声为 $10^{-7} \sim 10^{-6}$ Hz$^{-1/2}$。对于高达 7 Hz 的频率，测量噪声主要是由内环和外环探测器的电子噪声控制；而对于更高的频率，则是由 1.8×10^{-9} Hz$^{-1/2}$ 水平的量子噪声控制。在 10 Hz 时，测量了在外环检测器的 2.4×10^{-9} Hz$^{-1/2}$ 的相对功率噪声。

　　由于内环和外环探测器是相等的，假设内环和外环探测器的噪声对测量噪声的贡献是相等的。在此假设下，通过减去外环探测器的噪声贡献，推导出在 10 Hz 时 1.7×10^{-9} Hz$^{-1/2}$ 的激光束的相对功率噪声降低了 3 dB，在更高频率时为 1.3×10^{-9} Hz$^{-1/2}$。

　　功率稳定性受到技术噪声源的限制，如横向波束起伏。通过将适当的光电二极管对准入射光束，使光束起伏和环外信号之间的耦合因子保持很小。此外，在过滤后的空气中进行实验是很重要的。在未经过滤的实验室空气中 (颗粒数约为 8500 m$^{-3} \approx 250$ ft^{-3}，颗粒大小 $\geqslant 0.3$ μm)，由颗粒引起的信号故障，导致不可能进行静态测量。

　　3) 光学 AC 耦合技术

　　在传统的探测技术中，尽管只有边带包含待测功率波动的信息，但需要探测到几乎包含完整光束功率的光场载波。相比之下，采用光学谐振腔的先进技术，可以在保持功率波动的量子噪声极限灵敏度的同时降低光电探测器的平均功率，通过这种技术可以将光探测器的灵敏度提高一个数量级[14]。而光学 AC 耦合技术是一种高灵敏度的功率波动检测方法，它是对阻抗不匹配的谐振腔的反射光进行检测的。传统上，电交流耦合用于测量大直流信号上的小波动或缓慢变化的波动，以提高对这些波动检测的灵敏度。在光学谐振腔上，反射光也具有类似的效果。

当频率高于谐振腔带宽时，光谐振腔功率波动的传输减小。因此，功率波动边带主要在高频时被谐振腔反射，而对于接近阻抗匹配的谐振腔，载波和低频边带几乎完全透射。所以反射的平均功率降低，而高频波动边带则完全保留。这种效应可以用传递函数 $G(f)$ 来描述从谐振腔上游的波束到反射波束的相对功率波动。

$$G(f) = g - (g-1) \times h(f) \tag{4.1.41}$$

$$h(f) = \frac{1}{1 + \mathrm{i}f/f_0} \tag{4.1.42}$$

$$G(f) = \sqrt{\frac{1 + g^2 f^2/f_0^2}{1 + f^2/f_0^2}} \tag{4.1.43}$$

其中，$h(f)$ 描述带宽为 f_0 的谐振腔的近似功率波动滤波效应；g 是非常高频的最大增益 $(G(f \gg f_0) \to g)$，取决于谐振腔的阻抗匹配。对于该技术，谐振腔的阻抗匹配必须略微过耦合或欠耦合。假设是完美的模式匹配，输入光束中的非谐振寄生模式，如更高的 TEM 模式或射频调制边带，将降低最大增益 g。反射的平均功率减少到 $1/g^2$。

传递函数 $G(f)$ 描述了谐振腔带宽以上频率的相对功率波动的光学放大，可以用来建造更灵敏的功率探测器。然而，这需要谐振腔的特殊阻抗匹配和非常好的模式匹配才能充分利用这种效应。考虑到可实现的模式匹配或阻抗匹配的可控性等技术限制，可以实现约 $g = 10$ 的增益。

利用这种技术引入一种新的功率稳定方案 (图 4.1.13)，称为 AC 耦合技术。传统方案中的分束器和环内光电探测器被一个谐振腔以及收集谐振腔反射光的探测器组成的复合探测器所取代。与传统方案相比，该方案不仅克服了技术上的限制，而且实现了更好的量子限制性能。然而，在实际的实验中，也需要考虑一些技术限制，例如光电二极管的功率检测能力有限。考虑到这些限制，采用 AC 耦合的稳定方案在高激光功率水平下获得了显著优越的性能。

在具体的实验中 [14]，如图 4.1.14 所示，该方案使用了输出功率为 2 W、波长为 1064 nm 的非平面环形腔激光器 (NPRO) 作为激光器。用 EOAM 控制激光束功率进行下游实验。为了抑制光束的高阶横向模和减少光束指向波动，增加了一个附加的光学环形谐振器作为模式清洁器。用一个 2 mm InGaAs 光电二极管和一个低噪声跨阻抗放大器 (TIA) 组成的光电探测器 (PD1) 对光束的 10% 进行采样和检测。该探测器用于激光功率噪声的独立测量。剩余的波束功率高达 900 mV，被定向到 ACC。这种谐振腔的精细度约为 10000，带宽约为 35 kHz，而且为欠耦合腔。激光频率被稳定到 ACC 的基模共振，通过光电探测器 PD2 检测 ACC 反射的光束。

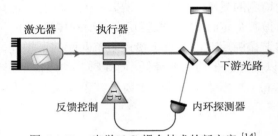

图 4.1.13　光学 AC 耦合技术的新方案 [14]

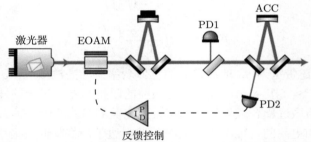

图 4.1.14　AC 耦合功率传感与稳定实验的简化实验装置 [14]

　　最终的实验结果如图 4.1.15 所示，在三种不同的条件下，用探测器 HPD 测量了激光器的外环相对功率噪声。相对功率噪声约为 2×10^{-7} Hz$^{-1/2}$，这是这些激光模型的典型值。在整个测量频带内，系统的外环功率噪声降低了 33 dB。在 200 kHz 左右的傅里叶频率下，最佳功率稳定性为 3.7×10^{-9} Hz$^{-1/2}$。功率稳定实验表明了采用这种先进检测技术的稳定方案的可行性。

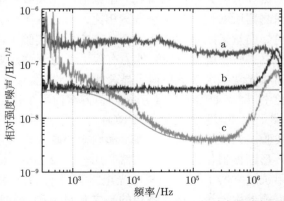

图 4.1.15　采用不同的功率稳定方案对光电探测器的功率噪声闭环测量结果 [14]
a. 激光器自由运转相对强度噪声；b. 传统功率稳定方案抑噪结果；c. 利用光学 AC 耦合技术抑噪结果

4) 低频反馈泵浦电流技术

1916 年, 爱因斯坦基于广义相对论预言了引力波的存在, 此后, 物理学家和天文学家为了证明引力波的存在而做出了很多努力。直到 2015 年 9 月 14 日, 激光干涉引力波天文台 (LIGO) 科学合作组织首次直接探测到来自两恒星质量大小的黑洞并合的引力波信号 GW150914, 这是人们直接探测到的首个引力波信号。与电磁波一样, 引力波也有不同的频段, 可以分为高频、中频、低频。由于引力波地面探测和空间探测存在臂长的差异, 这决定了它们探测的引力波频段的不同, 干涉臂越长, 则可探测的频段越低。

对于空间引力波探测来说, 所关注的频段在 0.1 mHz~1 Hz。为此需要高精度地探测引力波信号, 从而必须对此频段的激光信号进行功率稳定, 以达到降低低频的强度噪声的目的。低频段的强度噪声主要是由泵浦源的波动以及温度、外界环境扰动等技术噪声引起, 所以, 为了降低低频段的强度噪声, 就必须考虑通过反馈泵浦电流的方式来进行降噪; 同时, 隔热、隔振等被动的措施也需要实施, 这样才能对低频甚至极低频噪声的抑制有着重要的作用[17]。其实验装置如图 4.1.16 所示。

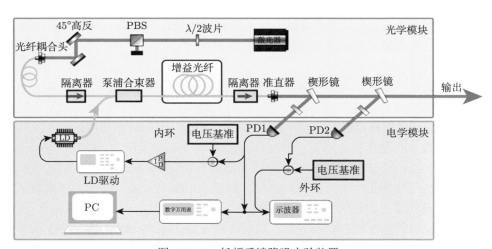

图 4.1.16　低频反馈降噪实验装置

这里搭建如图 4.1.16 所示的光纤放大器反馈降噪系统: 种子源由 NPRO 激光器输出后注入光纤放大器, 放大后经楔形分束镜分为两束, 内环用于反馈, PD探测的信号与毫赫兹频段电压基准模块比较后, 通过伺服系统直接反馈到泵浦模块的电流端口, 对其进行负反馈调制。另一外环光束经衰减后用于探测, 通过采集系统采集低频段信号后做 LPSD 数据处理, 得到低频段的相对强度噪声谱分析。在该系统中电压参考基准是关键的反馈部件, 它的信号波动最终会影响低频反馈的结果, 所以设计低噪声的电压基准也是该方案的重要工作。同时, 研制出高增益的低频探测器也是该技术的卡脖子环节，低频探测器必须同时满足极低的电子学噪声、高增益等技术难点。

3. 其他强度噪声抑制技术

1) 注入锁定技术

在自由运转的激光器中注入一高稳定性的激光信号，如果注入信号光频率足够接近激光器自由振荡频率，则信号激光性能可完全由注入信号控制，这种方法称为注入锁定 (injection locking)。高性能稳定激光经过耦合器注入激光器中，经过注入锁定之后的低噪声激光经过该耦合器输出。另外，将激光器自身输出的激光经过强度噪声抑制后再注回激光器中，也可以有效地降低激光的强度噪声，这种方法称为自注入锁定 (self injection locking)。注入锁定的技术方案的优势在于不需要引入额外的探测与控制系统，整体结构相对简易，容易操作，且对于强度噪声也可实现明显抑制。另外，对于单谐振腔输出的高功率激光，由于其他噪声抑制技术在高功率条件下的应用存在限制，注入锁定技术成为利用小功率激光控制大功率激光噪声等特性的理想选择。但是其前提条件是必须依赖一个强度噪声性能优良的激光器，并且要求其激光中心频率与待优化激光中心频率的差距较小，这些要求的存在限制了注入锁定方案的广泛应用[18]。

2) 半导体光放大器

近些年来，基于半导体光放大器 (semiconductor optical amplifier, SOA) 的强度噪声抑制技术发展迅速。激光器的输出光功率经可调谐衰减器调节至合适值后，输入到工作在增益饱和状态下的 SOA 中，利用 SOA 的非线性放大作用从而实现输出激光的强度噪声抑制。2004 年，英国南安普敦大学的 McCoy 等采用增益饱和的 SOA 对 1550 nm 的光纤分布式反馈 (DFB) 激光器进行强度噪声抑制，对其弛豫振荡峰处强度噪声的抑制幅度达到了 30 dB[19]。国内方面，华南理工大学杨中民课题组在此领域做了大量的研究工作。2016 年，该研究组提出了 SOA 结合光电反馈的强度噪声抑制方案。通过这种方案，在 0.8 kHz~50 MHz 的频带内，其输出激光的相对强度噪声被抑制到 −150 dB/Hz，其距离量子噪声极限仅为 2.9 dB。与一般将反馈作用于腔内或泵浦源上不同，这种噪声抑制技术可以认为是 "即插即用" 式的被动噪声抑制技术，是一种易用的、宽带的、大幅的强度噪声抑制技术[20]。

4.2　相 位 噪 声

相位噪声是指系统 (如各种射频器件) 在各种噪声的作用下引起的系统输出信号相位的随机变化。它是衡量频率标准源 (高稳晶振、原子频标等) 频稳质量的重要指标，随着频率标准源性能的不断改善，相应噪声量值越来越小，因而对相位噪声谱的测量要求也越来越高。

4.2.1 相位噪声的频谱特性

1. 相位噪声谱

单色激光的瞬时电场可表示为 $E(t) = A_0 \cos(\omega_0 t + \phi_0)$。理想情况下，$A_0$、$\omega_0$、$\phi_0$ 都是固定值，这样在时域上会表现为余弦或正弦曲线，根据傅里叶变换可知：该信号在频域中对应为一根单频谱线。激光幅度和相位发生变化时一般可用下式表示：

$$E(t) = [A_0 + A(t)] \sin[\omega_0 t + \phi_0 + \Delta\phi(t)] \tag{4.2.1}$$

其中，$A(t)$ 为瞬时幅度起伏；$\Delta\phi(t)$ 为各种原因造成的瞬时相位起伏。

研究传输介质对激光场相位变化的影响，(4.2.1) 式可改写为

$$E(t) = A_0 \sin[\omega_0 t + \phi_0 + \Delta\phi(t)] \tag{4.2.2}$$

由于相位对时间的导数是频率，所以相位变化可以等效地看作是激光频率的变化，相位起伏 $\Delta\phi(t)$ 通常称为相位噪声。单色激光相位改变时频域上表现为载波两边出现调制边带。连续激光在单频振荡时会有相位噪声，相位对时间的导数与瞬时频率成正比，所以相位噪声会影响激光的瞬时频率，造成激光在频域上的起伏。

这里以光纤传输激光过程中的相位噪声为例，来研究相位噪声的频谱特性。光纤传输激光时，由于存在环境扰动的影响，光纤长度及折射率发生随机变化，进而使传输过程中的激光相位发生随机变化。这种光纤介质折射率变化引起的激光相位改变具有随机性、连续性。从频域上分析，相位变化的随机性表现为调制边带频率及强度的不确定，连续性表现为相位调制边带再发生相位调制。频域上，该相位调制的结果表现为载波两边出现许多相位调制边带，这便会使激光的频谱增宽。图 4.2.1 为相位噪声引入前后的光场频谱分布对比 [21]。

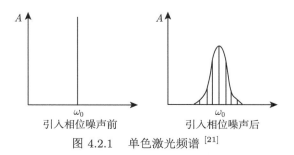

图 4.2.1 单色激光频谱 [21]

理想情况下，激光发出的电磁波是频率单一、恒定的正弦波，那么它的频率或者相位噪声为零。实际上，激光的频率/相位以一定的傅里叶频率 f 发生起伏，可以用频率 (相位) 噪声谱密度来描述激光的频率 (相位) 变化大小。如果忽略激光的幅度噪声，那么激光的相位噪声谱密度等于单位带宽 b 内平均相位变化量 $\Delta\varphi^2(f)$：

$$S_\varphi(f) = \frac{\Delta\varphi^2(f)}{b} \tag{4.2.3}$$

其单位为 $\mathrm{rad}^2/\mathrm{Hz}$。同样地，激光的频率噪声谱密度等于单位带宽 b 内平均频率变化量 $\Delta\nu^2(f)$：

$$S_\nu(f) = \frac{\Delta\nu^2(f)}{b} \tag{4.2.4}$$

其单位为 $\mathrm{Hz}^2/\mathrm{Hz}$。相位噪声谱密度和频率噪声谱密度间的关系可以用下式表示：

$$S_\nu(f) = f^2 S_\varphi(f) \tag{4.2.5}$$

2. 单边带相位噪声

如图 4.2.2 所示，在距离载波 f_c 一定频偏处的噪声功率谱密度与载波功率的比值即为相位噪声，通常是指单边带相位噪声 (SSB PN)，单位为 dBc/Hz。这里"c"可以理解为载波 (carrier)，意思是相对载波的电平。类似地，在描述谐波失真度时通常也采用单位 dBc。

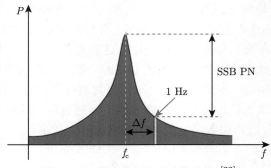

图 4.2.2   单边带相位噪声的定义 [22]

对于理想的连续波信号，其频谱为单根谱线，而实际上由于相位噪声的存在，其频谱具有图 4.2.2 所示的边带，距离载波越远，边带幅度越小，意味着相位噪声也越好 [22]。

相位噪声的存在，使得信号的相位是随机波动的。之所以信号具有图 4.2.2 所示的边带，是因为相位噪声相当于宽带噪声对信号进行了相位调制。当然，信号的幅度也是存在波动的，相当于宽带噪声对信号进行了幅度调制，这部分噪声称为调幅噪声。相位噪声和调幅噪声并存，使得信号具有一定的边带。

3. 相位噪声两种定义的区别

在 1999 年版本的《IEEE 基本频率和时间计量物理量的标准定义》(IEEE Std 1139—1999) 中，将相位噪声的定义修改为："单边带相位噪声 $L(f)$ 定义为随机相位波动 $\varphi(t)$ 单边带功率谱密度 $S_\varphi(f)$ 的一半，其单位为 dBc/Hz。"可以称之为相位噪声的相位定义。

$$L(f) = \frac{S_\varphi(f)}{2} \tag{4.2.6}$$

这个定义回归了相位波动 $\varphi(t)$ 这个物理量，采用了频域表述，而 1/2 的系数则是为了和以前的定义的结果保持一致。

图 4.2.3 显示了各种幂律噪声过程中，单边带相位噪声的斜率与傅里叶频率的关系曲线。

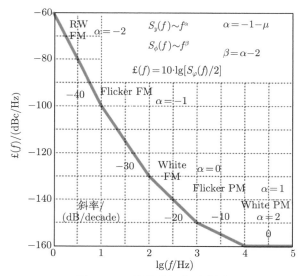

图 4.2.3 单边带相位噪声图

RW FM-随机散漫频率噪声；Flicker FM-闪烁频率噪声；White FM-白频率噪声；Flicker PM-闪烁相位噪声；White PM-白相位噪声

4. 相位噪声与激光线形

激光的频率波动导致其线形变宽。尽管频率噪声谱与激光线形之间的关系已被广泛研究，但对于不遵循幂律的频率噪声谱，没有简单的表达式来评估激光线宽。

频率噪声谱密度的知识使人们能够检索激光线的形状，因此 [23] 人们发展了一个简单的公式来计算任意频率噪声谱的激光器线宽，即该表达式适用于任何类型的频率噪声，因此并不限于白噪声和闪烁噪声这种理想情况。

$$\text{FWHM} = h_0 \frac{\left[\dfrac{(8\ln 2) \cdot f_{\text{c}}}{h_0} \right]^{\frac{1}{2}}}{\left[1 + \left(\dfrac{8\ln 2}{\pi^2} \dfrac{f_{\text{c}}}{h_0} \right)^2 \right]^{\frac{1}{4}}} \tag{4.2.7}$$

其中，f_{c} 为截止频率；h_0 为白噪声功率谱。

可以区分相位/频率噪声的两个极限区域：具有大相位范围的低傅里叶频率 (慢频率噪声) 和具有小相位范围的高傅里叶频率 (快频率噪声)。这两个谱区由频率噪声功率谱密度 $S_\nu(f)$ 用无量纲常数的 β 分隔线分开。慢频噪声通常产生高斯线形；而快频噪声，如散粒噪声，产生洛伦兹线形。激光的线宽是由慢频噪声决定的；而快频噪声只对光谱的侧翼部分有贡献，对线宽没有显著影响。

4.2.2   相位噪声的测量与表征

在有相位噪声的激光的相干通信系统中，相位噪声会严重影响信号传输的可信度，影响到通信系统最重要的性质。在压缩态光场制备过程中，相位波动对压缩度的影响相当于反压缩分量噪声耦合到压缩分量噪声中，导致压缩度下降。因此，减小压缩光产生系统的总相位噪声是提高压缩度的关键。低噪声的单频窄线宽激光器因具有超低的相位噪声，在许多领域，如相干光通信、激光雷达、光纤传感、引力波探测、光学原子钟、超高精度传感等，具有广泛的应用前景。因此，测量评估激光器的相位噪声并对其进行抑制，有着非常重要的现实意义。

相位噪声抑制实验中首先要检测出相位噪声，然后才能通过伺服电路控制相位补偿调制，进而抑制相位噪声。由于激光的频率极高，所以无法用电子仪器直接测量光学频率变化分析相位噪声。激光相位噪声即光场随着时间变化在相位上随机起伏或延迟，所以在应用中相位噪声很难表征。光强度很容易用光电探测器测量；而相位信息的测量需要干涉实验，并且必须转换成振幅信息。

一般来说，激光相位噪声测量方法可以根据比较方法分为两类。第一类方法是通过延迟自零差、延迟自外差或迈克耳孙干涉仪方案将被测激光器与自身进行比较；这些光学延迟线方法通常使用几千米长的光纤，以使延迟时间比激光相干时间长，由于需要数千千米的光纤，因此很难通过这些延迟线技术来表征数百赫兹或更窄线宽激光器的相位噪声。一般来说，实验室测量相位噪声的方法主要是利用马赫–曾德尔 (Mach-Zehnder, M-Z) 干涉仪，但是该方法操作复杂，移相器等器件会引入额外的相位噪声。第二类方法为拍频法，意味着将待测激光与参考激光进行比较，该参考激光的相位噪声远低于被测激光的相位噪声。

1. 外差拍频检测

可以利用外差拍频的方法进行相对检测。让经过光纤并返回的光与未经过光纤的光在光电探测器上拍频，得到一包含相位噪声的射频信号，这类似于电子技术中的外差检测技术。

由于激光的相干性好，经过光纤传输并返回的激光与未经过光纤传输的激光在高频光电探测器上外差拍频，会得到频率为 2Δ (调制频率为 Δ) 的拍频信号。未经光纤传输和经过光纤传输并返回的光场可以分别表示为

$$E_1\left(t\right) = A_1 \cos\left(\Omega t + \phi_1\right) \tag{4.2.8}$$

$$E_2\left(t\right) = A_2 \cos\left[\left(\Omega - 2\Delta\right)t + \phi_2\right] \tag{4.2.9}$$

式中，A_1 和 A_2 分别为两束光波的振幅；ϕ_1 和 ϕ_2 分别是两光场的相位。当这两束激光 (传播方向平行且重合) 垂直入射到光电探测器上时，总的电场为

$$E\left(t\right) = A_1 \cos\left(\Omega t + \phi_1\right) + A_2 \cos\left[\left(\Omega - 2\Delta\right)t + \phi_2\right] \tag{4.2.10}$$

光电探测器输出的合成振动正比于光强 (光场的平方)，即输出的光电流为

$$
\begin{aligned}
i_{\mathrm{p}} \approx I = E^2\left(t\right) &= \left[E_1\left(t\right) + E_2\left(t\right)\right]^2 \\
&= A_1^2 \cos^2\left(\Omega t + \phi_1\right) + A_2^2 \cos^2\left[\left(\Omega - 2\Delta\right)t + \phi_2\right] \\
&\quad + A_1 A_2 \cos\left[\left(2\Omega - 2\Delta\right)t + \left(\phi_1 + \phi_2\right)\right] \\
&\quad + A_1 A_2 \cos\left[2\Delta t + \left(\phi_1 - \phi_2\right)\right]
\end{aligned}
\tag{4.2.11}
$$

其中，第一、二项为直流项；而第三项和频频率在光频段，光电探测器无法对其响应，其平均值为零；第四项差频频率在射频段，并在光电探测器的响应范围内，即有光电流输出，可表示为

$$i_{\mathrm{p}} = 1 + A_1 A_2 \cos\left[2\Delta t + \left(\phi_1 - \phi_2\right)\right] \tag{4.2.12}$$

由此可见，当两个光场同时入射到光电探测器上时，其输出的光电流由差频项构成。如果通过光纤传输的激光没有受到外界的影响，则两束激光外差拍频信号的相位差固定；如果受到外界扰动的影响，则相位变成与时间有关的变量。这时两束激光的光场分别表示为

$$E_1\left(t\right) = A_1 \cos\left(\Omega t + \phi_1\right) \tag{4.2.13}$$

$$E_2(t) = A_2 \cos\left[(\Omega - 2\Delta)t + \phi_t\right] \tag{4.2.14}$$

其中，相位 ϕ_t 是随时间变化的量。光电探测器上的拍频电流为

$$i_{\mathrm{p}} = 1 + 1 + A_1 A_2 \cos\left[2\Delta t + (\phi_1 - \phi_2) + \phi_t\right] \tag{4.2.15}$$

式中，ϕ_t 表示激光通过光纤传输过程中产生的相位噪声，它是随机变化的量。利用一标准信号源产生频率为 2Δ 的信号与探测器输出外差拍频信号 (4.2.14) 式混频及低通滤波后，就可得到光纤传输过程中的相位噪声信号。

2. 无源光学谐振腔测量

1) 透射测量

图 4.2.4 所示为谐振腔的透射模式，从图中可以看出，透射模式斜率的最大值在其半峰全宽处，也就是说，在这附近频率与透射功率呈线性关系，在共振峰的一侧，比如将谐振腔锁定在透射峰的半峰全宽处，那么激光频率的微小变化将产生透射强度的成比例变化；然后测量光的透射强度。频率噪声谱密度通过测量透射光强的强度起伏除以 F-P 腔透射光谱在半峰全宽位置的斜率而获得。

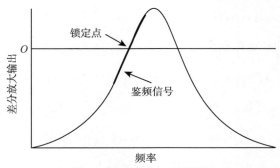

图 4.2.4　谐振腔透射模式

　　产生频率鉴别的一种简单且常见的方法是向腔体的压电长度控制元件施加一个小的低频正弦电压，并使用相敏探测器探测传输信号，其参考是调制电压的样本。该装置的框图如图 4.2.5 所示。空腔的谐振频率将由施加的电压调制。从图 4.2.6 可以看出，激光频率低于谐振腔频率，腔的传输特性会将腔谐振频率的调制转换为具有一定相位的幅度调制；而激光频率高于谐振腔频率，转换后的幅度调制将有相反的相位。在精确谐振时，在调制频率上不会有信号 (在这个频率的两倍处会有一个)。因此，当绘制相敏检测器的输出与激光频率的关系时，将得到一条具有适当形状的判别式曲线——如果调制偏移与腔宽度相比较小，则信号基本上等于腔传输线形函数的一阶导数。相敏检测器可以定义为一种产生输出的设备，该输出与输入的幅度和信号与某个参考之间的相位差的余弦成正比。相敏检测器

的输入乘以恒定的正弦参考，然后再使用低通滤波电路滤除高频成分是相敏检测器的合理模型，如图 4.2.6 所示。

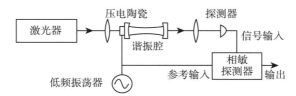

图 4.2.5　相敏探测锁定谐振腔透射信号

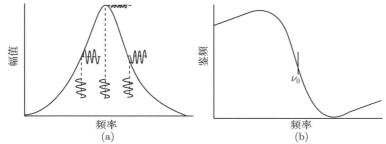

图 4.2.6　(a) 简单鉴别器功能的说明在谐振以下输出与调制同相，在谐振以上输出异相 180°，在谐振时输出是频率的两倍；(b) 相敏检测器的输出是小偏差的谐振曲线的一阶导数

从历史上看，产生光学判别式的第一个成功方法也是最简单的。它使用洛伦兹共振的一侧，对于从 "锁定点" 的小偏移来说，它是相当线性的。通过腔的传输，从信号中减去激光强度的样本，以防止零点 (锁定点) 随着激光功率的变化而变化。该方案如图 4.2.7 所示。

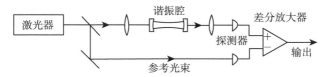

图 4.2.7　使用共振曲线的一侧减去激光强度测量频率谱

2) 反射误差信号测量

测量激光器相对于其基准的噪声性能的另一种方法是分析锁的环路误差信号。误差信号本身中的任何噪声都无法与激光器频率中的噪声区分开来。如图 4.2.8 所示，由于光的量子特性，误差信号的稳定程度有一个基本限制。在共振时，反射的载流子会消失，只有边带会反射出腔体并落在光电探测器上。这些边带将与泄露出的载波产生一个拍频信号。计算这种循环平稳信号中的散粒噪声是相当微妙的，可以通过用平均直流信号替换这个循环平稳信号来估计它。光电二

极管上探测到的平均功率约为 $P_{\text{ref}} = 2P_{\text{s}}$。该信号中的散粒噪声具有平坦的频谱，频谱密度为

$$S_{\text{e}} = \sqrt{2\frac{hc}{\lambda}\left(2P_{\text{s}}\right)} \tag{4.2.16}$$

将误差信号频谱除以误差信号斜率可以得到明显的频率噪声。

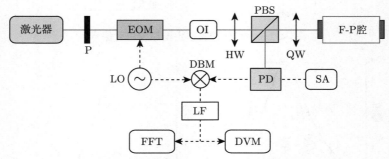

图 4.2.8　谐振腔反射测量频率噪声谱

OI-光隔离器；HW-半波片；QW-1/4 波片；DBM-双平衡混频器；LF-低通滤波器；DVM-数字万用表

当在谐振腔线宽以内时，可以将 PDH 信号的斜率 D 定义为

$$D = 8\frac{\sqrt{P_{\text{c}}P_{\text{s}}}}{\Delta\nu_{\text{c}}} \tag{4.2.17}$$

其中，$\Delta\nu_{\text{c}}$ 是谐振腔的线宽；P_{c} 是载波功率；P_{s} 是边带功率。

$$S_{\text{f}} = \frac{\sqrt{hc^3}}{8}\frac{1}{FL\sqrt{\lambda P_{\text{c}}}} \tag{4.2.18}$$

其中，S_{f} 是频率噪声密度谱，F 是精细度；L 是腔长。在腔线宽以上的傅里叶频率处，腔内存储的场不再跟随入射场的涨落。因此，PDH 鉴别器的斜率具有与频率相关的形式：

$$k\left(f\right) = \frac{k_0}{\sqrt{1 + 4\left(\dfrac{f}{\Delta f_{\text{FWHM}}}\right)}} \tag{4.2.19}$$

其中，k_0 为频率漂移量，首先扫描出一个自由光谱区，而后算出电压变化 1 V 频率变化多少即等于腔的自由光谱范围/同一上升沿对应的自由光谱范围内的电压值即为 MHz/V；f 是信号的频率，Δf_{FWHM} 是腔的半峰全宽线宽。利用传递函数可以得到激光器的相位噪声：

$$L\left(f\right) = \frac{S_{\varphi}\left(f\right)}{2} = \frac{S_{\nu}\left(f\right)}{2f^2} = \frac{S\left(f\right)}{2f^2k^2\left(f\right)} \tag{4.2.20}$$

　　环路表征具有另外的优点，即可以评估腔线宽内傅里叶频率的相位噪声。一般由于腔长的漂移等噪声会加入测量中，所以使用该种测量手法时应当使用超稳腔作为标准来测量其反射的误差信号。

　　3) 过耦合腔测量

　　过耦合腔可以将光束的相位噪声转换为振幅噪声。考虑振幅和相位波动作为载波光频率周围的频率边带。对于基于光电探测器的测量，只能测到正交振幅分量。然而，光学谐振腔的色散特性可以用来在载波和边带之间引入相对相位。过耦合腔反射的光束中会发生相位噪声向振幅噪声的转换：在相空间中，载波和噪声椭圆相对旋转。

　　使用"光的噪声椭圆旋转"技术来表征相位噪声[24] 如图 4.2.9 所示，这相当于没有额外噪声的非零差检测。半失谐的过耦合腔在载波和边带之间引入了 $\pi/2$ 或 $3\pi/2$ 相位延迟。由于噪声椭圆向正交方向旋转，相位噪声完全转化为振幅噪声，可由光电探测器直接读出。实验中可采用 EOAM 将纯幅度调制的边带加载到载波上，用来区分幅度正交和相位正交，观察相位噪声的完全转换。过耦合腔的透射光束被用于将过耦合腔锁定到任意失谐频率。将反射光注入自零差探测器进行振幅正交测量，两个探测器输出的加减与振幅正交噪声和散粒噪声限值的噪声相对应。

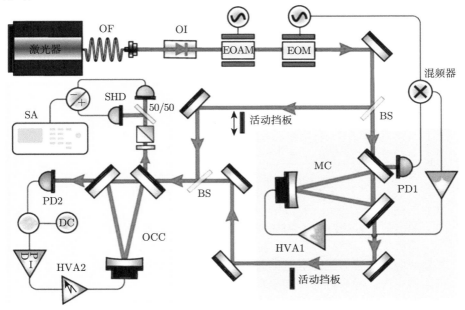

图 4.2.9　谐振腔反射测量频率噪声谱
OF-光纤; OI-光隔离器; SHD-自零拍探测器; OCC-光学循环腔; HVA-高压放大器

　　为了确保有效的宽带噪声频谱测量，这里通过实验确定相位噪声完全转换为振幅噪声的最佳条件。EOAM 以 37 MHz 调制激光束，远离过耦合腔的线宽，以避免在表征相位噪声转换期间的相位跳变。通过将激光束直接入射过耦合腔，转换效率可以通过自零差检测器输出的调制振幅峰值噪声功率来观察，与图 4.2.10 中的峰值相似。于是，相位到幅度噪声的转换效率可以用电频谱分析仪 (ESA) 通过调制幅度峰值的高度读出，如图 4.2.10(a) 所示。开始时，OCC 在远失谐条件下工作 (图 4.2.10(a) 中的点 ①)。通过连续调节过耦合腔控制回路中的直流电压，逐渐从远失谐变为半线宽失谐 (图 4.2.10(a) 中的点 ③，对应于 $\pi/2$ 的相位)。在这种情况下，调制幅度信号从 OCC 反射光的噪声谱中完全消失，这表明相位完全转换成幅度噪声 (图 4.2.10(b) 情况 ③)。进一步增加电压值，腔在图 4.2.10(a) 中的点 ⑤ 达到共振条件，输出光束与输入光束反相。测量的噪声功率保持为幅度正交，并且相位噪声的转换效率返回到零 (图 4.2.10(a) 中的点 ⑤ 或 (b) 中的情况 ⑤)。接下来，更高的电压驱动空腔远离共振，并显示出与上述步骤相反的过程 (图 4.2.10(a) 中的 ⑤、⑦、⑨)。因此，相位到振幅噪声完全转换的最佳条件被实验证实，即图 4.2.10(a) 中的点 ③ 和 ⑦ 对应于过耦合腔的半失谐。图 4.2.10(b) 中还示出了相位空间中的噪声椭圆旋转过程，其与图 4.2.10(a) 中的点一一对应。

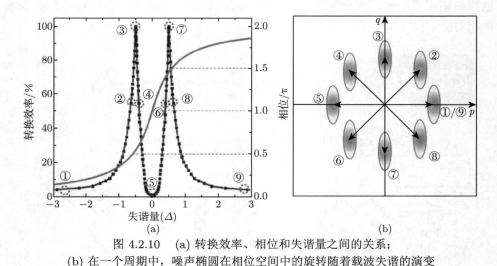

图 4.2.10　(a) 转换效率、相位和失谐量之间的关系；
(b) 在一个周期中，噪声椭圆在相位空间中的旋转随着载波失谐的演变

此外，$\pi/2$ 相位的噪声椭圆的旋转保持为大于 OCC 线宽的 $\sqrt{2}$ 倍的分析频率，在该频率内，噪声椭圆旋转呈现频率相关特性。

3. 相位噪声表征方式小结

相位噪声表征是一个比较过程。表 4.2.1 是主要的相位噪声表征方法的总结。根据比较方法的不同，激光相位噪声表征方法一般可以分为两类。第一种是通过

延迟自零差、延迟自外差或迈克耳孙干涉仪方案将被测激光器与自身进行比较。为了使延迟时间大于激光相干时间，这些光学延迟线方法通常需要使用几千米长的光纤。由于需要数千千米的光纤，这些延迟线技术很难表征线宽在 100 Hz 或更窄的激光器的相位噪声，而且光纤噪声本身也会成为限制。第二类被称为拍频方法，它意味着将被测激光器与参考激光器进行比较，后者的相位噪声远低于前者。当被测激光器的相位噪声低于任何可用的参考值时，必须建立两个相似的激光器并进行比较。假设两个激光器在统计上相互独立且贡献相等，则用 $\sqrt{2}$ 除以拍频出的相位噪声即可得到最终单个激光器的相位噪声。然而，要有两台同样好的激光器是很困难的，因此现在还有利用互相关算法进行相位噪声表征的[25]，比如利用三个超稳定的相同波长的激光器，其中两个作为参照物，与被测的一个拍频，光检测后产生两个射频电信号。这两个拍频信号由自行设计的数字外差交叉相关器进行分析。这两个拍频信号都携带被测激光器的相位信息。由于来自另外两个光源的噪声贡献在统计上是独立的，通过对这两个拍频信号的相位交叉功率谱密度 (PSD) 的统计估计器求平均值来求解被测激光器的相位噪声功率谱密度。与传统的拍频相位噪声表征不同，该互相关系统中的参考激光器不需要具有比被测激光器更好的相位噪声水平。

表 4.2.1　　几种相位噪声表征方法的比较

相位表征的分类方式	相位表征的类型	表征要求	缺点	优点	备注
光纤延迟线作为鉴频器	延迟自零差、延迟自外差或迈克耳孙干涉仪	延迟时间大于激光相干时间	延迟方式很难表征窄线宽	测定大线宽激光器最常作用	
相似参考源作为鉴频器	拍频	需要更低噪声的参考或者同噪声量级激光器	更低噪声激光器在一般需求中很难满足	采用更低参考对比准确性更高	
互相关算法	拍频与算法处理	三个稳定激光器，两个参考激光器，一个被测激光器	需要激光器数量多，测试条件苛刻，需要长时间后处理	参考激光器不需要具有比被测激光器更好的相位噪声水平	可提供全相位噪声功率谱密度
谐振腔作为鉴频器	利用谐振腔的色散特性表征	一个锁定在半失谐或远失谐状态过耦合腔	表征频段受腔线宽制约，很难表征低频段，锁定稳定性要求高	表征简单，可以直接测量，不需要后处理	

4.2.3　相位噪声抑制技术

1. 光纤布拉格光栅主动频率稳定

由 4.2.2 节中相位噪声表征可知，利用测量到的相位噪声可以反馈到相位执行器件进行相位噪声反馈。

由图 4.2.11 可知，单频光纤激光器输出的激光经过 20/80 耦合器后，大部分能量作为激光输出，另一部分进入稳频系统被一个 50/50 耦合器分成两束。一束作为参考光直接被探测器 PD1 接收，另一束经过光纤光栅后作为探测光被探测器 PD2 接收，两者的信号相减后可以消除激光器光功率变化带来的影响，相减后的信号经过比例–积分–微分 (PID) 电路处理后反馈到激光器中驱动 PZT 来稳定激光器的输出频率。

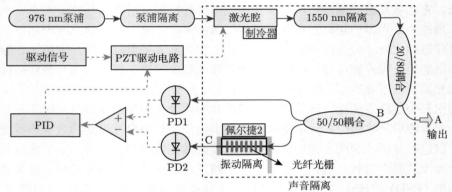

图 4.2.11　主动稳频实验装置示意图 [26]

鉴频原理如图 4.2.12 所示，该光栅作为鉴频器件。当激光器的中心频率位于光纤光栅透射谱的边缘时，激光器频率随时间的改变，会引起光纤光栅透过光功率也随着时间变化，也就是说，光纤光栅作为鉴频器将激光的频率波动转化成光强波动。该波动变化不仅反映了频率变化的大小，而且也反映了频率变化的方向，在图 4.2.12 中，一旦激光频率小于 ν_0，那么光纤光栅透过光强就会减小。因此可将图中 F 点作为参考频率点，用光纤光栅的透过光功率 I 减去 I_0，得到激光

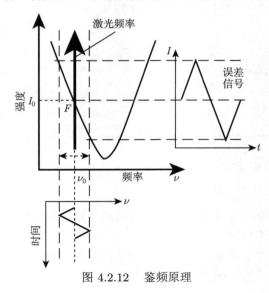

图 4.2.12　鉴频原理

器频率变化的误差信号；再将该误差信号经过 PID 反馈系统后，就可作为激光腔
PZT 的驱动控制信号，从而通过改变激光腔长来改变激光器的输出频率，使其维
持在参考值处不变。

从以上分析可以看出，频率能否稳住，其关键就是参考信号是否稳定。光纤
光栅是无源器件，且光经过时损耗很小，可以忽略，因此其透射波长变化与否，主
要取决于所处环境的温度和应力，所以稳频系统中的光纤光栅需要进行温控和隔
振的封装处理。

2. 高精细度腔激光频率稳定

实验装置图如图 4.2.13 所示[25]，该实验使用的激光器为 Toptica DL PRO 激
光器。其中，DC CR 是激光器的直流耦合电流调节端口，AC CR 是其交流耦合电
流调节端口；OI 是保偏光纤光隔离，PM 为光纤相位调制器，CIR 为环行器 (由
λ/4 波片和 PBS 构成，用于分离腔体反射光)，PD1 和 PD2 为光电探测器，PD1
用于监视超稳腔系统的透射，PD2 用于测量腔反射光场。−15 dB DC 为 −15 dB
的定向耦合器，其作用为将信号的一小部分 (约 3% 的功率) 分离出来，输入到频
谱分析仪 (SA) 进行监视，使用定向耦合器可以有效地避免电路中信号反射导致
的不稳定。定向耦合器输出的大部分信号功率输入到双平衡混频器 (DBM) 中以
提取出 PDH 信号。PDH 信号经过电阻式功率分配器分成完全相同的两部分，分
别输入 PID1 和 PID2 中。PID 具有两路端口输出，辅助端口 (Servo AUX Out)
具有较小的带宽，主输出端口 (Servo MAIN Out) 具有 10 MHz 带宽。PID1 的
辅助端口输入到激光器压电陶瓷中，以补偿长时间的频率漂移，主输出端口输入
激光器的直流耦合电流调节端口，以进行较高带宽的噪声反馈。PID2 的主输出
输入一个高调谐带宽的压控振荡器 (HTB VCO) 中，该 VCO 的调谐端口具有 50

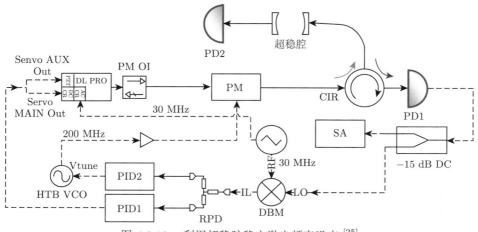

图 4.2.13 利用超稳腔稳定激光频率噪声[25]

MHz 的响应带宽。压控振荡器的输出频率 ν_m 约为 200 MHz，其输出的信号经过功率放大器输入相位调制器中，以尽可能调节出功率较高的一阶边带。

　　自由运转的频率噪声谱密度使用了一个参考腔 F-P 腔获得，该腔具有 2 MHz 的线宽，激光器通过很小的反馈带宽 (约 100 Hz) 反馈压电陶瓷粗略地锁定到腔透射线型的半峰全宽位置，以防止激光频率长时间漂移出腔模，导致无法测量。频率噪声谱密度通过测量透射光强的强度起伏除以 F-P 腔透射光谱在半峰全宽位置的斜率而获得，图 4.2.14 中红线为闭环锁定后的频率噪声谱密度，该频率噪声谱密度通过实验测量的闭环误差信号除以 PDH 鉴频信号斜率而获得。从图中可以看出，闭环反馈之后低频噪声相对于自由运转压缩了 70 dB。

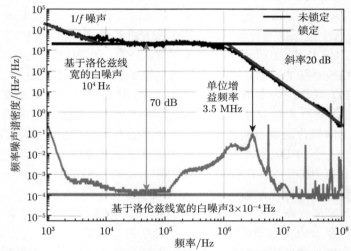

图 4.2.14　自由运转和反馈频率调制 PM 时的激光频率噪声谱密度

参 考 文 献

[1] 周炳琨. 激光原理. 北京: 国防工业出版社, 1980.

[2] Agrawal G P. Mode-partition noise and intensity correlation in a two-mode semiconductor laser. Physical Review A, 1988, 37(7): 2488-2494.

[3] Lax M. Quantum noise Ⅶ: The rate equations and amplitude noise in lasers. IEEE Journal of Quantum Electronics, 1967, 3(2): 37-46.

[4] 戴逸松. 微弱随机信号功率谱的互相关测量原理及性能研究. 计量学报, 1991, 12(4): 306-315.

[5] 胡军, 张蓉竹. 温度对铌酸锂电光相位调制特性的影响. 光学与光电技术, 2009, 7(5): 5-8.

[6] 薛年喜. MATLAB 在数字信号处理中的应用. 2 版. 北京: 清华大学出版社, 2008: 276-312.

[7] Martin R. Noise power spectral density estimation based on optimal smoothing and

minimum statistics. IEEE Transactions on Speech and Audio Processing, 2001, 9(5): 504-512.

[8] Priestley M B. Power spectral analysis of non-stationary random processes. Journal of Sound and Vibration, 1967, 6(1): 86-97.

[9] Tröbs M, Heinzel G. Improved spectrum estimation from digitized time series on a logarithmic frequency axis. Measurement, 2006, 39(2): 120-129.

[10] 陈艳丽, 张靖, 李永民, 等. 利用模清洁器降低单频 Nd:YVO$_4$ 激光器的强度噪声. 中国激光, 2001, 28(3): 197-200.

[11] 刘超, 裴丽, 李卓轩, 等. 光纤布拉格光栅型全光纤声光调制器的特性研究. 物理学报, 2013, 62(3): 173-179.

[12] Kwee P, Willke B, Danzmann K. New concepts and results in laser power stabilization. Applied Physics B, 2011, 102(3) : 515-522.

[13] Kwee P. Laser characterization and stabilization for precision interferometry. Hannover: Gottfried Wilhelm Leibniz Universität Hannover, 2010.

[14] 原荣, 邱琪. 光子学与光电子学. 北京: 机械工业出版社, 2014.

[15] 柴晓冬, 韦穗. 基于声光调制器的数字光栅的计算. 中国激光, 2003, 30(12): 1099-1102.

[16] Zhang J, Ma H L, Xie C D, et al. Suppression of intensity noise of a laser-diode-pumped single-frequency Nd:YVO$_4$ laser by optoelectronic control. Applied Optics, 2003, 42(6): 1068-1074.

[17] Tröbs M. Laser development and stabilization for the spaceborne interferometric gravitational wave detector LISA. Hannover: Universität Hannover, 2005.

[18] Buczek C J, Freiberg R J, Skolnick M L. Laser injection locking. IEEE, 1973, 61(10): 1411-1431.

[19] McCoy A D, Fu L B, Ibsen M, et al. Intensity noise suppression in fibre DFB laser using gain saturated SOA. Electronics Letters, 2004, 40(2): 107-109.

[20] Zhao Q, Xu S, Zhou K, et al. Broad-bandwidth near-shot-noise-limited intensity noise suppression of a single-frequency fiber laser. Opt. Lett., 2016, 41(7): 1333-1335.

[21] Giordmaine J A, Miller R C. Tunable coherent parametric oscillation in LiNbO$_3$ at optical frequencies. Phys. Rev. Lett., 1965, 14(24): 973-976.

[22] di Domenico G, Schilt S, Thomann P. Simple approach to the relation between laser frequency noise and laser line shape. Appl. Opt., 2010, 49(25): 4801-4807.

[23] Villar A S. The conversion of phase to amplitude fluctuations of a light beam by an optical cavity. Am. J. Phys., 2008, 76(10): 922-929.

[24] Xie X P, Bouchand R, Nicolodi D, et al. Phase noise characterization of sub-hertz linewidth lasers via digital cross correlation. Opt. Lett., 2017, 42(7): 1217-1220.

[25] Jing M, Zhang P, Yuan S, et al. High bandwidth laser frequency locking for wideband noise suppression. Opt. Express, 2021, 29(5): 7916-7924.

[26] 杨飞. 单频光纤激光器及光纤时频传递技术研究. 北京: 中国科学院大学, 2013.

第 5 章　激光稳频技术

现阶段，窄线宽激光在原子分子、精密测量、光通信、光频标、高分辨光谱学等领域中得到了广泛的应用。而激光稳频技术的应用，使窄线宽激光器可以有效降低温度变化、振动等外界因素的干扰，达到稳定的激光振荡频率。因此，激光稳频方法与技术具有重要的研究及应用价值。

本章介绍常见稳频技术及其在光精密测量领域的应用。例如，在里德伯电场测量中，为了提高接收灵敏度，可以采用相干的外差接收方法。在此过程中，不仅要求激光器实现单频输出，而且还要求激光频率本身稳定。但对于普通自由运转激光器，因它受到工作环境条件等影响，激光输出频率往往是不稳定的，是一个随时间变化的无规律起伏量。激光频率的稳定性直接影响里德伯电场的测量精度，而通过稳频技术可以很好地解决该问题。

5.1　激光稳频概述

5.1.1　频率稳定性的来源与定义

激光的自发辐射噪声决定了激光线宽极限。但对于普通自由运转激光器，因受到工作环境条件等影响，其激光输出频率往往是不稳定的。其不稳定因素造成的频率起伏远大于激光线宽极限。激光精密测量领域中，激光频率这个 “标尺” 的准确度就决定了精密测量精度。通常，采用频率稳定度及复现性来衡量一台激光器输出激光频率的稳定程度。

1. 频率稳定度

频率稳定度指激光器在连续运转时，在一定的观测时间 t 内，频率平均值 $\bar{\nu}$ 与该时间内频率的变化量 $\Delta\nu(t)$ 之比：

$$S_{\nu}(t) = \frac{\bar{\nu}}{\Delta\nu(t)} \tag{5.1.1}$$

习惯上，经常把 $S_{\nu}(t)$ 的倒数作为激光稳定度的度量，即

$$S_{\nu}(t)^{-1} = \frac{\Delta\nu(t)}{\bar{\nu}} \tag{5.1.2}$$

常见稳定度 10^{-8} 是使用稳定度的倒数度量。根据对稳定性考察时间的长短，稳定度分为长期稳定度和短期稳定度：前者常指 1 s 以上 (几分钟或几小时) 的稳定性，后者常指 1 s 以内的稳定性。

2. 频率复现性

频率复现性也称频率再现性，指在不同地点、时间、环境下频率稳定性偏差量与它们频率的比值，表示为

$$R_\nu = \frac{\delta\nu(t)}{\bar{\nu}} \tag{5.1.3}$$

从公式上可以直观地看出，频率稳定度和复现性是两个不同的概念。通常可以这样理解：稳定度指标尺的尺长稳定，复现性指标尺的尺长都符合计量标准。

5.1.2 影响频率稳定性的因素

在激光辐射的过程中，光学谐振腔内激光的振荡频率是由原子跃迁谱线频率 ν_m 和谐振腔的谐振频率 ν_c 共同决定的。假设原子跃迁谱线的谱线宽度为 $\Delta\nu_m$，谐振腔的频率线宽为 $\Delta\nu_c$，则在小振幅近似条件下 (忽略饱和效应)，激光在光学谐振腔内的振荡频率可表示为

$$\nu = \frac{\nu_m\nu_c(\Delta\nu_m + \Delta\nu_c)}{\nu_c\Delta\nu_m + \nu_m\Delta\nu_c} \tag{5.1.4}$$

常见的近红外与可见光激光波段，一般激光器输出激光的多普勒谱线宽度 $\Delta\nu_m$ 均为 $10^8 \sim 10^9$ Hz，谐振腔线宽 $\Delta\nu_c$ 均为 $10^6 \sim 10^7$ Hz 量级，则 $\Delta\nu_m \gg \Delta\nu_c$，由此 (5.1.4) 式简化为

$$\nu = \nu_c + (\nu_m - \nu_c)\frac{\Delta\nu_c}{\Delta\nu_m} \tag{5.1.5}$$

$$\nu = q\frac{c}{2nL} \tag{5.1.6}$$

$$\Delta\nu = -qc\left(\frac{\Delta L}{2nL^2} + \frac{\Delta n}{2n^2L}\right) = -\nu\left(\frac{\Delta L}{L} + \frac{\Delta n}{n}\right)$$
$$\Rightarrow \left|\frac{\Delta\nu}{\nu}\right| = \left|\frac{\Delta L}{L}\right| + \left|\frac{\Delta n}{n}\right| \tag{5.1.7}$$

因此，激光频率的稳定性最终归结为如何保持谐振腔腔长和介质折射率的稳定性。在实际的工作环境中，外界环境因素对激光频率稳定影响较大，主要有以下几点 [1]。

1. 环境温度变化的影响

环境温度的起伏或激光管工作时发热，都会使腔材料随着温度的改变而伸缩，以致引起频率的漂移，即

$$\alpha \Delta T = \frac{\Delta L}{L} = \frac{\Delta \nu}{\nu} \tag{5.1.8}$$

式中，ΔT 为温度的变化量；α 为谐振腔间隔材料的线膨胀系数，该系数的大小与材料种类有关。例如，一般硬质玻璃 $\alpha = 10^{-5}$ ℃$^{-1}$，石英玻璃 $\alpha = 6 \times 10^{-7}$ ℃$^{-1}$，殷钢 $\alpha = 9 \times 10^{-7}$ ℃$^{-1}$。所以，稳频激光器都是采用热膨胀系数较小的石英玻璃做激光管，用殷钢材料做支架，并将整个激光器系统进行恒温控制，以便尽量减小温度变化的影响。即使是这样，也难以获得优于 10^{-8} 的频率稳定度。

2. 大气变化的影响

对于外腔式激光器，设谐振腔长为 L，放电管长度为 L_0，则暴露在大气中的部分的相对长度为 $(L - L_0)/L$，大气的温度、气压、湿度的变化都会引起大气折射率的变化，从而导致激光振荡频率的变动。设环境温度 $T = 20$ ℃，气压 $P = 1.01 \times 10^5$ Pa，湿度 $H = 1.133$ kPa，则大气对 633 nm 波长光的折射率变化系数分别为

$$\beta_T = \frac{1}{n} \left(\frac{\mathrm{d}n}{\mathrm{d}T} \right) = -9.3 \times 10^{-7} \text{ ℃}^{-1} \tag{5.1.9}$$

$$\beta_P = \frac{1}{n} \left(\frac{\mathrm{d}n}{\mathrm{d}P} \right) = 5 \times 10^{-5} \text{ Pa}^{-1} \tag{5.1.10}$$

$$\beta_H = \frac{1}{n} \left(\frac{\mathrm{d}n}{\mathrm{d}H} \right) = -8 \times 10^{-6} \text{ Pa} \tag{5.1.11}$$

又设测量中温度、气压和湿度的时间变化率分别为 $\dfrac{\mathrm{d}T}{\mathrm{d}t} = \pm 0.01$ ℃/min，$\dfrac{\mathrm{d}P}{\mathrm{d}t} = \pm 133.3$ Pa/h，$\dfrac{\mathrm{d}H}{\mathrm{d}t} = \pm 656.6$ Pa/h，则引起激光波长的变动分别为

$$\left| \frac{\Delta \lambda(\tau)}{\lambda} \right|_T = \beta_T \tau \frac{\mathrm{d}T}{\mathrm{d}t} = \pm 9.3 \times 10^{-9} \tau \tag{5.1.12}$$

$$\left| \frac{\Delta \lambda(\tau)}{\lambda} \right|_P = \beta_P \tau \frac{\mathrm{d}P}{\mathrm{d}t} = \pm 6 \times 10^{-9} \tau \tag{5.1.13}$$

$$\left| \frac{\Delta \lambda(\tau)}{\lambda} \right|_H = \beta_H \tau \frac{\mathrm{d}H}{\mathrm{d}t} = \pm 4.8 \times 10^{-9} \tau \tag{5.1.14}$$

式中，τ 为测量时间，对示波器，$\tau = 3 \sim 5$ s；对 XY 记录仪，$\tau \leqslant 1$ min。实验证明，在外腔式激光器中，通风引起的空气扰动能在几秒内产生几兆赫的快速脉动，所以要求外腔式激光器裸露在大气中的部分应尽可能少，并且必须避免直接通风。

3. 机械振动的影响

机械振动也是导致光腔谐振频率变化的重要因素。它可以从地面或空气传到腔支架上，例如，建筑物的振动、车辆的通行、声响等都会引起腔的支架振动，从而使腔的光学长度改变，导致振荡频率的漂移。对于谐振光腔而言，当机械振动引起 10^{-6} cm 的腔长改变，频率将有 1×10^{-8} 的变化。因此要克服机械振动的影响，稳频激光器必须采取良好的防振措施。

4. 磁场的影响

为了减小温度影响，激光谐振腔间隔器多采用殷钢材料制成，但殷钢的磁致伸缩性质可能引起腔长的变化。例如，1.15 μm 波长的 He-Ne 激光器，仅由于地磁场效应就可以产生 140 kHz 的频移。因此，地磁场效应和周围电子仪器的散磁场对于高稳定激光器的影响必须加以考虑。

以上几点是造成频率不稳定的外部因素。此外，激光管内的气压、放电电流的变化，自发辐射所造成的无规噪声等内部因素也会影响频率的稳定性。前者可以采用稳压稳流装置加以控制，而后者是无法完全控制的。因此，它们是限制激光频率稳定性的内在因素。

综上所述，环境温度的变化、机械振动等外界干扰对激光频率稳定性影响很大，因而自然联想到，稳频首先是对激光器的腔体和介质材料进行恒温控制、振动隔离、密封隔音和稳定驱动电源等。然而，这些被动稳频的方法很难达到高的频率稳定性，通常需要结合负反馈电子伺服控制系统对激光器进行自动操控——主动稳频。

5.1.3 稳频的方法与基本思想

在激光诞生初期，其线宽很宽，频率噪声较大，很难满足许多高精密研究领域的需求。为了获得一种高光谱纯度的、窄线宽的和高频率稳定度的激光器，人们提出了各种各样的方法和技术来降低激光的频率噪声。最初，研究人员通过对激光器采用隔振、控温、使用互补的腔体材料等被动措施来稳定其输出激光的频率。这些措施能使激光器更加稳定地运行，却没有很有效地压窄激光的线宽。

相对于被动措施，反馈控制系统能够通过有效地控制激光频率来主动补偿激光频率的变化，从而达到压窄激光线宽的目的 [2]。一些研究小组采用主动反馈控制的方法，通过探测激光频率的波动，再将其反馈给激光器的频率控制元件来进行主动补偿，使激光器的输出频率得到稳定。图 5.1.1 显示了主动稳频技术的原理框图。要实现激光频率的主动稳定，首先需要一个光学频率参考作比对，来获得鉴频误差信号，然后再通过反馈来校正激光频率，使激光频率跟随参考频率的变化。因此，在这个方案中频率参考的选择对稳频的效果十分关键，一般需要参考频率具有较高的稳定度、复现性和较窄的光谱线宽等特性，以及能匹配被稳激光的频率，能提供满足以上特性的频率参考有原子分子的跃迁谱线等。

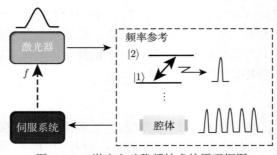

图 5.1.1   激光主动稳频技术的原理框图

原子分子跃迁谱线能够提供一种绝对的频率参考，最大的优点在于其具有优异的长期稳定性。将激光的频率锁定在这一跃迁谱线上，可以使激光获得较好的长期频率稳定度。利用原子分子跃迁谱线作为频率参考，研究者发展了各种各样的稳频技术，例如饱和吸收稳频[3,4]、调制转移光谱稳频[5,6]、偏振光谱稳频[7]、塞曼 (Zeeman) 效应稳频[8] 等。

后来，人们发现光学谐振腔的特征频率也可以作为激光稳频用的参考频率。1983 年，Drever 和 Hall 等利用射频相位调制和光外差探测的技术将激光频率锁定在法布里–珀罗 (F-P) 光学谐振腔上，得到线宽小于 100 Hz 的激光[9]。这种方法借鉴了 1946 年 R. V. Pound 使用微波腔进行微波稳频的思想[10]，之后被称为 Pound-Drever-Hall (PDH) 稳频技术。在 PDH 稳频技术中，F-P 腔的 Q 值可以做得很高，使其能提供很窄的光谱线宽，这样其鉴频能力很强；再加上采用光学外差拍频进行探测，获得的鉴频信号的信噪比也很高。此外，由于谐振腔的共振模式呈梳状结构，其谐振频率在理论上可以无限延展，因而它可满足不同波长的激光器的稳频需求。虽然利用腔稳频的激光没有绝对的频率参考，难以保证稳频激光的长期稳定性，不能作为光频率标准，但是它具有极低的频率噪声和极优异的短时间频率稳定性，使其在光频率标准[11-15]、高分辨精密激光光谱[16-20]、引力波探测[21-25]、低噪声超稳微波信号产生[26-28]，以及洛伦兹对称性的检验[29,30] 等领域均有很重要的应用。

5.2 饱和吸收稳频

5.2.1 饱和吸收稳频的基本物理思想

饱和吸收稳频是指采用外界参考频率标准进行稳频，例如，在谐振腔中放入一个低气压的原子 (分子) 吸收管，气压很低，碰撞加宽很小，吸收线中心频率的压力位移也很小，吸收管无放电作用，故谱线中心频率比较稳定，谱线宽度较窄，在吸收线中心处形成一个位置稳定且宽度很窄的凹陷，以此作为频率的参考点，使频率稳定度和复现性得到很大提高，从而得到广泛应用。

5.2.2 饱和吸收稳频的基本构造

当两束相同频率的激光相向作用在同一个原子气室时，对于频率为 $\nu = \nu_0 (\nu_0$ 为原子共振频率) 的激光，它的正反两束光均被 $\nu = 0$ 的原子吸收，对于同一群原子而言，两束光的作用使其较容易饱和；对于频率 $\nu \neq \nu_0$ 的激光，正反两束激光分别被两群原子所吸收，所以不容易出现饱和现象，如图 5.2.1 所示 [31]。在吸收线的 ν_0 处出现凹陷，此时吸收最小。激光在共振频率处吸收率最小，在透过率上表现为在共振频率处会出现一个峰值，峰的宽度由低于吸收介质的均匀宽度决定，消除了多普勒加宽的影响，使尖峰的宽度变得十分狭窄，大大提高了激光的频率稳定度，具体原理图如图 5.2.2 所示 [32]。

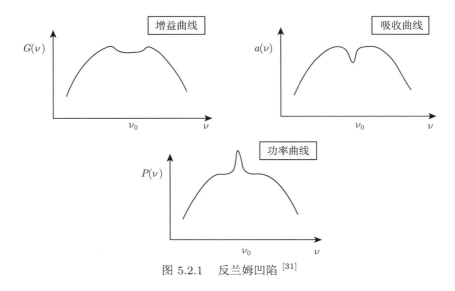

图 5.2.1   反兰姆凹陷 [31]

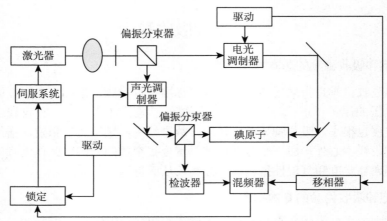

图 5.2.2   典型饱和吸收稳频的原理图 [32]

5.2.3   常见饱和吸收稳频方法

激光频率等于原子能级间距 ν_0 时, 原子可以吸收该频率的光子而由基态跃迁到激发态, 导致基态原子数的减少与激发态原子数的增加, 当光强足够大时, 原子的跃迁会趋于平衡, 原子对激光的吸收系数逐渐下降, 达到吸收饱和。对于沿光束方向有一定速度 v 的原子, 激光的频率为 ν, 考虑多普勒效应, 原子的表观中心频率为

$$\nu' = \nu \left(1 + \frac{v}{c}\right) \tag{5.2.1}$$

当原子表观中心频率等于原子跃迁中心频率, 即 $\nu' = \nu_0$ 时, 该频率激光能够激发原子跃迁。考虑两束激光相向传入 $^{87}\mathrm{Rb}$ 原子气泡, 一束作为泵浦光, 频率为 ν_s; 一束作为探测光, 频率为 ν_p; 并且泵浦功率远大于探测光功率。当 $\nu_s \neq \nu_p$ 时, 在多普勒效应下, 原子对泵浦光和探测光的吸收互不影响; 当 $\nu_s = \nu_p$ 时, 只有处于原子跃迁中心频率 $\nu_0(\nu_s = \nu_0 = \nu_p$, 即光束方向上速度为零的原子) 的原子可以同时与泵浦光和探测光作用, 由于泵浦光强远大于探测光强, 频率 ν_0 的原子吸收泵浦光而跃迁到激发态达到吸收饱和, 因此频率 ν_0 的原子对相向传播的探测光的吸收减弱, 探测光的功率在频率 ν_0 处出现一个反向的尖峰, 饱和吸收光谱技术可以测定原子跃迁中心频率 ν_0, 并通过吸收峰对激光频率锁定 [33]。

当原子有不止一个能级跃迁且能级间距在多普勒展宽范围内时, 会在两个本征吸收峰的中间出现交叉饱和峰。考虑两个跃迁频率 ν_{01} 和 ν_{02}, 原子沿探测光方向运动, 根据多普勒频移, 频率为 $\nu_{01}(1 - \nu_1/c)$ 或者 $\nu_{02}(1 - \nu_2/c)$ 的泵浦光可以使原子跃迁, 频率为 $\nu_{01}(1 + \nu_1'/c)$ 或者 $\nu_{02}(1 + \nu_1'/c)$ 的探测光也可以使原子跃迁, $\nu_{02}(1 - \nu_2/c)$ 和 $\nu_{01}(1 + \nu_1'/c)$ 处在两能级跃迁频率 ν_{01} 和 ν_{02} 的频率间隔内,

如果满足 $\nu_{02}(1 - \nu_2/c) = \nu_{01}(1 + \nu_1'/c)$，则泵浦光和探测光作用于同一原子，此时原子运动速度：

$$v_2 = v_1' = v_{\text{交}} = c\frac{\nu_{02} - \nu_{01}}{\nu_{02} + \nu_{01}} \qquad (5.2.2)$$

泵浦光使这一速度原子吸收饱和，这样在探测光光谱上便会出现交叉峰。同理，原子反向运动时也会出现同样的饱和交叉峰。以任意的本征吸收峰或者交叉峰为鉴频信号都可以实现激光的频率锁定。

　　由于在饱和吸收峰上还叠加了多普勒吸收峰的影响，所以可以通过差分的方法来减去多普勒峰的背景，无多普勒背景的原子饱和吸收光谱的一个典型测量结构如图 5.2.3 所示[34]。采用外界参考频率标准进行稳频，在谐振腔中放入一个低气压的原子吸收管，将传播方向相反而路径基本重合的两束光 (饱和光与探测光) 穿过气体样品，当激光频率扫描到原子或分子的超精细能级的共振频率时，根据多普勒效应，只有在探测光路径上速度分量为零的那部分原子或分子由于其多普勒频移为零，才能同时与泵浦光和探测光发生共振相互作用，由于较强的泵浦光使这部分原子在基态的数目减少，所以对探测光的吸收减少，因而谱线呈吸收减弱的尖峰即超精细跃迁峰。当激光频率远失谐于原子共振频率时，由于泵浦光与探测光方向相反，泵浦光和探测光与不同速度的原子相互作用，因此泵浦光不影响探测光的吸收。由于原子吸收管气压很低，碰撞加宽很小，吸收线中心频率的压力位移也很小，吸收管无放电作用，故谱线中心频率比较稳定，谱线宽度较窄，所以在吸收线中心处形成一个位置稳定且宽度很窄的凹陷，以此作为频率的参考点，频率稳定性和复现性得到很大提高[35]。

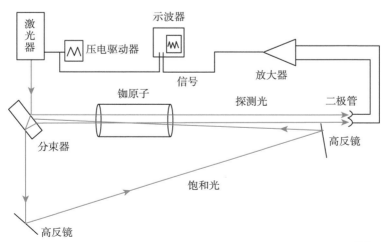

图 5.2.3　无多普勒背景的原子饱和吸收光谱的测量装置示意图[34]

5.2.4　影响饱和吸收稳频频率稳定性的因素

由于激光谱线的可调范围和吸收线均很窄, 因此, 必须选择合适的气体分子作为饱和吸收介质, 其吸收谱线与激光谱线才能很好地吻合。用分子气体的吸收线作为参考频率标准有如下优点。

(1) 分子的振转跃迁寿命比 Ne 原子的能级寿命长, 可达 $10^{-2} \sim 10^{-3}$ s 量级, 因此分子谱线的自然宽度比原子谱线窄得多; 分子吸收线产生于基态与振转能级间的跃迁, 吸收管不需放电激励即有很强的吸收, 因而避免了放电的扰动。

(2) 吸收管气压较低, 由分子碰撞引起的谱线加宽非常小, 其反兰姆凹陷的宽度只有 10 Hz 以下极窄的谱线。

(3) 分子的基态偶极矩为零 (例如甲烷分子是一种典型的球对称分子), 因此斯塔克效应和塞曼效应都很小, 由此而产生的频移和加宽可忽略不计。

另外, 由于吸收谱线和激光增益曲线的峰值不重合, 饱和吸收峰往往处在激光输出功率曲线兰姆凹陷的倾斜背景上, 所以一次导数信号有较大的基波本底, 在稳频中会造成控制误差, 因此这类稳频激光器的伺服控制电路中常以谱线的三次导数信号作为鉴频信号 (即采用一种三次谐波稳频电路), 以消除背景影响。

饱和吸收稳频激光器的频率稳定度最终取决于吸收谱线的频率稳定性, 也和谱线的宽度以及信噪比有关。表 5.2.1 列出了几种饱和吸收工作体系。因此, 选择理想的吸收介质十分重要, 它们应当满足以下条件:

(1) 吸收谱线与激光增益谱线的频率基本上相符。

(2) 吸收系数要大, 为此低能级最好是基态。由于原子吸收线波长多处在可见光和紫外光波段内, 不易与多数气体激光器配合, 所以常用分子吸收线。分子振转谱线丰富, 也容易找到与激光谱线匹配的线, 而且其极化率低, 碰撞频移比原子小。

(3) 激发态寿命较长, 谱线自然宽度小。

(4) 气压低, 谱线碰撞加宽、频移小。

(5) 分子结构稳定, 尽可能没有固有电矩和磁矩, 以减少碰撞、斯塔克和塞曼频移及加宽 [36]。

表 5.2.1　几种饱和吸收工作体系 [37]

激光器	工作波长/μm	吸收气体
Ar^+	0.515	$^{127}I_2$
He-Ne	0.633	^{20}Ne
He-Ne	3.39	CH_4
CO_2	10.6	CO_2, SF_6, OsO_4
染料	0.657	Ca

由于饱和吸收稳频有较多的限制因素, 故仍存在以下缺点:

(1) 原子分子的跃迁谱线仍存在许多展宽效应，导致其谱线较宽，当激光锁定在这一较宽的谱线上时，很难获得较好的短期频率稳定度。

(2) 跃迁谱线的频率由原子分子的能级间隔决定，通常只是一些特定的频率，因而对于一些特定波长的激光，很难找到与之对应的原子分子跃迁谱线作为频率参考。

5.3　光学腔稳频

5.3.1　光学腔稳频的基本物理思想

光学谐振腔的特征频率可以作为激光稳频用的参考频率。激光稳频技术具有鉴频特性好且不依赖于光强、信噪比高等优点，能大大压窄激光线宽，很大程度上提高激光频率的短期稳定度。

目前激光器大部分具有不同程度的频率调谐能力，可以通过精确地控制一些电学输入端口的信号，对激光频率进行精细调节，这些端口可用于接收锁频的反馈补偿信号。接下来的问题是如何获得用于锁频的正比于频率波动的反馈信号。一种有效测量激光频率波动的方法是利用光学谐振腔的多光束干涉特性，图 5.3.1 显示了 F-P 腔的透射率曲线。从图中可以看出，F-P 腔的透射率随光频变化的线形呈现周期性的等间距透射峰，透射峰位于光腔的共振频率处，其间距为 $\Delta\nu_{\text{FSR}} = c/2L$，即为光腔的自由光谱范围，其中 c 为光速，L 为光腔的腔长，透射峰的半峰全宽反比于光腔的精细度[2]。

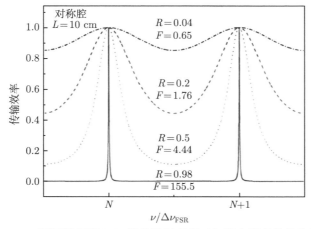

图 5.3.1　不同精细度 F-P 腔的透射率相对入射光频率的变化曲线

5.3.2　光学腔幅度特性稳频法

利用光腔进行鉴频的方式有两种[2]。一种是利用一个透射峰或者反射峰的一边的斜坡进行鉴频：将激光频率调节到斜坡的位置 (最大功率的一半附近)，当激光频率发生改变时，光腔的透射或者反射信号近似线性地发生变化，从而得到鉴频信号。通过这种方式进行锁频的方法称为偏频锁定法 (cavity-side-locking method)。其缺点在于激光功率的波动会严重干扰鉴频特性，严重降低激光锁定后的频率稳定度。但是可以通过稳定激光功率和平衡探测来降低功率扰动造成的影响。

　　另一种更好的方法是探测光腔的反射光强，将锁定参考点选在反射传输函数的零点 (即为光腔的谐振点)，这将有效地分离激光频率噪声与激光功率噪声，从而达到较好的鉴频特性。但是存在的困难是：由于反射光强随频率变化呈现对称分布，如果激光频率偏离谐振点，执行器件将无法判断是增大还是减小激光频率。然而通过观察光腔的反射函数可以发现，反射函数的一阶导数在光腔谐振频率附近是非对称的、近线性变化的，可以通过探测反射光强的导数来很好地获得鉴频误差信号。当激光频率高于谐振频率时，反射光强的导数是正值，若是在小范围内正弦调制激光频率，反射光强也将正弦同相变化；当激光频率低于谐振频率时，导数为负值，正弦调制激光频率将会引起反射光强反相变化。通过判断反射光强相对于激光频率波动的变化，就能知道激光频率处在谐振频率的哪一边。PDH 边带锁定技术就是通过测量反射光强对频率的导数，再将测量值反馈给激光器，将激光频率锁定在光腔的谐振频率上。

5.4　PDH 稳频

5.4.1　PDH 稳频的基本物理思想

　　PDH 边带锁定技术是目前最广泛使用的获取误差信号的方法 [38]，其基本的物理思想可以表述如下：当激光束入射到光学谐振腔时，谐振腔的反射光场包含两部分，一部分为第一个腔镜直接反射的光场，此光场并没有进入谐振腔，另一部分为谐振腔内振荡的驻波场从第一个腔镜漏出的光场，这两个光场的频率相同、光强基本相等 (考虑阻抗匹配的无损耗光学谐振腔)，它们之间的相位关系依赖于激光频率和谐振腔的腔长。如果腔长满足与激光频率的共振条件，直接反射的光场与从腔中漏出的光场之间相位差为 180°，则两光场干涉相消，总的反射光强为 0。如果腔长不满足与激光频率的共振条件，两光场之间的相位差偏离 180°，则两光场的干涉信号不能完全相消，并且反射光的光强随相位差偏离度的增大而增大，如图 5.4.1 (a) 所示，从图中可以看出，反射光的光强随腔长的变化呈对称分布，当腔长偏离共振点时，反馈系统无法判断拉长还是缩短腔长，因此不能满足作为误差信号的要求。从图 5.4.1 (b) 中可以看出，反射光的相位关于共振点呈反对称分布，可以通过观察反射光的相位判断腔长大于还是小于共振腔长，但是实验上并不能直接探测光场的相位，PDH 边带锁定方法提供了一种间接测量光场相位的方法，具体步骤为：首先对激光场进行相位调制，产生两个大小相等、相位相反的调制边带，边带频率与光场的主频率不同，但是与光场具有固定的相位关系，将主频与两边带拍频，产生在调制频率处的拍频信号，通过测量拍频信号的大小可以间接获取光场的相位信息，从而获得锁腔的误差信号。正比于频率波动的误差信号反馈给激光器，通过控制激光器的频率执行器件，来主动压制其频率波动。在探测激光频率波动的过程中使用到了锁相探测技术，使频率测量不依赖于被稳频激光的光强变化。此外，这种方法不会受到光腔响应时间的限制，对于快于光腔响应的激光频率波动，依然能够被探测和压制。

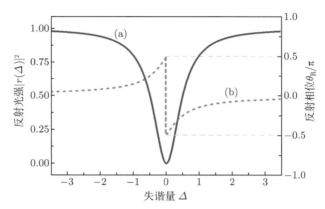

图 5.4.1　(a) 光学腔的反射光强随腔长失谐量的变化；(b) 反射光的相位随腔长失谐量的变化

5.4.2　PDH 稳频的基本构造

图 5.4.2 为利用 PDH 技术获取锁腔误差信号的实验装置图，电光调制器 (EOM) 对光波进行相位调制，经相位调制后的激光入射到光学谐振腔中，谐振腔前的法拉第隔离器 (FI) 用于提取腔的反射信号，并利用光电探测器 (PD) 对其

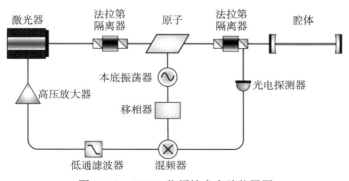

图 5.4.2　PDH 稳频技术实验装置图

进行探测。高频信号源产生的高频信号，一路作为驱动信号施加到电光调制器上，一路作为本底信号与探测器的交流信号在混频器 (mixer) 中进行混频，经过低通滤波器后，获得锁定光学腔长的误差信号，伺服控制系统根据误差信号对腔长进行控制，将腔长锁定在误差信号的零点。当相位调制光场为纯的相位调制时，获得的锁腔误差信号零基线稳定，可以将腔长锁定在共振点。

5.4.3   PDH 稳频的定量模型

当相位调制光为纯的相位调制时，相位调制光场包含频率为 ω 的载波和频率为 $\omega \pm \Omega$ 的两个边带。当光场入射到光学谐振腔时，腔的反射系数可以表示为

$$F(\omega) = \frac{-r_1 + r_2 \exp\left(\mathrm{i}\dfrac{\omega}{\Delta\nu_{\mathrm{FSR}}}\right)}{1 - r_1 r_2 \exp\left(\mathrm{i}\dfrac{\omega}{\Delta\nu_{\mathrm{FSR}}}\right)} \tag{5.4.1}$$

其中，r_1 和 r_2 分别为光学腔的第一个腔镜和第二个腔镜的振幅反射率；ω 为光场的频率；$\Delta\nu_{\mathrm{FSR}} = c/2L$ 为腔的自由光谱范围，这里 c 为真空中的光速，L 为腔长。光学腔的精细度为 $F = \dfrac{\pi\sqrt{r_1 r_2}}{1 - r_1 r_2}$，线宽为 $\gamma = \dfrac{\Delta\nu_{\mathrm{FSR}}}{F}$。

经相位调制产生的三个频率成分的激光入射到光学谐振腔时，相应的反射系数分别为 $F(\omega), F(\omega) + \Omega, F(\omega - \Omega)$，则腔的总反射光场可以表示为

$$E_{\mathrm{FSR}} = E_0[F(\omega)\mathrm{J}_0(M)\mathrm{e}^{\mathrm{i}\omega t} + F(\omega + \Omega)\mathrm{J}_1(M)\mathrm{e}^{\mathrm{i}(\omega+\Omega)t} - F(\omega - \Omega)\mathrm{J}_1(M)\mathrm{e}^{\mathrm{i}(\omega-\Omega)t}] \tag{5.4.2}$$

光电探测器探测到的反射光强为 (忽略 2Ω 以上的高阶项)

$$\begin{aligned}
P_{\mathrm{ref}} &= |E_{\mathrm{ref}}|^2 \\
&= \{P_{\mathrm{c}}\,|F(\omega)|^2 + P_{\mathrm{S}}[|F(\omega + \Omega)|^2 + |F(\omega - \Omega)|^2]\} \\
&\quad + 2\sqrt{P_{\mathrm{c}}P_{\mathrm{S}}}\,\{\mathrm{Re}[F(\omega)F^*(\omega + \Omega) - F^*(\omega)F(\omega - \Omega)]\cos\Omega t \\
&\quad + \mathrm{Im}[F(\omega)F^*(\omega + \Omega) - F^*(\omega)F(\omega - \Omega)]\sin\Omega t\}
\end{aligned} \tag{5.4.3}$$

式中，第一项为直流项；第二项为频率为 Ω 的交流项，该项为载波和两个边带拍频的结果，其可以反映反射光场的相位信息，是需要重点关注的部分。交流项中包含正弦项和余弦项两项，通常情况下，只有其中的一项起主要作用，另一项会消失。具体起主要作用的项取决于调制频率与腔的线宽的关系，当调制频率远小于腔的线宽 ($\Omega \ll \gamma$) 时，拍频项 $F(\omega)F^*(\omega + \Omega) - F^*(\omega)F(\omega - \Omega)$ 为实

数，此时，余弦项起主要作用；当调制频率远大于腔的线宽 $(\Omega \gg \gamma)$ 时，拍频项 $F(\omega)F^*(\omega + \Omega) - F^*(\omega)F(\omega - \Omega)$ 为虚数，此时，正弦项起主要作用。(5.4.3) 式中频率为 Ω 的交流项与解调信号 $\cos(\Omega t + \phi_{\text{mod}})$ 在混频器中混频后，经过低通滤波器 (LPF) 可以获得锁腔的误差信号 [37]：

$$
\begin{aligned}
V_{\text{err-cavity}} =&\, 2\sqrt{P_c P_S} \left\{ \text{Re}[F(\omega)F^*(\omega + \Omega) - F^*(\omega)F(\omega - \Omega)] \cos \phi_{\text{mod}} \right. \\
&\left. - \text{Im}[F(\omega)F^*(\omega + \Omega) - F^*(\omega)F(\omega - \Omega)] \sin \phi_{\text{mod}} \right\}
\end{aligned}
\tag{5.4.4}
$$

其中，ϕ_{mod} 为解调相位。当 $\phi_{\text{mod}} = 0$ 时，对应于误差信号的吸收项；当 $\phi_{\text{mod}} = \pi/2$ 时，对应于误差信号的色散项。

为了获得更具体的误差信号的表示形式，将 (5.4.4) 式进行化简。当调制频率远小于腔的线宽 $\Omega \ll \gamma$ 时，利用泰勒展开公式，两个边带的反射系数可以表示为

$$
F(\omega \pm \Omega) \approx F(\omega) \pm \frac{\mathrm{d}F(\omega)}{\mathrm{d}\omega} \Omega
\tag{5.4.5}
$$

则拍频信号可以简化为

$$
F(\omega)F^*(\omega + \Omega) - F^*(\omega)F(\omega - \Omega) \approx 2\text{Re}\left\{ F(\omega)\frac{\mathrm{d}}{\mathrm{d}\omega}F^*(\omega) \right\} \Omega \approx \frac{\mathrm{d}\,|F|^2}{\mathrm{d}\omega} \Omega
\tag{5.4.6}
$$

(5.4.6) 式为实数，此时误差信号中仅存在吸收项。误差信号 (5.4.4) 式可以化简为

$$
V_{\text{err-cavity}} \approx 2\sqrt{P_c P_S} \frac{\mathrm{d}\,|F|^2}{\mathrm{d}\omega} \Omega
\tag{5.4.7}
$$

误差信号的图像如图 5.4.3 所示。

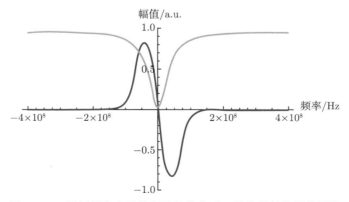

图 5.4.3 调制频率小于谐振腔的线宽时，锁腔误差信号的图像

　　当调制频率远大于腔的线宽 $(\Omega \gg \gamma)$，且在载波接近共振时，边带被完全反射，此时边带的反射系数 $F(\omega \pm \Omega) \approx -1$，则拍频信号可化简为

$$F(\omega)F^*(\omega + \Omega) - F^*(\omega)F(\omega - \Omega) \approx -2\mathrm{i}\mathrm{Im}[F(\omega)] \tag{5.4.8}$$

(5.4.8) 式为纯虚数，此时误差信号中仅存在色散项，误差信号 (5.4.4) 式可以化简为

$$V_{\text{err-cavity}} = -2\mathrm{i}E_0^2 V_{\text{LO}}\mathrm{Im}[F(\omega)] \tag{5.4.9}$$

当腔处于共振状态时，对于阻抗匹配的光学腔，$|F(\omega)|^2 = 0$。在共振点附近，

$$\frac{\omega}{\Delta\nu_{\text{FSR}}} = 2\pi N + \frac{\delta\omega}{\Delta\nu_{\text{FSR}}} \tag{5.4.10}$$

其中，N 为整数；$\delta\omega$ 为激光频率与共振频率之间的偏差。

　　反射系数可近似表示为

$$F(\omega) \approx F(0) + \left.\frac{\mathrm{d}F(\omega)}{\mathrm{d}\omega}\right|_0 \delta\omega \approx \frac{\mathrm{i}}{\pi}\frac{\delta\omega}{\gamma} \tag{5.4.11}$$

其中，$\gamma = \Delta\nu_{\text{FSR}}/F$ 为腔的线宽。误差信号可表示为

$$V_{\text{err-cavity}} \approx -\frac{4}{\pi}\sqrt{P_{\text{c}}P_{\text{S}}}\frac{\delta\omega}{\delta\nu} \tag{5.4.12}$$

误差信号的图像如图 5.4.4 所示。在共振点附近，误差信号可以近似为一条直线，其斜率为

$$D = -\frac{8\sqrt{P_{\text{c}}P_{\text{S}}}}{\gamma} \tag{5.4.13}$$

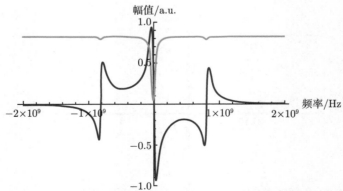

图 5.4.4　调制频率远大于谐振腔的线宽时，锁腔误差信号的图像
图中调制频率是线宽的 20 倍，是自由光谱区的 4%，腔的精细度为 500

当光学腔为高精细度腔时，腔的线宽很窄，调制频率远大于腔的线宽，调制边带几乎不能透过光学腔。因此在腔的透射端，获得的锁腔误差信号很小，一般利用腔的反射端提取的误差信号对腔进行锁定。但是对于低精细度的光学腔，其线宽较宽，调制频率一般会小于线宽，调制边带可以透过光学腔。因此在腔的透射端，同样可以获得锁腔的误差信号。实验中，可以根据实际需求选择反射端或透射端的误差信号对腔进行锁定。将 (5.4.5) 式中的反射系数替换成透射系数即可获得腔的透射端的误差信号，透射系数表示为[39]

$$T(\omega) = \frac{\sqrt{(1-r_1^2)(1-r_2^2)}\exp\left(\mathrm{i}\dfrac{\omega}{2\Delta\nu_{\mathrm{FSR}}}\right)}{1-r_1 r_2 \exp\left(\mathrm{i}\dfrac{\omega}{\Delta\nu_{\mathrm{FSR}}}\right)} \tag{5.4.14}$$

利用 PDH 边带锁定技术获得的误差信号具有噪声小、信噪比高、适用波长范围广、不受激光功率波动影响等优点，因而其广泛应用于光学腔长和相对相位的锁定。EOM 是 PDH 锁定系统中的关键器件，利用 EOM 可以对光波的相位进行调制，在理想情况下，产生的两个调制边带等幅反向。然而在实验中发现，在进行相位调制的过程中，不可避免地会引入剩余幅度调制 (RAM)，使两个调制边带不再等幅反相，边带对称性的破坏导致误差信号的零点发生漂移，使得腔长和相位的锁定点偏离最佳工作点，严重影响压缩光制备系统的性能和稳定性。当相位调制光存在 RAM 时，调制光场入射到光学谐振腔，与光腔相互作用后，反射光场表示为

$$\begin{aligned}
E_{\mathrm{res}} &= E_0\big\{a\mathrm{e}^{\mathrm{i}\phi_{\mathrm{o}}}[\mathrm{J}_{0,\mathrm{o}}F(\omega)\mathrm{e}^{\mathrm{i}\omega t}+\mathrm{J}_{1,\mathrm{o}}F(\omega+\Omega)\mathrm{e}^{\mathrm{i}(\omega+\Omega)t}-\mathrm{J}_{1,\mathrm{o}}F(\omega-\Omega)\mathrm{e}^{\mathrm{i}(\omega-\Omega)t}] \\
&\quad + b\mathrm{e}^{\mathrm{i}\phi_{\mathrm{e}}}[\mathrm{J}_{0,\mathrm{e}}F(\omega)\mathrm{e}^{\mathrm{i}\omega t}+\mathrm{J}_{1,\mathrm{e}}F(\omega+\Omega)\mathrm{e}^{\mathrm{i}(\omega+\Omega)t}-\mathrm{J}_{1,\mathrm{e}}F(\omega-\Omega)\mathrm{e}^{\mathrm{i}(\omega-\Omega)t}]\big\} \\
&= E_{\mathrm{o}}+E_{\mathrm{e}}
\end{aligned} \tag{5.4.15}$$

探测器探测到的反射光强为

$$P_{\mathrm{rsf}} = E_{\mathrm{rsf}}E_{\mathrm{rsf}}^* = E_{\mathrm{o}}E_{\mathrm{o}}^* + E_{\mathrm{e}}E_{\mathrm{e}}^* + E_{\mathrm{e}}E_{\mathrm{o}}^* + E_{\mathrm{o}}E_{\mathrm{e}}^* \tag{5.4.16}$$

其中，

$$\begin{aligned}
E_{\mathrm{o}}E_{\mathrm{o}}^* &= E_0^2 a^2\big\{[F(\omega)\mathrm{J}_0^{\mathrm{o}}]^2 + [F(\omega+\Omega)\mathrm{J}_1^{\mathrm{o}}]^2 + [F(\omega-\Omega)\mathrm{J}_1^{\mathrm{o}}]^2 \\
&\quad + 2\mathrm{J}_0^{\mathrm{o}}\mathrm{J}_1^{\mathrm{o}}\mathrm{Re}[F(\omega)F^*(\omega+\Omega)-F^*(\omega)F(\omega-\Omega)]\cos\Omega t \\
&\quad + \mathrm{Im}[F(\omega)F^*(\omega+\Omega)-F^*(\omega)F(\omega-\Omega)]\sin\Omega t\big\}
\end{aligned} \tag{5.4.17}$$

$$E_{\mathrm{e}}E_{\mathrm{e}}^* = E_0^2 b^2\{[F(\omega)\mathrm{J}_0^{\mathrm{e}}]^2 + [F(\omega+\Omega)\mathrm{J}_1^{\mathrm{e}}]^2 + [F(\omega-\Omega)\mathrm{J}_1^{\mathrm{e}}]^2$$

$$+ 2\mathrm{J}_0^{\mathrm{e}}\mathrm{J}_1^{\mathrm{e}}\mathrm{Re}[F(\omega)F^*(\omega+\Omega) - F^*(\omega)F(\omega-\Omega)]\cos\Omega t \qquad (5.4.18)$$

$$+ \mathrm{Im}[F(\omega)F^*(\omega+\Omega) - F^*(\omega)F(\omega-\Omega)]\sin\Omega t\}$$

$$E_{\mathrm{o}}E_{\mathrm{e}}^* + E_{\mathrm{o}}^*E_{\mathrm{e}}$$

$$= 2E_0^2 ab\cos\Delta\phi[F^2(\omega)\mathrm{J}_0^{\mathrm{o}}\mathrm{J}_0^{\mathrm{e}} + F^2(\omega+\Omega)\mathrm{J}_1^{\mathrm{o}}\mathrm{J}_1^{\mathrm{e}} + F^2(\omega-\Omega)\mathrm{J}_1^{\mathrm{o}}\mathrm{J}_1^{\mathrm{e}}]$$

$$+ 2E_0^2 ab\big(\mathrm{Re}\{[(\mathrm{J}_0^{\mathrm{o}}\mathrm{J}_1^{\mathrm{e}} + \mathrm{J}_0^{\mathrm{e}}\mathrm{J}_1^{\mathrm{o}})\cos\Delta\phi - \mathrm{i}(\mathrm{J}_0^{\mathrm{o}}\mathrm{J}_1^{\mathrm{e}} - \mathrm{J}_1^{\mathrm{o}}\mathrm{J}_0^{\mathrm{e}})\sin\Delta\phi]F(\omega)F^*(\omega+\Omega)$$

$$- [(\mathrm{J}_0^{\mathrm{o}}\mathrm{J}_1^{\mathrm{e}} + \mathrm{J}_0^{\mathrm{e}}\mathrm{J}_1^{\mathrm{o}})\cos\Delta\phi + \mathrm{i}(\mathrm{J}_0^{\mathrm{o}}\mathrm{J}_1^{\mathrm{e}} - \mathrm{J}_0^{\mathrm{e}}\mathrm{J}_1^{\mathrm{o}})\sin\Delta\phi]F^*(\omega)F(\omega-\Omega)\}\cos\Omega t$$

$$+ \mathrm{Im}\{[(\mathrm{J}_0^{\mathrm{o}}\mathrm{J}_1^{\mathrm{e}} + \mathrm{J}_0^{\mathrm{e}}\mathrm{J}_1^{\mathrm{o}})\cos\Delta\phi - \mathrm{i}(\mathrm{J}_0^{\mathrm{o}}\mathrm{J}_1^{\mathrm{e}} - \mathrm{J}_0^{\mathrm{e}}\mathrm{J}_1^{\mathrm{o}})\sin\Delta\phi]F(\omega)F^*(\omega+\Omega)$$

$$- [(\mathrm{J}_0^{\mathrm{o}}\mathrm{J}_1^{\mathrm{e}} + \mathrm{J}_0^{\mathrm{e}}\mathrm{J}_1^{\mathrm{o}})\cos\Delta\phi + \mathrm{i}(\mathrm{J}_0^{\mathrm{o}}\mathrm{J}_1^{\mathrm{e}} - \mathrm{J}_0^{\mathrm{e}}\mathrm{J}_1^{\mathrm{o}})\sin\Delta\phi]F^*(\omega)F(\omega-\Omega)\}\sin\Omega t\big)$$

$$(5.4.19)$$

反射光强包含直流部分和频率为 Ω 的交流部分：

$$P_{\mathrm{ref\text{-}直流}} = E_0^2 a^2\{[F(\omega)\mathrm{J}_0^{\mathrm{o}}]^2 + [F(\omega+\Omega)\mathrm{J}_1^{\mathrm{o}}]^2 + [F(\omega-\Omega)\mathrm{J}_1^{\mathrm{o}}]^2\}$$

$$+ E_0^2 b^2\{[F(\omega)\mathrm{J}_0^{\mathrm{e}}]^2 + [F(\omega+\Omega)\mathrm{J}_1^{\mathrm{e}}]^2 + [F(\omega-\Omega)\mathrm{J}_1^{\mathrm{e}}]^2\}$$

$$+ 2E_0^2 ab\cos\Delta\phi[F^2(\omega)\mathrm{J}_0^{\mathrm{o}}\mathrm{J}_0^{\mathrm{e}} + F^2(\omega+\Omega)\mathrm{J}_1^{\mathrm{o}}\mathrm{J}_1^{\mathrm{e}} + F^2(\omega-\Omega)\mathrm{J}_1^{\mathrm{o}}\mathrm{J}_1^{\mathrm{e}}]$$

$$(5.4.20)$$

$$P_{\mathrm{ref\text{-}交流}} = 2E_0^2\{\mathrm{Re}[AF(\omega)F^*(\omega+\Omega) - A^*F^*(\omega)F(\omega-\Omega)]\cos\Omega t$$

$$+ \mathrm{Im}[AF(\omega)F^*(\omega+\Omega) - A^*F^*(\omega)F(\omega-\Omega)]\sin\Omega t\} \qquad (5.4.21)$$

其中，

$$A = a^2\mathrm{J}_0^{\mathrm{o}}\mathrm{J}_1^{\mathrm{o}} + b^2\mathrm{J}_0^{\mathrm{e}}\mathrm{J}_1^{\mathrm{e}} + ab(\mathrm{J}_0^{\mathrm{o}}\mathrm{J}_1^{\mathrm{e}} + \mathrm{J}_0^{\mathrm{e}}\mathrm{J}_1^{\mathrm{o}})\cos\Delta\phi$$

$$- \mathrm{i}ab(\mathrm{J}_0^{\mathrm{o}}\mathrm{J}_1^{\mathrm{e}} - \mathrm{J}_0^{\mathrm{e}}\mathrm{J}_1^{\mathrm{o}})\sin\Delta\phi$$

交流项 (5.4.21) 式与本底信号 $\cos(\Omega t + \phi_{\mathrm{mod}})$ 混频，经过低通滤波后得锁腔的误差信号为

$$V_{\mathrm{err\text{-}cavity}} = 2\sqrt{P_{\mathrm{c}}P_{\mathrm{S}}}\{\mathrm{Re}[AF(\omega)F^*(\omega+\Omega) - A^*F^*(\omega)F(\omega-\Omega)]\cos\phi_{\mathrm{mod}}$$

$$- \mathrm{Im}[AF(\omega)F^*(\omega+\Omega) - A^*F^*(\omega)F(\omega-\Omega)]\sin\phi_{\mathrm{mod}}\}$$

$$(5.4.22)$$

与纯的相位调制下的锁腔误差信号 (5.4.4) 式相比，存在 RAM 时的锁腔误差信号中多了一个复数因子 A，A 与相位差 $\Delta\phi$ 以及偏振角度 α、β 等参数有关。当腔处于失谐状态时，反射系数 $F(\omega)=1$，此时 (5.4.22) 式对应于误差信号的零基线，可简化为

$$V_{\text{err-cavity}} = -4\mathrm{i}\sqrt{P_{\text{c}}P_{\text{S}}}\,\mathrm{Im}[A] = -4\mathrm{i}\sqrt{P_{\text{c}}P_{\text{S}}}\,ab\mathrm{J}_1(M)\sin\Delta\phi \qquad (5.4.23)$$

它是存在于误差信号的色散项中的一个背景直流偏置，温度的起伏会引起误差信号零基线的漂移 [40]，如图 5.4.5 所示。

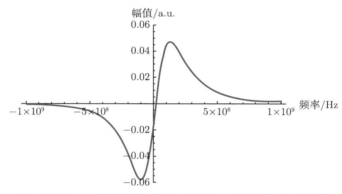

图 5.4.5　当相位调制中存在 RAM 时，锁腔误差信号的图像 (调制频率小于腔的线宽)

5.4.4　PDH 稳频的噪声源

PDH 稳频的基本思想是通过主动反馈补偿激光频率的波动，使激光频率锁定在参考光腔的谐振频率上。然而由于各种噪声的影响，仅仅实现 PDH 锁频的闭环反馈控制还是不足以使激光获得很高的频率稳定度。为了进一步提高激光的频率稳定度，还必须尽可能地降低稳频系统中各种因素引起的频率噪声 [2]。

按照稳频系统中噪声的来源分类，影响激光器频率稳定度的噪声主要可以分为以下几类。

(1) 探测噪声 (detection noise)：光电探测器 (PD) 的电路噪声 (降低探测器噪声，可以参考本书第 6 章内容)、光的散粒噪声 (降低散粒噪声，可以参考本书第 7、第 8 章内容)、剩余幅度调制 (RAM) 引起的频率噪声 (消除剩余振幅调制，可以参考本书第 3 章内容)。

(2) 参考腔的噪声：热噪声、环境噪声 (声音、地面震动、温度、气压等)。

(3) 控制电路噪声：伺服电路本身的噪声、外部引入的干扰。

随着对 PDH 稳频技术的进一步研究和改进，控制系统的电子噪声在很大程度上被有效地降低，不会成为限制激光频率稳定度的主要因素。因而在这个复杂

的光机电系统中，激光的频率不稳定度主要来源于光腔腔长的稳定性和探测噪声。在实验上人们针对这两大类噪声已经提出了许多技术和方法，归纳起来主要是采取了以下两类措施。

第一类是提高光学谐振腔的稳定性：

(1) 通过采用超低膨胀系数材料来制作光学腔，并对其进行精密温控，将温度控制在材料的零膨胀点；

(2) 将光腔放入真空室，在真空室和腔体之间设置一到两层热屏蔽层；

(3) 通过机械结构的设计，降低光腔自身的振动敏感度，再对其进行振动隔离；

(4) 降低光腔的热噪声。

第二类是降低探测噪声：

(1) 降低剩余幅度调制；

(2) 降低光电探测器的噪声，包括光电探测器的电子噪声和散粒噪声。

通过采取这些措施，最终激光的频率稳定度仅受限于参考光腔的热噪声。实验室早期研究工作发现，环境中较大的振动会直接导致系统失锁。当采用一定的隔振处理后，两套稳频系统的拍频频率稳定度也对低频的振动非常敏感。低频振动会严重影响拍频的线宽，降低频率稳定度。与环境中的振动类似，较大 RAM 也同样会引起锁频系统失锁，较小的 RAM 则会严重影响激光的频率稳定度，特别是长期稳定性。

5.5　PDH 稳频在光学参量振荡器中的应用

相比于激光稳频系统，RAM 对 OPO 腔长和相对相位锁定的影响表现出一些新的现象。深入理解 RAM 对 OPO 腔长和相对相位锁定的影响，可以为调节相关的实验参数提供指导，通过实验参数的优化，可以有效抑制 RAM，从而提高压缩光的压缩度和长期稳定性。

5.5.1　RAM 引起腔失谐的研究

用于激光稳频的光学腔是一个高精细度、阻抗匹配的光学腔。与此光学腔不同，OPO 腔是一个低精细度、阻抗匹配效率极低的光学腔。图 5.5.1 为 OPO 腔的结构图，由一块曲率半径为 12 mm 的凸面 PPKTP 晶体 (输入耦合镜) 和一个曲率半径为 30 mm 的凹面镜构成 (输出耦合镜)，输入耦合镜对 1064 nm 基频光的反射率大于 99.9%，对 532 nm 泵浦光的透过率大于 98%；输出耦合镜对 1064 nm 基频光的透射率为 12%，对 532 nm 泵浦光的反射率大于 99.9%，腔长为 37 mm，腔的自由光谱区为 4.4 GHz，精细度为 49，线宽为 90 MHz，腔的自由光谱区和线宽根据专利 [41,42] 测量。OPO 腔的反射系数和透射系数分别为

$$F(\omega) = \frac{-r_1 + r_2 \exp\left(\mathrm{i}\dfrac{\omega}{\Delta\nu_{\mathrm{FSR}}}\right)}{1 - r_1 r_2 \exp\left(\mathrm{i}\dfrac{\omega}{\Delta\nu_{\mathrm{FSR}}}\right)} \tag{5.5.1}$$

$$T(\omega) = \frac{\sqrt{(1 - r_1^2)(1 - r_2^2)} \exp\left(\mathrm{i}\dfrac{\omega}{2\Delta\nu_{\mathrm{FSR}}}\right)}{1 - r_1 r_2 \exp\left(\mathrm{i}\dfrac{\omega}{\Delta\nu_{\mathrm{FSR}}}\right)} \tag{5.5.2}$$

其中，r_1 和 r_2 分别为输入耦合镜和输出耦合镜的振幅反射率；$\Delta\nu_{\mathrm{FSR}}$ 为 OPO 腔的自由光谱区。

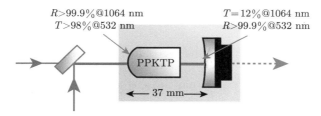

图 5.5.1   OPO 腔的结构图

当相位调制光存在 RAM 时，锁腔的误差信号表示为 [43]

$$\begin{aligned} V_{\text{err-cavity}} = E_0^2 K \{ &\mathrm{Re}[AG(\omega)G^*(\omega+\Omega) - A^*G^*(\omega)G(\omega-\Omega)]\cos\phi \\ &- \mathrm{Im}[AG(\omega)G^*(\omega+\Omega) - A^*G^*(\omega)G(\omega-\Omega)]\sin\phi \} \end{aligned} \tag{5.5.3}$$

其中，ϕ 为解调相位，通过调节相位 ϕ 可以选择性地探测吸收信号 ($\cos\phi$ 项) 或色散信号 ($\sin\phi$ 项)；K 为探测和解调过程中的增益；$G(\omega)$ 代表 OPO 腔的反射系数或透射系数。当光学腔远离共振点时，反射系数 $F(\omega) = 1$，从腔的反射端提取的误差信号化简为 (与晶体双折射引起的 RAM 的表达式相同)

$$V_{\text{RAM-A}} = 2E_0^2 K ab \mathrm{J}_1(M)\sin\Delta\varphi = 2E_0^2 K R(\varepsilon) \tag{5.5.4}$$

由于 OPO 腔的线宽较宽，在实验中，调制频率一般不可能远大于腔的线宽，因此首先需要选择合适的调制频率。锁定环路的性能依赖于误差信号的斜率 D，较大的斜率 D 可以提高锁定系统的灵敏度。因此可以分析误差信号的斜率与调制频率的关系，结果如图 5.5.2 所示。从图中可以看出，色散信号斜率的最大值大于吸收信号斜率的最大值，因此，通过调节解调相位，选择色散信号作为误差信号，当调制频率与线宽的比值 $\Omega/\gamma > 0.5$ 时，从腔的反射端和透射端提取的色散信号的斜率均比较大。因此，在实验中，可以选择调制频率与线宽的比值 Ω/γ 为 0.5。

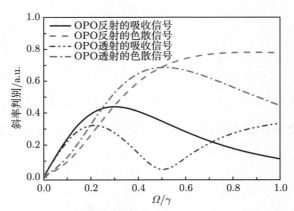

图 5.5.2   从 OPO 腔的反射端和透射端提取的吸收信号 (AS) 和色散信号 (DS) 的斜率

由于调制频率小于 OPO 腔的线宽，根据实验的需求，误差信号可以从腔的反射端或者透射端提取。基于上述最佳的调制频率，这里研究了 OPO 腔的频率失谐量与腔的阻抗匹配效率的关系，误差信号分别从腔的反射端和透射端提取，激光频率与 OPO 腔的腔长满足共振条件，对应的反射系数为 $F(0)$，此时，从 OPO 腔的反射端提取的色散信号可以化简为

$$V_{\text{RAM-R}} = 2E_0^2 K R(\varepsilon) F(0) \frac{F(0)-1}{2} = F(0)\frac{F(0)-1}{2} V_{\text{RAM-A}} \qquad (5.5.5)$$

从 OPO 腔的透射端提取的色散信号可以化简为

$$V_{\text{RAM-T}} = 2E_0^2 K R(\varepsilon) \frac{T^2(0)}{2} = \frac{T^2(0)}{2} V_{\text{RAM-A}} \qquad (5.5.6)$$

在共振点附近，误差信号可以被近似为一条直线，由 RAM 引起的频率失谐可以表示为 [44]

$$\Delta\nu = \frac{V_{\text{RAM}}}{D} \qquad (5.5.7)$$

当阻抗匹配效率很低时，从 OPO 腔的反射端提取的误差信号所引起的频率失谐量远大于从透射端提取的情况。随着阻抗匹配效率的增加，从反射端提取的误差信号所引起的频率失谐量急剧减小，而从透射端提取的误差信号所引起的频率失谐量一直很小，在阻抗匹配效率从 0 到 1 的范围内，如图 5.5.3 所示。在压缩光的制备系统中，OPO 腔是一个欠阻抗匹配腔，其阻抗匹配效率极低，大约为

0.3‰。当相位调制光入射到 OPO 腔时, 光场的大部分被输入耦合镜直接反射, 其对误差信号没有贡献, 但是包含了 RAM, 只有小部分的光场可以耦合进入 OPO 腔来获得锁腔的误差信号, 误差信号的斜率 D 很小, 根据 (5.5.7) 式, 当从腔的反射端提取误差信号时, 由 RAM 引起的频率失谐量非常大; 当从腔的透射端提取误差信号时, 没有直接反射的光场进入探测器, 可以极大地减小频率失谐量。根据上述分析, 当误差信号从腔的透射端提取时, 可以极大地减小 RAM 对频率失谐的影响。并且, 由于调制频率小于 OPO 腔的线宽, 经相位调制的信号光产生的边带可以透过 OPO 腔, 通过提取双色镜 (DBS) 后漏出的信号光作为锁腔误差信号, 可以减小对压缩光的损耗。DBS 为系统固有的元件, 用于分离压缩光和剩余的泵浦光。

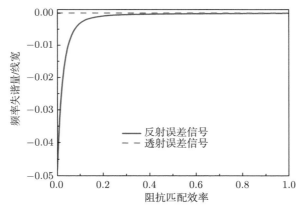

图 5.5.3 当误差信号 (ES) 从 OPO 腔的反射端和透射端提取时, 频率失谐量与线宽的比值同阻抗匹配效率的关系

偏振角度 $\alpha = \beta = 1°$, 自然双折射相位差 $\Delta\varphi = 90°$, 调制频率与线宽的比值 $\Omega/\gamma = 0.5$, 解调相位 $\phi = 90°$

5.5.2 RAM 引起相位起伏的研究

当相位调制光存在 RAM 时, 锁相的误差信号表示为

$$V_{\text{err-phase}} = E_0 E_{20} b K J_1(M) \sin\Psi + E_0^2 K ab J_1(M) \sin\Delta\varphi$$

$$= E_0 E_{20} b K J_1(M) \sin\Psi + \frac{1}{2} V_{\text{RAM-A}}$$

(5.5.8)

从 (5.5.8) 式可以看出, 锁相的误差信号由一个正比于相位偏离量的误差项和一个 RAM 所引入的偏置项构成。误差信号的大小依赖于两个干涉光束的振幅乘积, 而 RAM 所引入的偏置项的大小依赖于被调制光束的功率, 因此, 为了减小偏置项, 相位调制应该加载在功率小的光束上, 这样可以减小 RAM 对相位锁定的影响, 而不影响锁相误差信号的大小。

　　在平衡零拍探测中，本底光的功率远大于压缩光，因此，当相位调制加载在压缩光上时，可以减小相位的起伏，提高压缩光的稳定性。然而，相位调制加载在压缩光上会使部分压缩光功率转化到调制边带上，增加了压缩光的损耗。在实际的实验系统中，可以将调制信号加载到信号光 (OPO 腔) 上，从而克服这个问题。小于线宽的调制频率可以确保边带信号有效通过 OPO 腔。

　　因此，相比于相位调制加载在功率很强的本底光上，当相位调制器加载在功率较弱的信号光上时，相位起伏非常小，并且，缩小的倍数由两束光振幅的比值决定。通过利用上述 OPO 腔和相对相位的锁定方案，可以极大地提高压缩光的长期稳定性，包括输出功率和压缩度。

参 考 文 献

[1] 蓝信钜, 等. 激光技术. 北京: 科学出版社, 2000.

[2] 沈辉. 激光稳频中振动和剩余幅度调制的分析与控制. 武汉: 中国科学院武汉物理与数学研究所, 2015.

[3] Ye J, Robertsson L, Picard S, et al. Absolute frequency atlas of molecular I_2 lines at 532 nm. IEEE Transactions on Instrumentation and Measurement, 1999, 48(2): 544-549.

[4] Hall J L, Ma L S, Taubman M, et al. Stabilization and frequency measurement of the I_2-stabilized Nd:YAG laser. IEEE Transactions on Instrumentation and Measurement, 1999, 48(2): 583-586.

[5] Negnevitsky V, Turner L D. Wideband laser locking to an atomic reference with modulation transfer spectroscopy. Optics Express, 2013, 21(3): 3103-3113.

[6] Qi X H, Chen W L, Yi L, et al. Ultra-stable rubidium-stabilized external-cavity diode laser based on the modulation transfer spectroscopy technique. Chinese Physics Letters, 2009, 26(4): 044205.

[7] Pearman C P, Adams C S, Cox S G, et al. Polarization spectroscopy of a closed atomic transition: Applications to laser frequency locking. Journal of Physics B: Atomic, Molecular and Optical Physics, 2002, 35(24): 5141-5151.

[8] Lin D, Dai G, Yin C, et al. Frequency stabilization of transverse Zeeman He-Ne laser by means of model predictive control. Review of Scientific Instruments, 2006, 77(12): 123301.

[9] Drever R W P, Hall J L, Kowalski F V, et al. Laser phase and frequency stabilization using an optical resonator. Applied Physics B: Lasers and Optics, 1983, 31(2): 97-105.

[10] Pound R V. Electronic frequency stabilization of microwave oscillators. Review of Scientific Instruments, 1946, 17(11): 490-505.

[11] Takamoto M, Hong F L, Higashi R, et al. An optical lattice clock. Nature, 2005, 435(7040): 321-324.

[12] Oskay W H, Diddams S A, Donley E A, et al. Single-atom optical clock with high accuracy. Physical Review Letters, 2006, 97(2): 020801.

[13] Hinkley N, Sherman J A, Phillips N B, et al. An atomic clock with 10^{-18} instability. Science, 2013, 341(6151): 1215-1218.

[14] Bloom B J, Nicholson T L, Williams J R, et al. An optical lattice clock with accuracy and stability at the 10^{-18} level. Nature, 2014, 506(7486): 71-75.

[15] Rosenband T, Hume D, Schmidt P, et al. Frequency ratio of Al^+ and Hg^+ single-ion optical clocks metrology at the 17th decimal place. Science, 2008, 319(5871): 1808-1812.

[16] Hall J L, Ye J, Diddams S A, et al. Ultrasensitive spectroscopy, the ultrastable lasers, the ultrafast lasers, and the seriously nonlinear fiber: A new alliance for physics and metrology. IEEE Journal of Quantum Electronics, 2001, 37(12): 1482-1492.

[17] Keupp J, Douillet A, Mehlstäubler T E, et al. A high-resolution Ramsey-Bordé spectrometer for optical clocks based on cold Mg atoms. The European Physical Journal D, 2005, 36(3): 289-294.

[18] Oates C W, Barber Z W, Stalnaker J E, et al. Stable laser system for probing the clock transition at 578 nm in neutral ytterbium. IEEE International Frequency Control Symposium, 2007: 1274-1277.

[19] Kolachevsky N, Matveev A, Alnis J, et al. Measurement of the 2S hyperfine interval in atomic hydrogen. Physical Review Letters, 2009, 102(21): 213002.

[20] Cygan A, Lisak D, Mastowski P, et al. Pound-Drever-Hall-locked, frequency-stabilized cavity ring-down spectrometer. Review of Scientific Instruments, 2011, 82(6): 063107.

[21] The Ligo Scientific Collaboration. LIGO: The laser interferometer gravitational-wave observatory. Reports on Progress in Physics, 2009, 72(7): 076901.

[22] Harry G M. Advanced LIGO: The next generation of gravitational wave detectors. Classical and Quantum Gravity, 2010, 27(8): 084006.

[23] The LIGO Scientific Collaboration. A gravitational wave observatory operating beyond the quantum shot-noise limit. Nature Physics, 2011, 7(12): 962-965.

[24] Grote H. The GEO 600 status. Classical and Quantum Gravity, 2010, 27(8): 084003.

[25] Somiya K. Detector configuration of KAGRA—The Japanese cryogenic gravitational-wave detector. Classical and Quantum Gravity, 2012, 29(12): 124007.

[26] Millo J, Abgrall M, Lours M, et al. Ultralow noise microwave generation with fiber-based optical frequency comb and application to atomic fountain clock. Applied Physics Letters, 2009, 94(14): 141105-141103.

[27] Fortier T M, Kirchner M S, Quinlan F, et al. Generation of ultrastable microwaves via optical frequency division. Nature Photonics, 2011, 5(7): 425-429.

[28] Bartels A, Diddams S A, Oates C W, et al. Femtosecond-laser-based synthesis of ultrastable microwave signals from optical frequency references. Optics Letters, 2005, 30(6): 667-669.

[29] Brillet A, Hall J L. Improved laser test of the isotropy of space. Physical Review Letters, 1979, 42(9): 549-552.

[30] Herrmann S, Senger A, Kovalchuk E, et al. Test of the isotropy of the speed of light using a continuously rotating optical resonator. Physical Review Letters, 2005, 95(15):

150401.

[31] Haroche S, Hartmann F. Theory of saturated-absorption line shapes. Physical Review A, 1972, 6(4): 1280.

[32] 苑丹丹, 胡姝玲, 刘宏海, 等. 激光器稳频技术研究. 激光与光电子学进展, 2011, 48(8): 22-28.

[33] 金丽. 铯原子分子精密光谱测量. 太原: 中北大学, 2014.

[34] 荆彦锋. CPT 原子钟稳定性关键技术研究. 太原: 中北大学, 2010.

[35] 金杰, 郭曙光, 王宏杰, 等. 1.5 μm 波段饱和吸收稳频外腔半导体激光器. 激光与光电子学进展, 2000, (3): 5.

[36] 焦月春. 外场调控的里德堡原子电磁感应透明及量子关联特性. 太原: 山西大学, 2017.

[37] 蓝信钜. 激光技术. 武汉: 华中理工大学出版社, 1995.

[38] Black E D. An introduction to Pound-Drever-Hall laser frequency stabilization. Am. J. Phys., 2001, 69: 79-87.

[39] 陈玉华. 利用 Fabry-Perot 腔抑制电光相位调制中的剩余幅度调制. 上海: 华东师范大学, 2007.

[40] 李志秀. 压缩态光场制备系统中剩余幅度调制的抑制. 太原: 山西大学, 2019.

[41] 郑耀辉, 李志秀, 彭堃墀. 一种测量光学腔自由光谱范围的装置和方法: CN104180903A. 2014-12-03.

[42] 郑耀辉, 李志秀, 彭堃墀. 一种测量光学腔线宽的装置和方法: CN104180972A. 2014-12-03.

[43] Li Z X, Sun X C, Wang Y J, et al. Investigation of residual amplitude modulation in squeezed state generation system. Optics Express, 2018, 26(15): 18957-18968.

[44] Shen H, Li L F, Bi J, et al. Systematic and quantitative analysis of residual amplitude modulation in Pound-Drever-Hall frequency stabilization. Phys. Rev. A, 2015, 92: 063809.

第 6 章　光电探测技术

在光电子系统中，最关键最重要的部件是光电探测器。人的眼睛就是一种光探测器，它非常灵敏，但也有不足之处：其一是它的光谱响应范围只限于 0.4~0.76 µm (该范围即可见光)，对于波长小于 0.4 µm 的紫外光和波长大于 0.76 µm 的红外光一般不能响应；其二是眼睛有"视觉暂留"现象，对于"高重复频率"信号不能分辨，例如电影每秒 48 帧图像，电视每秒 50 帧图像，人眼无法分辨出一帧一帧的分离图像，而是将它们"平滑滤波"连成一片，产生连续活动的视频图像；其三是眼睛不能处理、存储、传输、显示记录的图像。而光电探测技术弥补了眼睛的不足，更延伸了人类的感知，拓宽了探测技术的应用。目前，光电探测器在军事和国民经济等领域有广泛用途。可见光或近红外波段主要用于射线测量和探测、工业自动控制、光度计量等；红外波段主要用于导弹制导、红外热成像、红外遥感等方面。

6.1　光电探测器

6.1.1　光电探测原理

光电探测器能把光信号转换为电信号。光电探测器的工作原理是基于光电效应，热探测器基于材料吸收了光辐射能量后温度升高，从而改变了它的电学性能——电导率。光电效应分为两类：内光电效应和外光电效应 [1]。内光电效应和外光电效应的区别在于内光电效应中入射光子并不能直接将光电子从光电材料内部轰击出来，而只是将光电材料内部的电子从低能态激发到高能态，于是在低能态留下一个空位——空穴，而在高能态上产生一个能自由移动的电子，由入射光子所激发产生的电子空穴对，称为光生电子空穴对。光生电子空穴对虽然仍在材料内部，但它改变了半导体光电材料的导电性能。如果设法检测出这种性能的变化，就可探测出光信号的变化。无论是外光电效应还是内光电效应，它们的产生并不取决于入射光强，而是取决于入射光波的波长 λ 或频率 ν，这是因为光子能量 E 只和频率 ν 有关，即

$$E = h\nu \tag{6.1.1}$$

式中，h 为普朗克常数。要能产生光电效应，则每个光子的能量必须足够大。光波长越短，则频率越高，每个光子所具有的能量 hν 也越大，因而容易产生光电

效应；反之，波长越长，则频率越低，就越难产生光电效应。而光强只反映光子数量多少，并不反映每个光子的能量大小。能量 E 可采用电子伏特 (eV) 为单位，根据换算，具有 1 eV 能量的光子，它所对应的光波波长为 1.24 μm。

电真空器件中的光电管或光电倍增管是利用外光电效应工作的，即入射光子打在阴极材料上，将其内部电子轰击出来形成光电流。光电流随入射光光强改变，从而可检测到光信号。光电倍增管是一种电流放大器件。尤其是光电倍增管具有很高的电流增益，特别适于探测微弱光信号，其灵敏度高，稳定性好，响应速度快，噪声小，倍增因子通常为 $10^6 \sim 10^7$，同时仍能保持良好的信噪比。一般用于辐射弱而且响应速度要求较高的场合，如人造卫星的激光测距仪、光雷达等。但它结构复杂，工作电压高，体积较大 [1]。

半导体光电器件 (包括光敏电阻、光电池、光电二极管 (photodiode)、光电三极管、雪崩光电二极管 (avalanche photodiode，APD) 等) 利用的是内光电效应。目前普遍使用的光电探测器是光电二极管和雪崩光电二极管。它们是由半导体材料制作的。利用具有光电导效应的半导体材料制作的光电探测器称为光电导器件，通常称为光敏电阻。在可见光波段和大气透过的窗口，即近红外、中红外和远红外波段，都有适用的光敏电阻。光敏电阻被广泛地用于光电自动探测系统、光电跟踪系统、导弹制导、红外光谱系统等。

硫化镉 (CdS) 和硒化镉 (CdSe) 光敏电阻是可见光波段用得最多的两种光敏电阻；硫化铅 (PbS) 光敏电阻是工作于大气第一个红外透过窗口的主要光敏电阻，室温工作的 PbS 光敏电阻的响应波长范围为 1.0~3.5 μm，峰值响应波长为 2.4 μm 左右；锑化铟 (InSb) 光敏电阻主要用于探测大气第二个红外透过窗口，其响应波长为 3~5 μm；碲镉汞器件的光谱响应在 8~14 μm，其峰值波长为 10.6 μm，与 CO_2 激光器的激光波长相匹配，用于探测大气第三个窗口 (8~14 μm)。

在半导体中，电子不是处于单个的分裂能级中，而是处于所谓 "能带" 中，一个能带内有许许多多能级，彼此靠得非常近，几乎无法分辨。能带与能带之间的能量间隙称为禁带，禁带中没有电子。电子从下往上填，被电子全部填满的能带称为满带。最高的满带称为价带。紧靠价带上面的能带称为导带，导带或是部分被电子充满，或是全部空着。内光电效应就发生在导带与价带之间，价带中的电子吸收入射光子的能量 $h\nu$ 后被激发到导带，于是在导带中产生一个能自由运动的电子，而在价带中留下一个空穴。空穴可看成一个带正电的载流子，和带负电的电子正好相反，空穴在价带中的能量高于在导带中的能量。和电子能够在导带内自由运动一样，空穴在价带内也能自由运动。因此，当入射光子在半导体的价带和导带中激发产生光生电子空穴对后，将改变半导体的导电性能。

由半导体材料制作的光电二极管，其核心部分是 PN 结。PN 结是 P 型半导体和 N 型半导体结合形成的。所谓 N 型半导体是指负的半导体，其中电子浓度高于空穴浓度,而 P 型半导体则为正的半导体,其空穴浓度高于电子浓度。由于扩散作用始终是浓度高的向浓度低的方向进行,所以当 P 型半导体和 N 型半导体结合在一起时,P 区的空穴将扩散到 N 区,而 N 区的电子将扩散到 P 区,使 P 变负而 N 变正。电荷堆积在 PN 结两侧而形成自建电场,其方向由 N 指向 P。PN 结的自建电场阻止了电子和空穴的快速"漂移"运动。如果光生电子空穴对在耗尽层外部产生,则由于耗尽层外不存在强烈的自建电场,电子和空穴只能靠"扩散"运动到达 PN 结区,而扩散运动比漂移运动的速度低得多,所以将影响探测器的响应速度。为了进一步提高响应速度,在实际使用时是将光电二极管反向偏置的,即将 N 接正,P 接负,外加电场方向与 PN 结内自建电场方向一致。这一外加电场使 PN 结两侧的势垒差进一步加大,耗尽层宽度进一步加宽,允许更多的光生电子空穴对在高场强区产生,同时减小了二极管的结电容,从而进一步提高光电二极管的响应速度和灵敏度。为了改善和提高光电二极管的性能,通常还在 P 区和 N 区之间形成一个本征区而构成所谓 PIN 光电二极管。无论一般的光电二极管或是 PIN 光电二极管,它们都没有内部增益,也就是说内部没有放大作用 [1]。

6.1.2　光电二极管介绍

　　光电二极管的关键部分是半导体结,其受到光照后能够产生导电的载流子,并且能够加速它的运动,从而将光信号转换为电流信号。光电二极管有 PIN 光电二极管和雪崩光电二极管两种类型。PIN 光电二极管中间的本征层能够实现宽波长范围内的光探测,但是其无法实现放大作用。与其不同,雪崩光电二极管利用本身的雪崩倍增效应能够大幅提高探测的响应度。根据光电二极管本身的特点,它可以用电流源和电阻电容来表示,如图 6.1.1 所示 [2,3]。

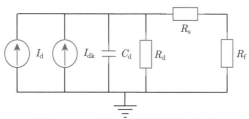

图 6.1.1　光电二极管等效电路图

I_d-光电二极管探测电流;I_{dk}-光电二极管暗电流;C_d-光电二极管 PN 结电容;R_d-光电二极管并联电阻;R_s-光电二极管串联电阻;R_f-负载电阻

　　根据串并联电路原理,与负载电阻相并联的光电二极管的电阻阻值远大于负载电阻的阻值,可以不予考虑;同时,与负载电阻相串联的光电二极管电阻相比负载电阻阻值很小,也可以不予考虑。此外,光电二极管结电容与其光敏面的面

积和施加的反向偏置电压的大小有关；通常，与光敏面的面积成正比，与施加的
反向偏置电压成反比。光电二极管的等效电路不仅有助于解释其特性曲线，而且
对于推导探测器的信噪比和共模抑制比也会起到很大的帮助作用。

6.2　PDH 稳频应用的光电探测器

6.2.1　宽带光电探测器

在量子光学实验中，通常在分析频率为几兆赫、几十兆赫甚至上百兆赫范围
内都能对光信号的噪声进行分析，这就要求光电探测器要有足够的带宽，从而实
现对不同分析频率噪声的有效探测。光电探测器的带宽由光电检测器件的带宽和
信号放大电路的带宽共同决定。

量子光学实验中用到的光电检测器件是高速 PIN 光电二极管，它的结电容
及负载电阻所构成的 RC 时间常数对带宽的影响最明显。正常工作的光电管，其
结电容的值是一定的，负载电阻的大小决定带宽的大小。例如，ETX300 (Epitax
InGaAs PIN 光电管) 加 50 Ω 负载 (取样电阻) 时带宽为 700 MHz[4]；若其负载电
阻 (取样电阻) 变为 25 Ω，RC 时间常数减半，光电探测器带宽将达到 1100 MHz。

放大电路的带宽取决于运算放大器的特性。实验中一般选用宽带低噪声运放，
并选择合适的反馈电阻和输入电阻，在保证理想增益的情况下获得尽可能大的带
宽。这样，光电探测器的带宽就由光电二极管和放大电路中较窄的带宽所决定。

在实验中，光电探测器的带宽可以通过多种方法测量。例如平衡探测时，用
白光噪声源作为频率基准，对两束光在光电探测器输入端的干涉进行扫描。通常
采用的方法是通过对激光强度噪声的测量，用频谱分析仪记录光电探测器的输出，
直接观测噪声谱的频率范围来确定带宽。

本书设计并研制的宽带低噪声光电探测器主要由两部分组成，即低噪声快速
响应光电检测器件和宽带低噪声放大电路，其性能也由这两部分的特性所决定。
在设计光电探测器的过程中，就必须分析并优化各元件的性能和作用，最终使其
满足量子光学实验的要求。

1. 光电检测器件的选取

典型的光电检测器件主要有光电倍增管、光电二极管、光电池、光敏电阻等。
由于光电二极管具有良好的动态特性、线性、长期工作稳定性等优点，所以是宽
带低噪声光电探测器中光电检测器件的最佳选择。光电二极管也有许多性能优良
的种类，常见的有 PIN 二极管、雪崩二极管。雪崩二极管灵敏度高、响应快，但
需要上百伏的工作电压，不方便实验中使用。PIN 光电二极管响应频率高、供电
电压低、工作稳定。在本书设计的宽带低噪声光电探测器中选用型号为 ETX300

的 PIN 光电二极管作为光电检测器件。ETX300 光电二极管是一种高速光电二极管，其量子效率高、噪声特性好。对波长为 1064 nm 的光，其量子效率约为 95%；暗电流约为 1.0 nA，远小于流过二极管的光电流 (mA 量级)，暗电流的影响可以忽略；结电容仅 6.0 pF，具有良好的频率响应特性。

2. 宽带低噪声放大电路

宽带低噪声放大电路如图 6.2.1 所示，光信号经过 ETX300 光电二极管转换成光电流。其中光电流的直流部分通过电感 L_1 传输，在取样电阻 R_2 处产生一个小的压降，通过由双电源供电的集成运算放大器 OP27 构成的跟随器，输出的电压由取样电阻 R_2 确定。

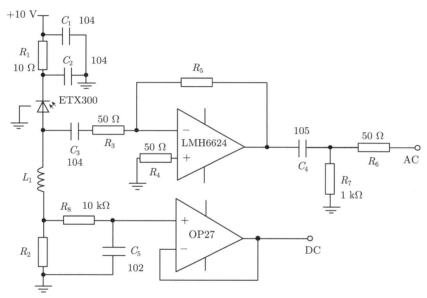

图 6.2.1　宽带低噪声放大电路图

光电流的交流部分通过电容 C_3 传输，这部分就是量子光学实验主要探测的部分，即噪声光电流。由于噪声光电流信号十分微弱，为了使探测的光电流噪声谱高于光电探测器的电子学噪声 10 dB 以上，就必须通过宽带低噪声放大电路对噪声光电流信号进行放大。由 C_3 输出的交流信号流入跨阻运算放大器 LMH6624 (供电电压为 ±5 V)，运算放大器反相输入端虚地，输入的光电流通过反馈电阻 R_5 转换为电压输出，其输出电压 $V_{out} = R_5 \times I_{pd}$ (V_{out} 是光电探测器的交流输出电压，I_{pd} 是经 C_3 输入的噪声光电流，R_5 是运算放大器的反馈电阻)。LMH6624 是美国国家半导体公司生产的超低噪声宽带运算放大器，增益带宽 (GBW) 高达 1.5 GHz，满足宽带低噪声的要求[5]。

3. 光电探测器的增益带宽分析

光电探测器的下限频率由 $1/f$ 噪声、RC 时间常数以及频谱分析仪的测试能力共同决定[6]。$1/f$ 噪声又称为闪烁噪声，它几乎存在于所有的光电元件中。$1/f$ 噪声出现在 1 kHz 以下的低频领域，且与光辐射的调制频率 f 成反比，频率降低时总噪声增大。输出电容 C_4 和电阻 R_7 等效为高通滤波器，在我们设计的放大电路中所选用的 C_4、R_7，确定了能通过 C_4 的最小交流信号频率为 4 kHz。我们在实验中使用的频谱分析仪 (安捷伦 (Agilent) 公司：U1252A) 的噪声在从 20 kHz 开始趋于平坦，20 kHz 之前的频率响应无法检测。因此在我们的实验中，$1/f$ 噪声和高通滤波器不再是影响带宽的主要因素，光电探测器的下限频率由在实验中使用的频谱分析仪的测试能力来决定。

光电探测器的上限频率由光电二极管和低噪声放大电路的带宽共同决定。限制光电二极管带宽的因素有以下三个：光生载流子在耗尽层附近的扩散时间，在耗尽层内的漂移时间，取样电阻和二极管结电容所决定的电路的时间常数。ETX300 光电二极管的 PIN 结构使得扩散和漂移时间可以忽略，实际中决定光电二极管带宽的因素是取样电路的时间常数。ETX300 光电二极管的结电容为 6 pF，实验中可以通过改变取样电阻的大小调节光电探测器带宽。图 6.2.2 是实验测得的取样电阻分别为 120 Ω、200 Ω、330 Ω、470 Ω 和 750 Ω 的光电流噪声谱 (实验光源为 4 mW 的 1064 nm 全固态连续单频激光光源)，可以看出，取样电阻为 330 Ω 时，光电二极管带宽大于 50 MHz。

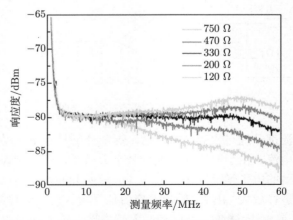

图 6.2.2   光电探测器的频率响应随取样电阻的变化

由于探测的噪声光电流信号十分微弱，为了使探测的光电流噪声谱高于光电探测器的电子学噪声 10 dB 以上，就必须增加宽带低噪声放大电路对噪声光电流信号的放大作用。这可通过增大反馈电阻 R_5 来实现，但集成运算放大器的增益

带宽积是个常数 [7]，随着增益的增大，带宽会不断下降。通常通过实验选择反馈电阻 R_5 来获得理想的增益，同时保证至少 50 MHz 的带宽。图 6.2.3 是实验测得的反馈电阻分别为 3.3 kΩ、5.0 kΩ 和 6.8 kΩ 时的光电流噪声谱 (实验中，仍然用 4 mW 的 1064 nm 全固态连续单频激光作光源)。可以看出，选择反馈电阻为 5 kΩ，当输入光功率为 4 mW 时，激光光电流噪声高于电子学噪声 11 dB，光电探测器的带宽为 50 MHz，可同时满足实验对增益和带宽的要求。

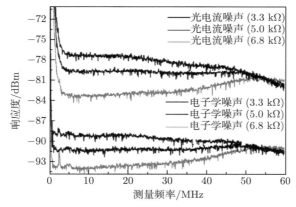

图 6.2.3   光电探测器的频率响应随反馈电阻的变化

4. 制作光电探测器注意事项

为了得到可靠、稳定、低噪声的高速运算放大电路，在制作印刷电路板 (PCB) 时需要注意：使用双面板，其中一面铺地线，另一面放置元件，布除地线外的走线。在需要的地方放置过孔连接铺地面，避免地线自感。元件布局要合理，电源线应远离信号线，避免走线间的干扰。走线应该尽量短，并适当敷铜。必要的地方使用贴片元件，防止不必要的感抗以及射频信号经由器件尖端散失，保证电路具有较低的损耗和引入较小的噪声，并保证电路有较好的频率响应。交流放大器周围要挖掉一定形状的铜皮，从而有效抑制运算放大器输入端与输出端对地产生的寄生电容所导致的频率响应峰和电路振荡 [8]。

外部噪声对运算放大电路影响不容忽视，外部噪声主要是由电源线以及地线的干扰造成的，在由频谱分析仪探测的噪声谱中表现为尖峰、阶跃或其他随机噪声。防止外部干扰噪声，采取的方法主要有电源线和信号线包屏蔽层、电路板包金属外壳屏蔽外界干扰。屏蔽线和屏蔽外壳通常由铜、铁或铝制成，而且它们必须与放大电路的地线相连接。

在量子光学实验中，通常使用平衡零拍探测技术或平衡探测技术测量光场的噪声。在测量过程中均需要一对性能相同的光电探测器，且两个光电探测器的共

模抑制比 (CMRR) 要大于 30 dB。研制的光电探测器的性能相同，那么在焊制电路时要选用性能一致的电子元件。以下几个元件的选取要特别注意其一致性：为了使在相同的入射激光功率下得到相同的直流电压输出，取样电阻 R_2 的取值必须相同；为保证两个光电探测器的交流增益、带宽一致，交流放大电路部分的输入电容 C_3、输入电阻 R_3、反馈电阻 R_5、输出电容 C_4、输出电阻 R_6 的取值也必须相同。

6.2.2 共振型光电探测器

1. 共振型光电探测器简介

PDH 技术作为一种强大的锁定方法，已被广泛应用于光学腔腔长的锁定。通过将激光频率稳定到高精度光学腔，可以实现窄线宽和低噪声激光；而精密计量、原子和分子操作等方面也直接受益于激光稳定性的提高。例如，引力波探测的关键取决于极低频率和振幅噪声的窄线宽激光系统。基于光学跃迁的原子钟也需要极其稳定的激光源来精确探测激光冷却样品中可用的亚赫兹线宽。

目前，基于腔增强非线性相互作用进行参量下转换来制备压缩态光场是一种非常有效的方法，并被广泛应用到各领域的科学研究中。利用这种方法制备高压缩度压缩真空态光场的关键之一是实现低损耗光学参量振荡腔 (OPO) 腔长的高精度锁定，半整块腔型作为目前最有效的光学参量下转换腔型之一，具有损耗小、结构稳定等优点。但是基于这种腔型的腔长锁定过程中，为了减小压缩态光场传输损耗，只能通过 OPO 腔的反射光来提取误差信号，反射信号中携带的调制信号相比于透射信号中的调制信号弱很多，为了实现较好的 OPO 腔长锁定，需要提高注入 OPO 腔的种子光功率以获取较好的误差信号。然而，增加种子光功率会使得种子光的经典噪声以及泵浦光的经典噪声耦合到 OPO 腔内的参量下转换过程中，最终导致所制备的压缩态光场压缩度降低。因此制备压缩态光场需要尽可能降低种子光功率，同时实现对锁腔信号的高性能探测，这就需要制备高性能的锁腔探测器。此外，在制备明亮压缩态光场中还需要精确锁定泵浦光与种子光之间的相对相位。为了提高基于 PDH 锁定技术对腔长和相位的锁定精度，就必须实现在微弱调制信号时误差信号的提取。传统锁腔探测器都具有一定的探测带宽，会将整个探测带宽范围内的信号和噪声都放大，不利于信噪比的提高，影响 OPO 腔长和种子光与泵浦光之间相对相位的精确锁定，导致无法制备高压缩度的压缩态光场。同时，受集成芯片增益带宽积的限制，探测器的增益以及带宽无法同时增大，探测器增益太大必然影响探测器带宽。基于 PDH 锁定技术中只需要对调制频率附近信号进行探测，所以研制一款针对 PDH 锁定技术的、对单一调制频率信号增益较高的共振型探测器显得尤为重要。

2. 共振型光电探测器的设计

作为反馈回路的第一级, 高信噪比光电探测器的设计至关重要。在 PDH 技术中, 反馈环路的信噪比主要是由光电探测器的信噪比决定的。与传统的宽带光电探测器 (BPD) 相比, 共振型光电探测器 (resonant photodetector, RPD) 不仅在共振频率处显著增强信号, 而且能有效抑制带宽外的大量噪声, 是一种成熟的高信噪比误差信号提取器件[9,10]。RPD 的性能通常由 Q 值来评价, 随着 Q 值的增大, RPD 的 3 dB 带宽减小, 整体响应增加, 从而提高了误差信号的信噪比。

共振型光电探测器的电路图如图 6.2.4 所示[9], PDH 误差信号提取中的混频解调、滤波过程也被集成到共振型光电探测器中。电路图的左半部分是光电探测部分, 红色方框里即 LC 共振电路, 电感 L 和电容 C_5 将光电流的交直流分开, 然后分别进行放大, 避免了交流部分的饱和, 增加了探测器的动态范围。为了使共振型光电探测器的共振频率可调, 电感 L 采用的是可调电感。右半部分是混频解调部分, 解调信号通过 90° 相移功分器 PQW-2-90(minicircuits) 后被分为相位相差 90° 的两路解调信号, 分别用于 OPA 腔和种子光与泵浦光的相对相位的误差信号的解调。N3 和 N4 为混频器 (miniciruits, TUF-3), 运放 AD797 和其前面的电感、电容组成低通滤波器并且放大了误差信号。如果只锁定谐振腔或者相对相位, 则使用共振型光电探测器单路即可。光电二极管采用的是砷化镓 ETX500T (JDSU 公司), 其波长响应范围为 800~1700 nm, 结电容典型值为 35 pF (5 V 偏置), 用于锁定 1064 nm 的谐振腔 (模式清洁器、OPA 等)。对于倍频腔和倍频模式清洁器, 其腔长锁定使用的是 532 nm 绿光, 采用的光电二极管为 Hamamatsu

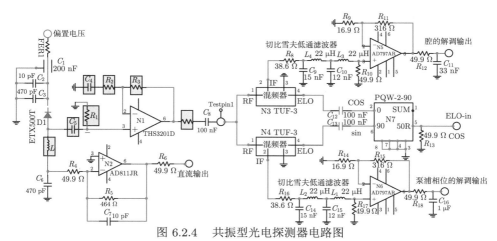

图 6.2.4 共振型光电探测器电路图

红色框内光电二极管 D1 的结电容和电感 L 组成共振电路; 阴影部分电子元件的取值需依据共振频率和放大倍数

Photonics 公司的硅材料光电二极管 SP5973，其结电容为 1.3 pF (3.3 V)。不同的光电二极管由于其结电容不同，对于同一共振频率来说，电感 L 需要采用不同的值。光电流的交流部分放大采用的是电流反馈运算放大器 (current feedback amplifier，CFA) THS3201。电流反馈运算放大器的带宽和增益不受限于增益带宽积，因此非常适合于高频信号放大。Texas Instruments 公司的产品 THS3201，带宽达 1.8 GHz，可以很好地满足不同锁定环路误差信号提取的要求。光电二极管 D1 将入射光转换为光电流，其中的交流部分在 LC 共振电路和 R_1 上转换为电压信号，然后经由电流反馈型运放 THS3201 放大。由于电流反馈型运放的性能 (稳定性等) 与反馈电阻有很大关系，因此反馈电阻应采用其说明书中的参考值。

3. Q 值的理论分析

图 6.2.5(a) 给出了基于并联电感电容 (LC) 的共振电路布局，其中电容是指光电二极管的结电容。引入光电二极管的等效电路，共振电路的等效电路如图 6.2.5(b) 所示，与共振频率处的阻抗相比，光电二极管的并联电阻可以忽略不计。并联共振电路的频率相关阻抗可以计算如下：

$$Z(w) = \frac{R_{\text{loss}}^2 + w^2 L^2}{R_{\text{loss}} + jw(R_{\text{loss}}^2 C + w^2 L^2 C - L)} \tag{6.2.1}$$

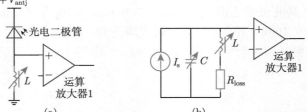

图 6.2.5　(a) 基于并联 LC 共振电路的共振型光电探测器的电路布局；(b) 等效电路
电阻表示共振电路的所有损耗，光电二极管的结电容 C 随着偏置电压的变化而变化

当共振发生时，频率相关阻抗的虚部为 0，此时，共振频率和共振频率处的阻抗分别由 (6.2.2) 式和 (6.2.3) 式给出：

$$f_{\text{res}} = \frac{w_{\text{res}}}{2\pi} = \sqrt{\frac{1}{LC} - \frac{R_{\text{loss}}^2}{L^2}} \tag{6.2.2}$$

$$Z(w_{\text{res}}) = R_{\text{res}} = \frac{L}{R_{\text{loss}} C} \tag{6.2.3}$$

引入共振频率处的频率偏移，则 (6.2.1) 式可以写成

$$Z(w_{\text{res}} + w_{\text{d}}) = \frac{R_{\text{loss}}^2 + (w_{\text{res}} + w_{\text{d}})^2 L^2}{R_{\text{loss}} + jL^2 C(w_{\text{res}} + w_{\text{d}})(2w_{\text{res}} + w_{\text{d}})w_{\text{d}}} \tag{6.2.4}$$

在窄带近似下，假设 $w_{\mathrm{d}} \ll w_{\mathrm{res}}$，则

$$Z(w_{\mathrm{res}} + w_{\mathrm{d}}) = \frac{R_{\mathrm{res}}}{1 + 2\mathrm{j}(R_{\mathrm{res}} - R_{\mathrm{loss}})Cw_{\mathrm{d}}} \tag{6.2.5}$$

(6.2.4) 式是中心频率的一阶带通响应，其截止频率 (带宽) 为

$$f_{\mathrm{c}} = \frac{1}{2\pi} \frac{1}{2(R_{\mathrm{res}} - R_{\mathrm{loss}})C} \tag{6.2.6}$$

Q 值定义为共振频率与 3 dB 带宽的比值，为

$$Q = \frac{f_{\mathrm{res}}}{2f_{\mathrm{c}}} = \left(\frac{L}{R_{\mathrm{loss}}C} - R_{\mathrm{loss}} \right) \sqrt{\frac{C}{L} - \left(\frac{R_{\mathrm{loss}}C}{L} \right)^2} \tag{6.2.7}$$

通常，R_{loss} 远小于 R_{res}，可以忽略，此时 $Q = \sqrt{L/C}/R_{\mathrm{loss}}$，$R_{\mathrm{res}} = Q^2 R_{\mathrm{loss}}$，从上面等式可知，共振频率处的阻抗 R_{res} 与 Q 值的平方成正比，比例系数为共振电路引入的损耗之和 R_{loss}，随着 Q 值的增加，提取误差信号所需的光功率逐渐降低。为了优化极低功率下相位稳定的性能，峰值阻抗 R_{res} 与 Q 值越大越好。根据 Q 值的计算公式，通过降低光电管的结电容 C 能够增加 Q 值，而结电容 C 的值与光电管本身的电容和所加的反向偏置电压有关。然而，受限于光电管所能承受的最大光功率和反相击穿电压，结电容 C 被限制在有限的范围内。随着电感 L 的增加，Q 值逐渐增大。但是，电感的绕线电阻 R_{loss} 同时也随着电感 L 的增加而增加，R_{loss} 作为总损耗电阻的一部分，会对 Q 值的改善产生不利的影响。因此，需要在电感 L 和 Q 值之间进行权衡。由于高频趋肤效应和电感杂散电容的影响，在高频处无法准确测量出总的损耗电阻，因此，只能通过实验来获得最佳的 Q 值 [11]。

此外，LC 共振电路可以提高探测器共振频率处的增益，抑制不需要的频段的噪声。光电二极管可以看成一个电流源，其产生的光电流在负载电阻上产生电压，该电压再经过运放放大实现光电探测。显而易见，在相同的光功率下，负载电阻阻值和运算放大器增益越大，获得的探测信号就越大，光电探测器的增益越大。然而，负载电阻越大，其热噪声越大，并且会明显降低光电探测的灵敏度和动态范围，引起偏置电压的浮动运算放大器增益越大，其带宽越窄。采用 LC 共振电路不仅可以获得大的增益，而且可以避免这些问题，LC 共振电路由二极管结电容 C_{d} 和电感 L 组成，它可以被看成一个电流电压转换器，将光电流转换为电压信号。并且 LC 共振电路也可以看成一个带通滤波器，只放大需要的频段，而抑制其他频段噪声。

4. 高 Q 值的实验测量

RPD 的增益和 Q 值能够通过测量频率的传递函数来表征，图 6.2.6 的流程框图给出了测量传输函数的方法。入射激光 (强度设为 I_0) 被网络分析仪 (Agilent 4395A) 产生的内部参考信号 $R(\omega)$ 调制后，入射到光电探测器上。参考信号 $R(\omega)$ 是一个可以在某一设定频率范围内连续扫频的信号。光电探测器将入射的调制光束转换为电信号 $A(\omega)$，接入网络分析仪的信号输入端 (A 端)。通过设置网络分析仪，其屏幕上呈现共振型光电探测器的传输函数。网络分析仪的分析过程可以用下式表示：

$$H(\omega) = \frac{A(\omega)}{R(\omega)} = \frac{I_0 \cdot R(\omega) \cdot \eta \cdot Z(\omega) \cdot G(\omega) \cdot \sigma(\omega)}{R(\omega)} \tag{6.2.8}$$

其中，$Z(\omega)$ 为总的电流电压转换阻抗，它的值与频率有关；η 为光电二极管的响应度；$G(\omega)$ 和 $\sigma(\omega)$ 分别为总增益和总损耗。

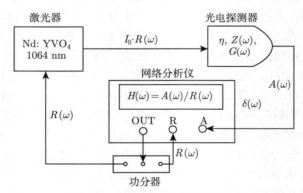

图 6.2.6   测量传输函数流程框图

RPD 的增益和 Q 值能够通过测量频率的传递函数来表征，详细的调节步骤如下所述。首先，根据所要求的共振频率来选择电感 L 和光电二极管 (结电容 C) 的适当组合；其次，根据电感 L 的直流电阻初步选择绕线电阻 R_{loss} 小的电感；最后，通过精细调节电感 L 的磁芯位置来达到所需的共振频率。该调节过程可以通过网络分析仪监视共振频率处的 Q 值达到最大来完成。

根据上述调节方法，这里分别测量了本实验室设计的两款 RPD 的传输函数，结果如图 6.2.7 所示。共振频率为 38.5 MHz，在该共振频率处，新设计 RPD 和现有 RPD 的 3 dB 带宽分别为 0.12 MHz 和 0.29 MHz。根据等式可以计算出，新设计 RPD 的 Q 值达到了 320.83，Q 值的进一步提高主要受限于电感绕线电阻所引入的损耗。新设计 RPD 的 Q 值是现有 RPD 的 Q 值的 2.5 倍，对应于共振频率处，新设计 RPD 的增益是现有 RPD 增益的 6 倍，RPD 高的增益使得能够在较低的光功率下实现稳定的相位锁定。当测量光功率为 10 μW 的 15 dB 明亮压缩态光场时，用于 OPA 锁定的提取损耗从 1% 降到了 0.17%，测量的压缩度从 13.84 dB 提高到了 14.78 dB，压缩度的测量准确性提高了 6.3%。该 RPD 对于量子光学实验是一个重要的器件。

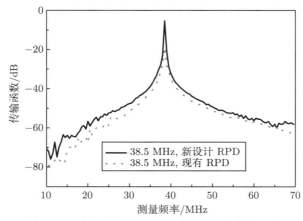

图 6.2.7　新设计 RPD 和现有 RPD 的传输函数

5. 实验装置和结果分析

为了评估新设计 RPD 对 PDH 技术的改善效果，这里搭建了一套用于本底光束和弱光束相对相位锁定的实验装置，如图 6.2.8 所示。激光光源是自制的单频钒酸钇激光器，工作波长为 1064 nm，输出功率能够通过半波片 HWP1 和偏振分束器 PBS1 来进行调节。最重要的光学部分是由半波片 HWP2 和偏振分束器 PBS2 组成的功率调节系统，它能够精细地调节偏振分束器的分光比。PBS2 输出的透射光经过半波片 HWP3 调节成 S 偏振的线偏振光后，入射到电光调制器 EOM 中。PBS2 输出的反射光经光学衰减片精细调节功率后，在 50/50 分束镜上与电光调制器输出的光进行干涉，该过程主要是模拟压缩态的测量过程。干涉信号的一路输出直接输入 RPD 中来提取误差信号，RPD 的输出被解调，然后经过 PID 计算和高压放大器 (HV) 放大后反馈到光路中的压电陶瓷上来改变两束光的相对相位。干涉信号的另一路输出则输入特别定制的光电探测器中，光电探测器的输出连接示波器，可根据干涉的公式间接推导出弱光的功率值。信号发生器 (SG) 产生的射频信号一分为二，一路用于驱动电光调制器，另一路充当电子本底振荡器来解调 RPD 的输出信号。

根据 PDH 锁定原理，误差信号锁定点 (误差信号中心零点) 附近的斜率直接关系到锁定的稳定性和灵敏度。为了证实共振型光电探测器具有更好的性能，这里分别使用共振型光电探测器和宽带光电探测器 (BPD) 获得了 OPA 腔同种子光与泵浦光之间的相对相位的误差信号，并对其进行了比较。实验结果分别如图 6.2.9(a) 和 (b) 所示：OPA 腔的耦合效率为 0.05，种子光功率为 1 mW，光电探测器探测的功率为 50 µW，调制深度为 0.1。宽带光电探测器探测得到的锁腔误差信号峰峰值仅为 25 mV，锁相误差信号幅度为 16 mV。共振型光电探测器得到的锁腔误差信号峰峰值为 6 V，锁相误差信号幅度约为 4.2 V。共振型光电探测器的增益是宽带型的 200 多倍，共振型光电探测器的灵敏度和抗干扰能力优于宽带光电探测器。

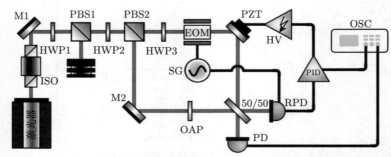

图 6.2.8   测量本底光束和弱光束之间相位锁定伺服控制系统锁定稳定性的实验装置图

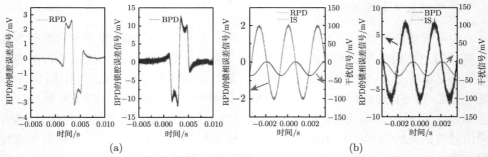

图 6.2.9   (a) RPD (红) 和 BPD (蓝) 锁腔误差信号比较；(b) RPD (红) 和 BPD (蓝) 锁相误差信号比较

6.3   量子噪声探测及探测器应用

6.3.1   贝尔态探测

1. 贝尔态探测基本概念

贝尔 (Bell) 态探测系统由一个 $\pi/2$ 相移器 ($\pi/2$ phase shifter，$\pi/2$ PS)、一个 50/50 分束器 (BS)、两个光电探测器 (D_1 和 D_2)、两个射频分束器和一对加

减法器组成。贝尔态探测法无需本底振荡光，而是直接对信号光进行探测，因其操作简便、光路简洁，引起了广泛关注 [12,13]。

贝尔态探测原理如图 6.3.1 所示，非简并光学参量放大器 (NOPA) 输出的能量相等的信号光 a_1 与闲置光 a_2 由 PBS 分开，即为一对纠缠光。然后，a_1 模与 a_2 模在 50/50 BS 处以 $\pi/2$ 相位差耦合，则 BS 输出的能量相等的两束光可表示为

$$c = \frac{1}{\sqrt{2}}(a_1 + \mathrm{i}a_2), \quad d = \frac{1}{\sqrt{2}}(a_1 - \mathrm{i}a_2) \tag{6.3.1}$$

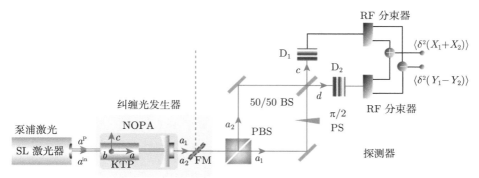

图 6.3.1　贝尔态探测原理图

c 与 d 分别注入光电探测器 D_1 和 D_2 中，探测器将光信号转换为电信号，则归一化的光电流谱可表示为

$$i_c = c^\dagger c = \frac{1}{2}(X_1 + Y_1 - Y_2 + X_2), \quad i_d = d^\dagger d = \frac{1}{2}(X_1 - Y_1 + Y_2 + X_2) \tag{6.3.2}$$

光电流之和 i_+ 与光电流之差 i_- 可分别表示为

$$i_+ = \frac{1}{\sqrt{2}}(i_c + i_d) = \frac{1}{\sqrt{2}}(X_1 + X_2), \quad i_- = \frac{1}{\sqrt{2}}(i_c - i_d) = \frac{1}{\sqrt{2}}(Y_1 - Y_2) \tag{6.3.3}$$

由 (6.3.3) 式可以看到，光电流的和与差分别对应于正交振幅和与正交相位差。因此，在正交振幅反关联与正交相位正关联的量子关联测量中，i_+ 与 i_- 可用来直接探测纠缠态光场的正交振幅与正交相位方差。如果 i_+ 与 i_- 分别通过 50/50 射频分束器 (RF splitter) 等分，则我们通过一个加法器和一个减法器即可同时测量正交振幅和 $\langle \delta^2(X_1 + X_2) \rangle$ 与正交相位差 $\langle \delta^2(Y_1 - Y_2) \rangle$ 的关联特性 (如图 6.3.1 探测器部分所示)。

2. 光场贝尔态光电探测器的基本要求

在贝尔态探测方案中，需要测量的信号光的功率十分微弱，只有 50 μW 左右，光场的散粒噪声十分微弱，很容易被电子学噪声淹没。如何降低探测电路的电子

学噪声，同时提高探测信号的增益，一直是贝尔态光电探测器的设计难点。因此，在光场贝尔态探测中，迫切需求低电子学噪声、高信号增益光电探测器，以实现对光场散粒噪声的高信噪比探测 [14-16]。对于这种情况，存在以下解决措施：第一，在分析频率 2 MHz 处，测得的散粒噪声必须高于电子学噪声 10 dB 及以上，才能避免散粒噪声被电子学噪声淹没 [17-19]。第二，入射光功率为 mW 量级时，光电探测器应该具有足够高的饱和特性。第三，在满足低噪声、高增益的探测前提下，测量带宽应该达到 5 MHz。光场贝尔态探测器的设计涉及了微弱信号估计、低噪声电路设计、高频信号处理等研究内容。

量子光学实验中，测量 1064 nm 光场的压缩、纠缠特性时，对 PIN 光电二极管的量子效率和低噪声要求极为苛刻。一般而言，量子效率应高于 95%，并且电子学噪声越低越好。ETX500 光电二极管在 1064 nm 波段具有极高的量子效率 (约为 95%) 和极低的暗电流，广泛应用于 1064 nm 光场的量子光学实验中。ETX500 工作于 +5 V 反向偏压时，暗电流约 12 nA，结电容约 35 pF，内阻高达 250 MΩ。

3. 测量散粒噪声的信噪比要求

基于跨阻抗放大器 (TIA) 设计的光电探测器的电子学噪声包含：反馈阻抗的热噪声、运放的输入噪声电流对应的输出噪声电压、运放的输入噪声电压对应的输出噪声电压。这里，要探测的信号是光场的散粒噪声电流，经过 TIA 转换为散粒噪声电压。由于散粒噪声满足白噪声特性，在频域范围内分析时，要特别注意在不同分析频率处的噪声特性、增益特性。

光场贝尔态探测器的信噪比要求：入射光功率为 50 μW 时，在分析频率 $f = 1$ MHz 或者 2 MHz 处，散粒噪声信号高于电子学噪声 10 dB 以上。这里测量的信号是散粒噪声，因此我们称这个信噪比为噪声信噪比 (noise SNR，NSNR)，即要求 NSNR≥10 dB[12,17,20]。根据功率-电压关系，这就要求：入射光功率为 50 μW 时，在分析频率 $f = 1$ MHz 或者 2 MHz 处，散粒噪声电压应大于电子学噪声电压 3 倍以上。

光电流转换到电压时，电阻 R 的热噪声为

$$E_\mathrm{t} = \sqrt{4kTR\Delta f} = 4 \text{ nV} \sqrt{R(\mathrm{k\Omega})}/\mathrm{Hz}^{1/2} \tag{6.3.4}$$

相干输出的激光，光场的散粒噪声电流为

$$i_\mathrm{s} = \sqrt{2eI_\mathrm{DC}\Delta f} = 0.57 \cdot \sqrt{I_\mathrm{DC}(\mathrm{\mu A})} \text{ pA}/\mathrm{Hz}^{1/2} \tag{6.3.5}$$

以 ETX500 为例，当入射光功率为 50 μW 时，光电流 I_DC 约为 40 μA，对

应的散粒噪声电流约为 2.5 pA/Hz$^{1/2}$。在图 6.3.2 中，我们分析了散粒噪声电流与对应的直流电流的关系。

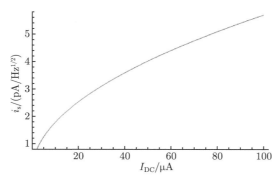

图 6.3.2 散粒噪声电流与对应的直流电流的关系

双极性输入的低噪声运放，如 OPA847，输入噪声电流为 2.5 pA/Hz$^{1/2}$，很容易将微弱的散粒噪声电流淹没。JFET 输入型的低噪声运放，如 OPA657，输入噪声电流为 1.3 fA/Hz$^{1/2}$，对散粒噪声电流的影响非常小而得到广泛应用[21,22]。

散粒噪声电流经过电阻 R 转换 (放大) 为交流电压信号，即

$$V_{\mathrm{s}} = R \cdot \sqrt{2eI_{\mathrm{DC}}\Delta f} = 0.57R(\mathrm{k}\Omega)\sqrt{I_{\mathrm{DC}}(\mu\mathrm{A})}\ \mathrm{nV/Hz}^{1/2} \tag{6.3.6}$$

因此，要使得散粒噪声电压信号不被电阻的热噪声电压淹没，应满足

$$V_{\mathrm{s}} > E_{\mathrm{t}} \tag{6.3.7}$$

对应的直流光电流 I_{DC}，应满足

$$I_{\mathrm{DC}} > \frac{4KT}{2eR} \tag{6.3.8}$$

对电阻 R 的要求是

$$R > \frac{4KT}{2eI_{\mathrm{DC}}} \tag{6.3.9}$$

对于 ETX500，光电流 $I_{\mathrm{DC}} = 50\ \mu\mathrm{A}$ 时，电阻阻值 $R > 3.45\ \mathrm{k}\Omega$；当 $I_{\mathrm{DC}} = 2\ \mathrm{mA}$ 时，$R > 0.207\ \mathrm{k}\Omega$，当 ETX500 与运放组成 TIA 型光电探测器时，光电探测器的电子学噪声、信号增益如下：

散粒噪声电流对应的散粒噪声电压 (信号) 为

$$V_\mathrm{s} = 0.57R(\mathrm{k\Omega}) \times G(f) \times \sqrt{I_\mathrm{DC}(\mathrm{\mu A})}\ \mathrm{nV/Hz^{1/2}} \tag{6.3.10}$$

电阻的热噪声电压为

$$E_\mathrm{t}(f) = 4\ \mathrm{nV} \times \sqrt{R(\mathrm{k\Omega}) \times G(f)}/\mathrm{Hz^{1/2}} \tag{6.3.11}$$

运放的输入噪声电流对应的输出噪声电压为

$$E_\mathrm{i}(f) = i(f) \times \sqrt{R(\mathrm{k\Omega}) \times G(f)}/\mathrm{Hz^{1/2}} \tag{6.3.12}$$

运放的输入噪声电压对应的输出噪声电压为

$$E_\mathrm{n}(f) = e(f) \times \mathrm{NG}(f)/\mathrm{Hz^{1/2}} \tag{6.3.13}$$

其中，$G(f)$ 为跨阻抗在分析频率 f 处的传递函数；$\mathrm{NG}(f)$ 为在分析频率 f 处，输入噪声电压的高频增益。根据噪声源的非关联特性，光电探测器输出的总噪声电压为

$$E_\mathrm{noise}(f) = \sqrt{E_\mathrm{n}(f)^2 + E_\mathrm{t}(f)^2 + E_\mathrm{i}(f)^2} \tag{6.3.14}$$

当信号光入射时，若要满足在分析频率 f 处，光场贝尔态探测器的噪声信噪比要求 ($\mathrm{NSNR} > 10\ \mathrm{dB}$)，则

$$V_\mathrm{s}(f) > 3 \times E_\mathrm{noise}(f) = 3 \times \sqrt{E_\mathrm{n}(f)^2 + E_\mathrm{t}(f)^2 + E_\mathrm{i}(f)^2} \tag{6.3.15}$$

因此，重新在频域内分析 TIA 的电子学噪声、散粒噪声电流增益、NSNR 等问题，为贝尔态光电探测器提供理论支撑。

随后在频域内分析 TIA 的噪声、增益，其集成电路仿真器 (SPICE) 模型如图 6.3.3 所示。其中，反馈电阻 $R_\mathrm{f} = 200\ \mathrm{k\Omega}$，反馈电容 (考虑电路的寄生效应) $C_\mathrm{f} = 1\ \mathrm{pF}$。ETX500 的反偏结电容 $C_\mathrm{d} = 35\ \mathrm{pF}$ (+5 V)，内阻 $R_\mathrm{d} = 250\ \mathrm{M\Omega}$，运放 OPA657 的输入电容 $C_\mathrm{opa} = 5\ \mathrm{pF}$。

TIA 的反馈阻抗 $Z_\mathrm{f}\ (R_\mathrm{f},\ C_\mathrm{f})$ 随频率的关系式为

$$Z_\mathrm{f}(f) = \frac{R_\mathrm{f}Z_C(f)}{R_\mathrm{f} + Z_C(f)} = \frac{R_\mathrm{f}}{1 + sR_\mathrm{f}C_\mathrm{f}}, \quad Z_C(f) = \frac{1}{\mathrm{j}2\pi f \cdot C_\mathrm{f}} = \frac{1}{sC_\mathrm{f}} \tag{6.3.16}$$

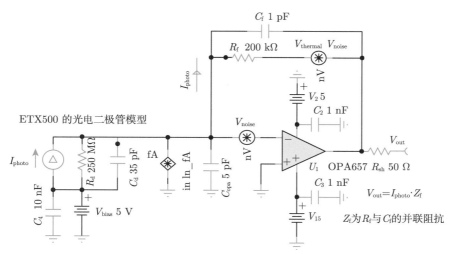

图 6.3.3 ETX500-TIA 的 SPICE 模型

用 Mathematica 计算得到反馈阻抗随频率的变化关系, 如图 6.3.4 所示。从图中可知: 虽然反馈电阻 R_f 较大, 但是考虑反馈电容 C_f 时, 反馈电阻的阻抗随频率的增加而急剧下降。

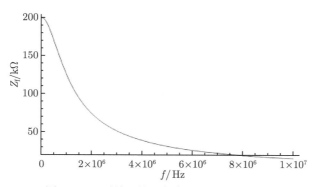

图 6.3.4 反馈阻抗随频率 f 的变化关系图

TIA 形成的零点频率 f_1 为

$$f_1 = \frac{1}{2\pi R_f \cdot C_{in}} \approx 20 \text{ kHz} \tag{6.3.17}$$

$$C_{in} = C_d + C_{opa} \tag{6.3.18}$$

TIA 形成的极点频率 f_2 为

$$f_2 = \frac{1}{2\pi R_f \cdot C_f} \approx 0.8 \text{ MHz} \tag{6.3.19}$$

现在，再来分析 ETX500 的源阻抗 $Z_\mathrm{s}(R_\mathrm{d}, C_\mathrm{in})$ 随频率的关系，其中将运放的输入电容等价到 ETX500 的结电容值中，公式为

$$Z_\mathrm{s} = \frac{R_\mathrm{d} Z_\mathrm{d}}{R_\mathrm{d} + Z_\mathrm{d}} = \frac{R_\mathrm{d}}{1 + s R_\mathrm{d} C_\mathrm{in}}, \quad Z_\mathrm{d} = \frac{1}{\mathrm{j} 2\pi C_\mathrm{in}} = \frac{1}{s C_\mathrm{in}} \tag{6.3.20}$$

用 Mathematica 仿真得到源阻抗随频率的变化关系，如图 6.3.5 所示。从图中可知：虽然 ETX500 的内阻较高，但是考虑较大的结电容时，ETX500 的源阻抗随频率的增加而急剧下降。

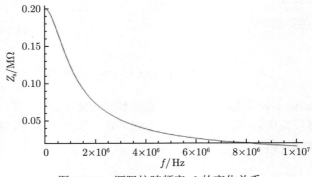

图 6.3.5　源阻抗随频率 f 的变化关系

TIA 中，运放的输入噪声电压所形成的输出噪声电压产生高频增益，即

$$e_0(f) = e_\mathrm{n}(f) \cdot \left[1 + \frac{Z_\mathrm{f}(f)}{Z_\mathrm{s}(f)}\right] = 1 + \frac{R_\mathrm{f}}{R_\mathrm{s}} \cdot \frac{1 + s R_\mathrm{s} C_\mathrm{in}}{1 + s R_\mathrm{f} C_\mathrm{f}} \tag{6.3.21}$$

运放 OPA657 的等效输入噪声电压、等效输入噪声电流分别为

$$e_\mathrm{n}(f) = 4.8 \text{ nV/Hz}^{1/2} @100 \text{ kHz} \tag{6.3.22}$$

$$i_\mathrm{n}(f) = 1.5 \text{ fA/Hz}^{1/2} @100 \text{ kHz} \tag{6.3.23}$$

用 Mathematica 仿真得到 TIA 的输入噪声电压的输出噪声电压随频率的变化关系，如图 6.3.6 所示。因此，随着频率增加，运放的输出噪声电压逐渐增加，表现为高频噪声增益。

当分析频率 f 超过 TIA 的极点频率 f_2 后，运放的输入噪声电压的高频增益为

$$e_0(f) = e_\mathrm{n}(f) \cdot \left(1 + \frac{C_\mathrm{in}}{C_\mathrm{f}}\right) \approx 196 \text{ nV/Hz}^{1/2} \tag{6.3.24}$$

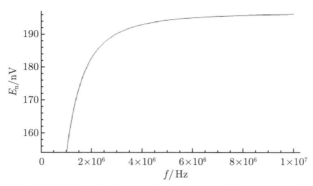

图 6.3.6　TIA 输出的噪声电压随频率 f 的变化关系

在 100 kHz~10 MHz 带宽内, 分析 TIA 输出的噪声电压 (主要是 TIA 的输入噪声电压的高频增益) 与散粒噪声电流增益 ($I_{DC} = 40$ μA) 随频率的变化关系, 如图 6.3.7 所示。实际的 TIA 电路中, 受限于运放的增益带宽积, 分析频率大于极点频率后, 输出噪声和信号增益随着频率的增加而急剧下降。

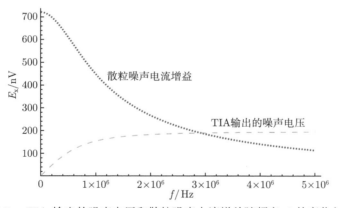

图 6.3.7　TIA 输出的噪声电压和散粒噪声电流增益随频率 f 的变化关系图

由图 6.3.7 分析知: 在分析频率 1 MHz 处, OPA657 的输入噪声电压为 196 nV, 而电阻的热噪声电压约为 44 nV, OPA657 的噪声电流引起的噪声电压约为 0.3 nV。因此, TIA 的输入噪声电压所形成的高频增益是影响探测器的电子学噪声的主要因素。

在分析频率 $f = 1$ MHz 处, 当散粒噪声信号高于电子学噪声 10 dB 以上时, 由公式分析知

$$0.57\sqrt{I_{DC}(\mu A)} \times 125 \text{ nV/Hz}^{1/2} > 3 \times 196 \text{ nV/Hz}^{1/2} \tag{6.3.25}$$

当 $R_f = 200$ kΩ，$C_f = 1$ pF 时，计算出 $I_{DC} > 70$ μA。因此，在满足 10 dB 的散粒噪声信噪比 (NSNR = 10 dB) 前提下，入射的 1064 nm 的光功率最低为 90 μW，这远高于贝尔态光场的信号光功率 (50 μW)，达不到贝尔态探测器的要求。

因此，只有降低了电子学噪声的影响，即降低了运放的输入噪声电压和输入电容，才能达到贝尔态光电探测器的 NSNR > 10 dB 的要求。

4. 测量散粒噪声的电路结构

光场贝尔态探测器主要用于测量光场的散粒噪声及其压缩特性。因此，有必要研究测量光场散粒噪声的电路结构。

当电阻 $R > 0.207$ kΩ 时，散粒噪声电压大于电阻的热噪声，因此可以采用如图 6.3.8 的电压型放大方案。当电阻 $R_c = 330$ Ω，且二级电压放大的等效输入噪声极小时，应该能测到散粒噪声电压信号、电阻 R_c 的热噪声。其中，V_s 表示经过低噪声电压放大后的噪声电压，DC Voltmeter 表示直流电流 I_{photo} 对应的直流电压，二级电压放大增益为 30 dB[21,23]。

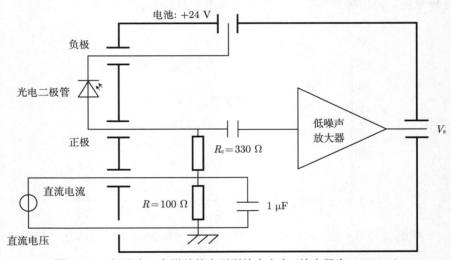

图 6.3.8　低噪声、高增益的电压型放大方案 (放大器为 AH0013)

测量结果如图 6.3.9 所示，其中直流电流 $I_{photo} = 0$ mA 时，测得光电探测器的电子学噪声。当 $I_{photo} = 2$ mA 时，测到的散粒噪声高于电子学噪声 10 dB@2 MHz；当 $I_{photo} = 4$ mA 时，测到的散粒噪声高于电子学噪声 13 dB@2 MHz。虽然增大 R_c 的阻值可以使散粒噪声远高于电子学噪声，但是光电二极管饱和功率下降，而且频率特性急剧恶化。

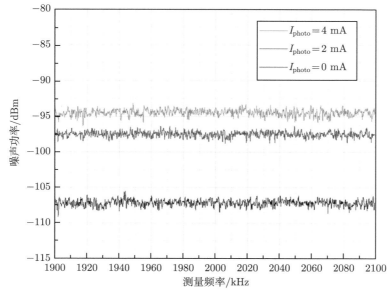

图 6.3.9　测量到的散粒噪声信号 ($I_{photo} = 0$ mA, 2 mA, 4 mA)

　　鉴于电压型放大方案的缺点，可以采用 TIA 结构，实现高信噪比、高带宽的测量。为了避免 TIA 的直流饱和效应，这里利用电感 L 和电容 C 将直流电流与交流电流分开测量，如图 6.3.10 所示[24−27]。

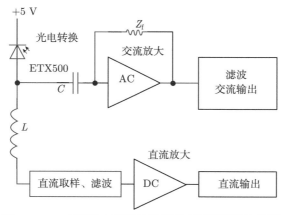

图 6.3.10　交流耦合跨阻抗散粒噪声探测器的结构图

　　散粒噪声电流通过电容 C 耦合进 TIA 的虚地端，然后经过反馈阻抗 Z_f 放大为散粒噪声电压信号。因此，交流放大回路也称为 AC-TIA。直流电流流过电感 L，然后通过直流电压取样、滤波后，测得对应的直流电压。

AC-TIA 中,低噪声运放为 AH0013,其输入噪声电压约为 $1.5\,\mathrm{nV/Hz^{1/2}}$ @1 kHz,
而输入噪声电流为 $10\,\mathrm{fA/Hz^{1/2}}$@1 kHz，低噪声特性极佳。测量结果如图 6.3.11
所示，最下面的曲线为谱仪的电子学噪声，中间的曲线为贝尔态探测器的电子学
噪声，而最上面的曲线是测到的散粒噪声电压 (入射光功率为 50 μW)。因此，入
射光功率为 50 μW (1064 nm) 时，在 2 MHz 处，散粒噪声高于电子学噪声 10 dB，
也就是 NSNR = 10 dB，达到光场贝尔态的测量要求。

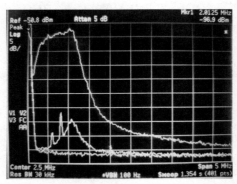

图 6.3.11   基于 AH0013 的光场贝尔态的噪声、增益曲线 (50 μW)

现有的光场贝尔态探测器所依赖的低噪声运放 (AH0013、CR-200、A250 等)
不但价格昂贵而且难以购买。因此，设计出可替代的低噪声、高增益的光场贝尔
态探测器，一直是量子光学实验的重要研究方向。

5. 全新设计的光场贝尔态探测器

由 TIA 的噪声分析知：较高的运放输入噪声和较大的 TIA 的等效输入电容，
形成了 TIA 的高频噪声增益，是限制 TIA 的信噪比进一步提高的主要原因。因
此，可以转向寻找：更低输入噪声电压的运放、降低 TIA 的等效输入电容的电路
结构。

降低 TIA 的输入噪声电压的方案很多，最常用的是在 TIA 的输入端串接一
个低噪声场效应管，但是会影响光电探测器的直流 (DC) 准确度。基于自举效应
的方案中，只是场效应管的栅电流增加了几微安，并未影响放大器的 DC 准确度，
非常适合高精度的光电探测。

根据 Linear Technology 公司对运放 LTC6244 的推荐电路的分析，这里利用
一个低噪声 JFET 输入型场效应管 (Phlips 公司的 BF862)，对较大的光电二极
管的电容进行自举，可以有效降低 TIA 的输出噪声电压，极大地提高了光电探测
器的信噪比 [27−29]。

场效应管 BF862 (N 沟道 JFET) 作为源极跟随器时，电压信号 V_{G1} 从 BF862

的栅极 (G) 输入，从 BF862 的源极 (S) 输出 V_{out1}，且源极输出电压 V_{out1} 跟随栅极输入电压 V_{G1} 而变，其工作模式与高频等效电路如图 6.3.12 所示。

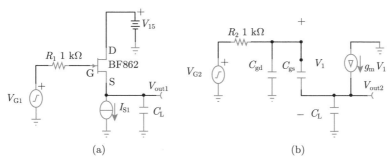

(a)   (b)

图 6.3.12   场效应管 BF862 的 (a) 工作模式与 (b) 其高频等效电路

根据 LTC6244 的使用手册 [27−29]，基于 BF862 的自举效应的电路结构，如图 6.3.13 所示。为了增大 BF862 的输入阻抗 (不允许出现栅极电流)，栅–源极电压 V_{GS} 必须为负值，约 -0.5 V，因此偏置电阻 (5 kΩ) 强制 BF862 在刚刚超过 1 mA 漏电流的条件下导通，实现低噪声运作。

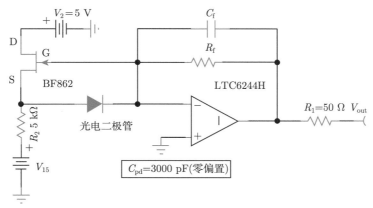

图 6.3.13   BF862 对光电二极管的自举电路

由 LTC6244HV 的反相输入端的虚地特性，光电二极管 (S1227-1010BQ) 的阳极电压，也即 BF862 的栅极电压 V_{G}，恒定为 0 V。当 BF862 低噪声运转时，源极电压 V_{S} 约为 0.5 V，因此光电二极管具有一个 V_{GS} (约为 -0.5 V) 的反向偏压，可以降低光电二极管的结电容 (从 3000 pF 降低到 2650 pF)。但是，最重要的作用是由自举效应产生的。

正是由于 BF862 的栅极输入阻抗极高，而源极输出阻抗极低，且表现为一个压控电流源 (V_{CCS}) 和一个源极跟随器 (buffer)，因此，光电二极管两端的电压差

恒定为 $V_{GS} = -0.5$ V，极大地抑制了光电二极管的结电容的分流作用。

此时，TIA 的反相输入端的等效输入电容不再是光电二极管的结电容 (2650 pF)，而是由 BF862 的栅极电容、LTC6244HV 的输入电容和一些寄生电容构成的总电容 (约为 10 pF)，这远小于光电二极管的结电容 (2650 pF)。因此，TIA 的输入噪声电压的高频增益急剧下降，使得电子学噪声被极大地抑制。

另一个重大的改进是带宽得到增加，这是因为自举效应导致 TIA 的等效输入电容很低 (从 2650 pF 减小到 10 pF 左右)，使得反馈电容取值较小。值得注意的是：尽管场效应管 BF862 降低了 TIA 的等效输入电容，但是 TIA 的等效输入噪声电流仍由运放 LTC6244HV 的输入噪声电流所决定。自举效应不仅要求所使用的 JFET 的栅极输入电容远低于光电二极管的结电容，且 JFET 的输入噪声电压远低于 LTC6244，增益带宽积足够大。

鉴于自举效应有效降低了 TIA 的输入电容和 TIA 的高频噪声增益，这里经过分析、计算后，改进的贝尔态探测器的交流部分如图 6.3.14 所示。

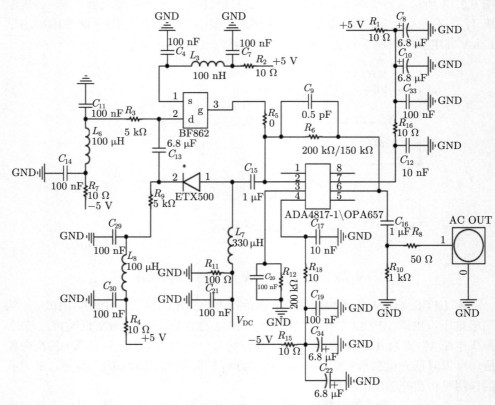

图 6.3.14　基于自举效应的低噪声光场贝尔态探测器

通过电容 C_{13} 和电阻 R_9，使得 BF862 与 ETX500 的直流工作点互不影响，而且 ETX500 的反偏电压设定为 +5 V。测试表明：ETX500 的偏置电阻 R_9 不能取值过小，否则 TIA 的输出噪声将会增加。

当 BF862 的偏置电阻 R_3 为 5 kΩ 时，其漏电流约为 1 mA，处于低功耗状态工作。对于场效应管而言，漏电流越大，等效输入噪声电压越小，因此可以通过减小 R_5 来增大漏电流，进一步减小 BF862 的噪声电压。虽然 BF862 的最高漏电流约为 30 mA，但是此时功耗较大，必须对 BF862 进行散热处理。因此，偏置电阻 R_3 的取值应同时考虑场效应管的等效输入噪声电压和功耗情况。

为了降低 TIA 的等效输入噪声电流，并增大 TIA 的增益带宽积，这里选用低噪声、1 GHz 增益带宽积、FastFET 输入型的运算放大器 ADA4817-1[27,30]。ADA4817-1 具有低输入噪声电压、高增益带宽积，以及超小的输入电容，综合性能较好。

散粒噪声电流通过电容 C_{15} 耦合到 TIA (ADA4817-1) 的反相输入端，然后经过反馈电阻 R_6 转换为散粒噪声电压信号后，接入频谱分析仪。调节反馈电阻 R_6 与反馈电容 C_9，可以进一步提高信噪比。

电感 L_7 是由两个相同的高频电感 (电感值均为 425 μH，Q 值均为 19) 串接而成，这是因为电感的取值较大时，低频段的电子学噪声可以进一步降低。

直流 (低频) 电流流过取样电阻 R_{11}，测得对应的直流电压 V_{DC}。经过 OP27/37 放大 (电压放大倍数为 41 倍) 后，接入示波器，如图 6.3.15 所示。

虽然贝尔态探测器的测量带宽约为 5 MHz，但是运放 ADA4817-1 与 BF862 能够在射频 (RF) 频谱内工作。因此，必须考虑高频/射频电路的 PCB 布局、信号布线、电源旁路和接地等问题 [27,31]。实际测试贝尔态光电探测器，如图 6.3.16 所示。

1) 信号布线方面的考虑

在 ADA4817-1 的输出端 (6 脚) 和放大器的反相输入端 (2 脚) 之间布设短而宽的走线，从而最大程度地减小杂散电容、寄生电感。ADA4817-1 与 BF862 附近的接地层必须全部移除，减少寄生电容，避免相位裕量降低。BF862 与 ETX500 的引脚尽可能地靠近 ADA4817-1 的反相输入端，减少分布参数和相互间的电磁干扰。

2) 电源旁路的考虑

并联不同取值和不同封装大小的贴片电容，可以确保电源引脚在较宽的频率范围内都具有较低的交流阻抗，利于减小放大器的噪声耦合。这里使用了高质量贴片电容 (介质为 X7R 或 NPO，0805 封装)，并且尽可能靠近放大器的供电端。这里运用了 10 nF 的钽电容、100 nF 的钽电容和 10 μF 的电解质电容的并联组合，大范围抑制干扰噪声。10 nF/100 nF 的钽电容为高频电源噪声提供低的交流对地阻抗，10 μF 的电解电容为低频噪声提供低的交流对地阻抗。

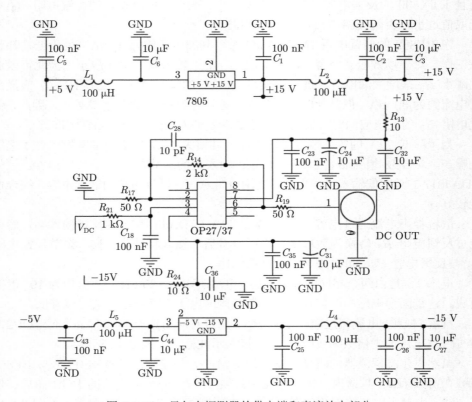

图 6.3.15   贝尔态探测器的供电端和直流放大部分

图 6.3.16   新设计的光场贝尔态探测器

3) 接地层的设计

接地层为电源和信号电流提供低阻抗回路，这里建议采用单独的接地层和电源层，也就是 4 层板 PCB 设计。接地层和电源层还有助于降低杂散走线电感，并为放大器提供低热路径，不要在任何引脚之下使用接地层和电源层。

4) 裸露焊盘的设计

ADA4817-1 具有一个裸露焊盘，其热阻比标准小外形集成电路封装 (SOIC) 塑料封装降低 25%，可以将这个裸露焊盘连接到接地层或负电源层。PCB 设计时，在焊接放大器裸露焊盘的表面上使用较多的铜，大大降低了 ADA4817-1 的整体热阻。

5) 降低漏电流的考虑

不良的 PCB 布局、污染 (如电路板上的护肤油等) 和较差的绝缘材料，可能会引起远大于 ADA4817-1 输入偏置电流的漏电流。在 TIA 设计中，输入端与邻近走线的任何压差都会引起漏电流通过 PCB 绝缘器，可以在放大器输入端和输入引脚周围放置一个保护环 (屏蔽环)，并将其驱动至与输入端相同的电势。这样，输入端与周围区域之间不存在电压差，也就不会产生漏电流。

6) 降低输入电容

ADA4817-1 与 BF862 对输入端与接地之间的寄生电容非常敏感。几 pF 的寄生电容就会降低高频时的输入阻抗，增大 TIA 的噪声增益，导致频率响应峰化或者振荡，信噪比急剧下降。接地层和电源层应与电路板所有层上的输入引脚保持较短的距离，并且经过足够的电源旁路处理。此外，输入/输入的走线尽量远离，且两路输入之间至少保持 7 mi (1 mi = 1609.344 m) 的间距。

7) PCB 抗干扰措施

光电探测器的供电端、信号输出端 (尤其是 AC OUT 端) 的导线，尽量避免相邻平行走向。可以在导线间添加保护环，来屏蔽反馈耦合。

必须尽量加粗电源线、接地线的宽度，来减少环路阻抗。同时，电源线、地线的走向，保持和信号传递的一致，利于 PCB 抗噪声。

PCB 导线的拐弯一般取圆弧形或夹角，尽量避免直角走向。此外，应避免使用大面积铺铜，以防止发生铜箔膨胀和脱落现象。元器件之间必须保证有 0.5 mm 以上的间距，才能避免桥接与串扰等现象。

为了测试场效应管 BF862 在降低 TIA 的电子学噪声上的优良特性，先将自举结构去掉 (不焊接 R_2 和 R_7)，测得分析频率 0.1~5 MHz 内的电子学噪声和跨阻抗信号增益，如图 6.3.17 所示。频谱分析仪选用安捷伦公司的 N9020A 系列，分辨率宽带 (RBW) 设置为 39 kHz，显示宽带 (VBW) 设置为 30 Hz，扫描时间 (sweep time) 设置为 10.5 s。此时，频谱分析仪的本底电子学噪声约为 −110 dBm。

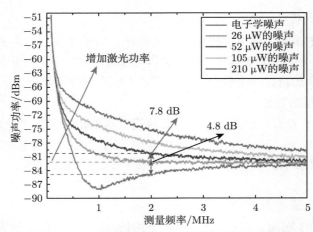

图 6.3.17　未加自举结构时，探测器的输出噪声谱

测试时，先挡住 ETX500，记录下电子学噪声，如图 6.3.17 中的红色曲线所示。由于频谱仪的设置原因，不考虑分析频率低于 1 MHz 的测量数据。在分析频率 2 MHz 处，电学噪声为 -85.0 dBm$/\sqrt{\text{Hz}}$，而且观测到明显的高频噪声电压增益 ($1\sim5$ MHz 处)。入射的 1064 nm 光场的功率为 52 μW 时，散粒噪声高于电子学噪声 7.8 dB@2 MHz，即 NSNR $= 7.8$ dB < 10 dB，仍然达不到光场贝尔探测器对 NSNR 的要求。虽然运放 ADA4817-1 的输入噪声电压较低，但 TIA 输出的电子学噪声还是较高，而且随着分析频率的增加，电子学噪声逐渐淹没了散粒噪声 (尤其是 $4\sim5$ MHz 处)。因此，必须进一步降低 TIA 的输入噪声电压和高频噪声电压增益。

随后加上自举结构 (焊接 R_2 和 R_7)，再次测量探测器输出的噪声谱，如图 6.3.18

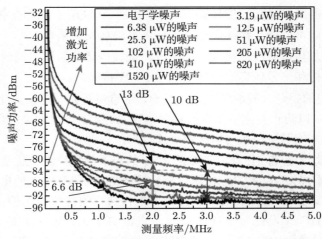

图 6.3.18　新设计的光场贝尔态探测器 (添加自举结构) 的输出噪声谱

所示，黑色曲线为电子学噪声。在分析频率 2 MHz 处，电子学噪声从原有的 -85.0 dBm/Hz$^{1/2}$ 降低到 -93.8 dBm/Hz$^{1/2}$，降低了 8.8 dB，而且在分析频率 1~5 MHz 内都没有高频噪声增益。因此，基于 BF862 的自举效应，TIA 的电子学噪声得到明显抑制。

入射光功率为 3.19 μW 时，散粒噪声高于电子学噪声 1.6 dB@2 MHz，输出的直流电压为 1.8 mV。当入射光功率为 51 μW 时，测到的散粒噪声高于电子学噪声 13 dB@2 MHz，输出的直流电压为 62 mV。此时，NSNR = 13 dB > 10 dB，信噪比提高了 5.2 dB (13 dB 相比于 7.8 dB)，而且在分析频率 1~5 MHz 内，都具有较高的增益特性，达到了光场贝尔态探测器的设计目标。

入射光场的功率从 25.5 μW 成倍增加到 1520 μW 时，可观测到：在分析频率 2 MHz 处，输出噪声谱呈现 3 dB 的增长，这再次验证了入射的光场在 2 MHz 处只含有散粒噪声，达到相干态。

可以观测到：入射光功率低于 12.5 μW 时，探测器的交流增益与直流增益的线性度都不太稳定。这是由于光功率较低时，光场直流电流与对应的散粒噪声电流都非常微弱，很容易受到探测电路的暗电流、环境杂散光的影响。入射光功率高于 12.5 μW 时，光场直流电流与对应的散粒噪声电流较大，受到其他因素的影响较小，交流放大与直流放大的线性度较好。

基于场效应管 BF862 的自举效应，新设计的光场贝尔态探测器显著降低了电子学噪声，提高了 1~5 MHz 内的信号增益。但是场效应管 BF862 的输入电容较大 (约为 10 pF)，限制了电子学噪声的进一步降低。因此，可以寻求输入电容更小的场效应管，或者通过并联多个 BF862 来进一步降低 TIA 的输入噪声电压，或者通过优化 PCB 设计来降低 TIA 的杂散输入电容的影响。

基于场效应管 BF862 的自举效应，在分析频率 2 MHz 处，新设计的光场贝尔态探测器的电子学噪声降低了 8.8 dB，信号增益提高了 5.2 dB。当入射的 1064 nm 光场的功率为 51 μW 时，散粒噪声高于电子学噪声 13 dB@2 MHz，满足了光场贝尔态探测器的设计要求。多次测试表明：新设计的光场贝尔态探测器具有线性的交、直流增益特性，也为组成平衡零拍探测器对做好准备。

6.3.2 平衡零拍探测

1983 年，Yuen 等发明了平衡零拍探测 (BHD) 的方法 [32]，它能够直接测量电磁场模式的与相位相关的正交场，这就能够完全表征这些电磁场模式的量子态特征，该方法已经成为量子光学研究的一个主要工具。在平衡零拍探测中，测量的量子场与强的本底 (local oscillator，LO) 相干光场在一个 50/50 分束镜上进行干涉，分束镜的两个输出光场由两个高效率的光电二极管接收，随后，它们产生的光电流进行相减，相减后的光电流与感兴趣场的正交分量成正比，相应的相位由本底光的相位决定。

　　光信号的最终探测和相减是一项复杂的任务，通常由称为平衡探测器的复杂电子电路来实现。该复杂性是由于相减后的信号相比于光电管单独探测的信号弱得多。因此，探测器要有高的共模抑制比 (CMRR) 和极低的噪声放大特性。后面章节提到的信噪比 (SNR) 是指激光本身的噪声相对于探测器本身电子学噪声的抬高，即探测器接收光照测得的噪声与探测器不接收光照时探测器电子学噪声的比值。在量子光场的平衡零拍探测中，测量的准确性由探测器的性能所决定。

1. 平衡零拍探测的原理

　　平衡零拍探测的实验装置如图 6.3.19 所示，两束光 $\hat{a}$ 和 $\hat{b}$ 在 50/50 分束镜上进行干涉，干涉后输出的两束光 $\hat{c}$ 和 $\hat{d}$ 分别入射到两个光电二极管 (PD) 中，经过光电转换后，两个光电二极管产生的光电流在经过复杂放大电路前进行相减，输出的交流信号输入频谱分析仪中进行后续处理，这里省略了复杂的放大电路。其中，$\hat{a}$ 表示本底光场，$\hat{b}$ 表示待测的压缩态光场。为了实现压缩态的最大压缩度的测量，应使两束光 $\hat{a}$ 和 $\hat{b}$ 腰斑的大小和位置完全相同，此时两束光的干涉效率为100%，测量压缩时引入的干涉损耗可以忽略不计。干涉后输出的两束光 $\hat{c}$ 和 $\hat{d}$ 可以表示如下 [33]：

$$\hat{c} = \frac{1}{\sqrt{2}}\hat{a} + \frac{1}{\sqrt{2}}\hat{b} \tag{6.3.26}$$

$$\hat{d} = -\frac{1}{\sqrt{2}}\hat{a} + \frac{1}{\sqrt{2}}\hat{b} \tag{6.3.27}$$

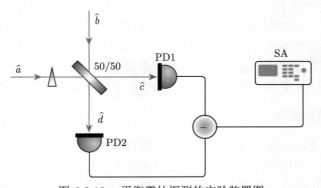

图 6.3.19　平衡零拍探测的实验装置图

　　光电二极管 PD1 和 PD2 产生的光电流 I_c 和 I_d 可以用本底光和压缩光的湮灭算符 $\hat{a}$, $\hat{b}$ 与产生算符 $\hat{a}^+$, $\hat{b}^+$ 表示为

$$I_c = \hat{c}^+ \hat{c} = \frac{1}{2} \left(\hat{a}^+ + \hat{b}^+ \right) \left(\hat{a} + \hat{b} \right) \tag{6.3.28}$$

$$I_d = \hat{d}^+ \hat{d} = \frac{1}{2} \left(-\hat{a}^+ + \hat{b}^+ \right) \left(-\hat{a} + \hat{b} \right) \tag{6.3.29}$$

基于湮灭算符 $\hat{a}$ 和 $\hat{b}$ 的特点, 可以用直流项和交流项来表示本底光场 $\hat{a}$ 和压缩态光场 $\hat{b}$:

$$\hat{a} = \alpha + \delta\hat{a} \tag{6.3.30}$$

$$\hat{b} = \beta + \delta\hat{b} \tag{6.3.31}$$

本底光场和压缩态光场的平均值为实数, 表示为 α 和 β, 当本底光经过相移器改变相位 θ 时, 本底光的湮灭算符 $\hat{a}$ 可以表示为

$$\hat{a} = \hat{a}_0 \mathrm{e}^{\mathrm{j}\theta} = \alpha_0 \mathrm{e}^{\mathrm{j}\theta} + \delta\hat{a}\mathrm{e}^{\mathrm{j}\theta} \tag{6.3.32}$$

则此时光电二极管 PD1 和 PD2 产生的光电流 (6.3.28) 式和 (6.3.29) 式可以表示为

$$
\begin{aligned}
\hat{c}^+ \hat{c} &= \frac{1}{2} \left(\alpha \mathrm{e}^{-\mathrm{j}\theta} + \delta\hat{\alpha}^+ \mathrm{e}^{-\mathrm{j}\theta} + \beta + \delta\hat{b}^+ \right) \left(\alpha \mathrm{e}^{\mathrm{j}\theta} + \delta\hat{\alpha}\mathrm{e}^{\mathrm{j}\theta} + \beta + \delta\hat{b} \right) \\
&= \frac{1}{2} \Big[\alpha_0^2 + \beta^2 + 2\alpha_0\beta\cos\theta + \alpha_0 \left(\delta\hat{X}_{1,a} + \delta\hat{X}_{\theta,b} \right) + \beta \left(\delta\hat{X}_{-\theta,a} + \delta\hat{X}_{1,b} \right) \\
&\quad + \delta\hat{\alpha}^+ \delta\hat{\alpha} + \delta\hat{\alpha}^+ \delta\hat{b}\mathrm{e}^{-\mathrm{j}\theta} + \delta\hat{b}^+ \delta\hat{\alpha}\mathrm{e}^{\mathrm{j}\theta} + \delta\hat{b}^+ \delta\hat{b} \Big]
\end{aligned}
\tag{6.3.33}
$$

$$
\begin{aligned}
\hat{d}^+ \hat{d} &= \frac{1}{2} \left(-\alpha \mathrm{e}^{-\mathrm{j}\theta} - \delta\hat{\alpha}^+ \mathrm{e}^{-\mathrm{j}\theta} + \beta + \delta\hat{b}^+ \right) \left(-\alpha \mathrm{e}^{\mathrm{j}\theta} - \delta\hat{\alpha}\mathrm{e}^{\mathrm{j}\theta} + \beta + \delta\hat{b} \right) \\
&= \frac{1}{2} \Big[\alpha_0^2 + \beta^2 - 2\alpha_0\beta\cos\theta + \alpha_0 \left(\delta\hat{X}_{1,a} - \delta\hat{X}_{\theta,b} \right) - \beta \left(\delta\hat{X}_{-\theta,a} - \delta\hat{X}_{1,b} \right) \\
&\quad + \delta\hat{\alpha}^+ \delta\hat{\alpha} - \delta\hat{\alpha}^+ \delta\hat{b}\mathrm{e}^{-\mathrm{j}\theta} - \delta\hat{b}^+ \delta\hat{\alpha}\mathrm{e}^{\mathrm{j}\theta} + \delta\hat{b}^+ \delta\hat{b} \Big]
\end{aligned}
\tag{6.3.34}
$$

式中,

$$\delta\hat{X}_{1,a} = \delta\hat{\alpha} + \delta\hat{\alpha}^+ \tag{6.3.35}$$

$$\delta\hat{X}_{1,b} = \delta\hat{b} + \delta\hat{b}^+ \tag{6.3.36}$$

$$\delta\hat{X}_{-\theta,a} = \delta\hat{\alpha}\mathrm{e}^{\mathrm{j}\theta} + \delta\hat{\alpha}^+ \mathrm{e}^{-\mathrm{j}\theta} \tag{6.3.37}$$

$$\delta\hat{X}_{\theta,b} = \delta\hat{b}\mathrm{e}^{-\mathrm{j}\theta} + \delta\hat{b}^+ \mathrm{e}^{\mathrm{j}\theta} \tag{6.3.38}$$

当不考虑 (6.3.33) 式和 (6.3.34) 式中的高阶项时，(6.3.33) 式和 (6.3.34) 式可以简化为

$$\hat{c}^+\hat{c} \approx \frac{1}{2}\left[\alpha_0^2 + \beta^2 + 2\alpha_0\beta\cos\theta + \alpha_0\left(\delta\hat{X}_{1,a} + \delta\hat{X}_{\theta,b}\right) + \beta\left(\delta\hat{X}_{-\theta,a} + \delta\hat{X}_{1,b}\right)\right]$$
(6.3.39)

$$\hat{d}^+\hat{d} \approx \left[\alpha_0^2 + \beta^2 - 2\alpha_0\beta\cos\theta + \alpha_0\left(\delta\hat{X}_{1,a} - \delta\hat{X}_{\theta,b}\right) - \beta\left(\delta\hat{X}_{-\theta,a} - \delta\hat{X}_{1,b}\right)\right]$$
(6.3.40)

将 (6.3.39) 式和 (6.3.40) 式得到的光电流进行相减，得到光电流差信号，可以表示为

$$\hat{i}_- \propto \hat{c}^+\hat{c} - \hat{d}^+\hat{d} = 2\alpha_0\beta\cos\theta + \alpha_0\delta\hat{X}_{\theta,b} + \beta\delta\hat{X}_{-\theta,a}$$
(6.3.41)

最后，利用频谱分析仪 (SA) 测量光电流差信号的方差为

$$V_{i_-} = \alpha_0^2 V\left(\delta\hat{X}_{\theta,b}\right) + \beta^2 V\left(\delta\hat{X}_{-\theta,a}\right)$$
(6.3.42)

在平衡零拍探测中，本底光束 $\hat{a}$ 的光功率 α_0^2 要比压缩态光场 $\hat{b}$ 的光功率 β^2 大得多，即 $\alpha_0^2 \gg \beta^2$，因此，(6.3.42) 式中可以忽略包含压缩态光场 $\hat{b}$ 的光功率 β^2 的项，(6.3.42) 式可以简化表示为

$$V_{i_-} = \alpha_0^2 V\left(\delta\hat{X}_{\theta,b}\right)$$
(6.3.43)

式中，测量到的方差只包含压缩光的噪声，该噪声被本底光进行放大，放大倍数为本底光的光强。

(6.3.38) 式还能够表示为

$$\delta\hat{X}_{\theta,b} = \delta\hat{b}e^{-j\theta} + \delta\hat{b}^+e^{j\theta}$$
$$= \delta\hat{X}_b\cos\theta + \delta\hat{Y}_b\sin\theta$$
(6.3.44)

将 (6.3.44) 式代入 (6.3.42) 式中，可以表示为

$$V_{i_-} = \alpha_0^2\delta^2\left(\hat{X}_b\cos\theta + \hat{Y}_b\sin\theta\right)$$
(6.3.45)

因此，从 (6.3.45) 式可以看出，当本底光和压缩态光场的相对相位 θ 锁定到不同的值时，测量的压缩态光场的正交分量也不一样。压缩态光场的正交振幅分量对应本底光和压缩态光场的相位为 $\theta = 0$，压缩态光场的正交相位分量对应相位为 $\theta = \pi/2$。

在压缩态光场的测量中，当不注入压缩态光场，只输入本底光时，测量到的是相对于压缩态光场测量的基准，与相位 θ 无关，$V\left(\delta \hat{X}_{\theta,b}\right)=1$。接着，利用压电陶瓷的伸缩特性实现本底光和压缩态光场相对相位的变化，然后注入压缩态光场，此时测到的是不同相位时压缩态光场相对基准的变化情况。根据之前的描述，当相对相位为 $\theta=0$ 或 $\theta=\pi/2$ 时，能够实现对压缩态光场任一正交分量的测量。其中，基准与本底光的光功率有关，与压缩态光场的光功率无关，为了实现压缩态光场的准确测量，应当尽可能地降低本底光光功率的波动。

2. 基于 TIA 的平衡零拍探测电路

基于 TIA 的电路结构由于其具有低的噪声和宽的带宽，被平衡零拍探测所采用，一个典型的基于 TIA 的平衡零拍探测电路如图 6.3.20 所示。两个背靠背光电二极管的反向偏置电压 $\pm\text{BV}$ 降低了它们的固有结电容，从而增加了放大带宽。反馈回路中的反馈电容 C_{f} 用于优化放大频谱的平坦度和通过补偿相位延迟来抑制自激振荡。由于具有良好的噪声特性，通常采用运放的反相输入端作为输入使用。运放的正相输入端并联一组可调的电阻、电容来有效抑制输出端 U_0 可能的直流偏移。下面我们将计算平衡光电探测器的增益谱和电子学噪声谱，以下内容主要参考文献 [34] 和 [35]。

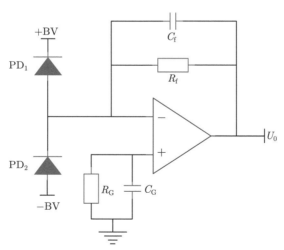

图 6.3.20 基于 TIA 的平衡零拍探测电路图

1) 电路的增益谱

平衡光电探测器的等效原理图如图 6.3.21 所示，主要包括三个部分：输入阻抗 Z_{IN}、反馈阻抗 Z_{f} 和运算放大器。

该电路的输入阻抗 Z_{IN} 和反馈阻抗 Z_{f} 分别表示如下：

$$\frac{1}{Z_\text{f}} = \frac{1}{R_\text{f}} + 2\pi\text{j}fC_\text{f} \tag{6.3.46}$$

$$\frac{1}{Z_\text{in}} = 2\pi\text{j}f(2C_\text{PD} + C_\text{A1}) \tag{6.3.47}$$

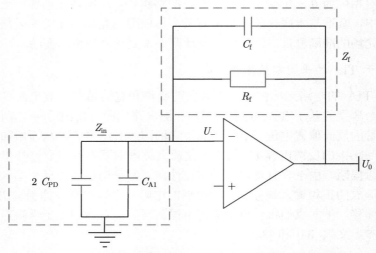

图 6.3.21   用于增益谱计算的平衡光电探测器的等效原理图

当忽略流入运放的电流时,流过输入阻抗和反馈阻抗的光电流满足式 (6.3.48) 的关系:

$$I(f) = \frac{U_-}{Z_\text{in}} + (U_- - U_0)\frac{1}{Z_\text{f}} \tag{6.3.48}$$

运放反相端输入电压 U_- 和输出电压 U_0 满足关系 $U_0 = -A(f)U_-$,其中,运放的内在增益 $A(f)$ 满足关系 $A(f) = A_0/(1+\text{j}f/f_0)$,$A_0f_0$ 为运放的增益带宽积,将以上两个关系式代入 (6.3.48) 式中,得到 TIA 的频率响应,其满足 (6.3.49) 式:

$$\begin{aligned}
\frac{U_0}{I(f)R_\text{f}} &= -\frac{1}{R_\text{f}}\bigg/ \left[\frac{1}{Z_\text{F}} + \frac{1}{A(f)}\left(\frac{1}{Z_\text{in}} + \frac{1}{Z_\text{f}}\right)\right] \\
&= -1\bigg/ \left[1 + \text{j}f\left(2\pi R_\text{f}C_\text{f} + \frac{1}{A_0f_0}\right) - \frac{2\pi f^2}{A_0f_0}R_\text{f}(2C_\text{PD} + C_\text{f} + C_\text{A1})\right]
\end{aligned} \tag{6.3.49}$$

(6.3.49) 式中多项式系数可以用 f^* 和 p 来表示,这时该等式可以表示为

$$\frac{U_0(f)}{I(f)} = G(f)R_\text{f} = \frac{R_\text{f}}{1 + \text{j}p\dfrac{f}{f^*} - \dfrac{f^2}{f^{*2}}} \tag{6.3.50}$$

其中, f^* 和 p 是两个累积参数, f^* 与频率有关, p 是无量纲的, 可以分别表示为

$$f^* = \sqrt{\frac{A_0 f_0}{2\pi R_{\mathrm{f}}(2C_{\mathrm{PD}} + C_{\mathrm{f}} + C_{\mathrm{A1}})}} \tag{6.3.51}$$

$$p = \left(2\pi R_{\mathrm{f}} C_{\mathrm{f}} + \frac{1}{A_0 f_0}\right) f^* \tag{6.3.52}$$

运放增益 $G(f)$ 的绝对值为

$$|G(f)|^2 = \frac{1}{1 + (p^2 - 2)\dfrac{f^2}{f^{*2}} + \left(\dfrac{f^2}{f^{*2}}\right)^2} \tag{6.3.53}$$

当 $p = 2$ 时, 电路等效为一个二阶巴特沃思滤波器, 在其带宽内增益谱是平坦的, 此时 3 dB 频率截止点等于 f^*。为了实现上面的条件, 反馈电容需满足

$$C_{\mathrm{f}} = \sqrt{\frac{2C_{\mathrm{PD}} + C_{\mathrm{A1}}}{\pi A_0 f_0 R_{\mathrm{f}}}} \tag{6.3.54}$$

当两个光电二极管接收的光功率均为 $P/2$ 时, 经过光电转换后产生光电流的散粒噪声可以表示为 $\langle I^2 \rangle / \Delta f = 2e I_0$, 其中 $I_0 = (\eta e / \hbar w) P$ 为两个光电二极管探测到光电流直流部分的和, 这里 η 为光电二极管的量子效率, e 为电子电荷, $\hbar w$ 为一个光子的能量。此时, 输出电压噪声与频率有关, 满足

$$\begin{aligned}
\langle U_0^2(f) \rangle - \langle U_{\mathrm{e}}^2(f) \rangle &= R_{\mathrm{f}}^2 |G(f)|^2 \langle I^2 \rangle \\
&= \frac{2\eta e^2 P}{\hbar w} \Delta f \frac{R_{\mathrm{f}}^2}{\left(1 - \dfrac{f^2}{f^{*2}}\right) + p^2 \left(\dfrac{f}{f^*}\right)^2}
\end{aligned} \tag{6.3.55}$$

其中, $\langle U_{\mathrm{e}}^2(f) \rangle$ 为电子学噪声分布。

2) 电路的电子学噪声谱

TIA 的电子学噪声来自运放内部和反馈电阻。运放电流噪声和电压噪声计算的等效方案如图 6.3.22 所示。

运放电流源噪声 i_- 的计算与光电管产生的光电流计算相同, 为

$$\langle U_0^2 \rangle = R_{\mathrm{f}}^2 |G(f)|^2 \langle i_-^2 \rangle \tag{6.3.56}$$

运放电压噪声源产生的电流流过输入部分元件和反馈部分元件, 则

$$\frac{U_0 - U_{\mathrm{B}}}{Z_{\mathrm{f}}} = 2\pi \mathrm{j} f (2C_{\mathrm{PD}}) U_{\mathrm{B}} + 2\pi \mathrm{j} f C_{\mathrm{A1}} U_- \tag{6.3.57}$$

其中，U_- 为运放反相端的电压；$U_B = U_- - u_-$ 为图 6.3.22 中 B 点的电压。根据运放输入–输出的关系 $U_0 = -A_0 u_-/(1 + \mathrm{j}f/f_0)$，(6.3.57) 式可以写成

$$U_0 = -G(f)\left[1 + 2\pi\mathrm{j}f R_\mathrm{f}(2C_\mathrm{PD} + C_\mathrm{f} + C_\mathrm{A1})\right] u_- \tag{6.3.58}$$

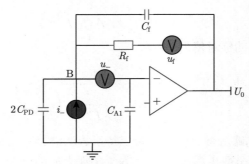

图 6.3.22   基于运放等效噪声源的 TIA 的原理图

反馈电阻 R_f 产生热噪声 $\langle u_\mathrm{f}^2 \rangle = 4kT\Delta f/R_\mathrm{f}$ 的电流同样流过输入部分元件和反馈部分元件，则

$$u_-(2 \times 2\pi\mathrm{j}f C_\mathrm{PD} + 2\pi\mathrm{j}f C_\mathrm{A1}) = (U_0 - U_-)\, 2\pi\mathrm{j}f C_\mathrm{f} + \frac{U_0 - U_- + u_\mathrm{f}}{R_\mathrm{f}} \tag{6.3.59}$$

由于 $U_0 = -G(f)u_\mathrm{f}$，则

$$\langle U_0^2 \rangle = |G(f)|^2\, 4kT R_\mathrm{f} \Delta f \tag{6.3.60}$$

将各个噪声源产生的电子学噪声相加，则

$$\frac{\langle U_\mathrm{e}^2(f) \rangle}{|G(f)|^2\, R_\mathrm{f}^2} = (A + Bf^2)\Delta f \tag{6.3.61}$$

其中，A 和 B 满足

$$A = \frac{u_A^2}{R_\mathrm{f}^2} + \langle i_-^2 \rangle + \frac{4kT}{R_\mathrm{f}} \tag{6.3.62}$$

$$B = \left[2\pi(2C_\mathrm{PD} + C_\mathrm{f} + C_\mathrm{A1})\right]^2 \langle u_A^2 \rangle = \left(\frac{A_0 f_0}{R_\mathrm{f} f^{*2}}\right)^2 \langle u_A^2 \rangle \tag{6.3.63}$$

总之，奈奎斯特噪声和电流噪声都是白噪声，而电压噪声与频率的平方呈线性关系，这是因为输入电压噪声加载在与电容相关的输入阻抗上，使得电流噪声与频率成正比。通过上面的分析，在设计电路的时候，可以考虑各个参数的影响，通过优化参数来实现最佳的性能。

3. 平衡零拍探测器参数和对测量压缩态的影响

由于平衡零拍探测具有优异的性能,其应用领域极为广泛,例如光谱测量、光纤传感、测风雷达、量子态测量等。其中,量子光学实验对平衡零拍探测器的性能提出了更高的要求。

压缩度 V_- 与平衡零拍探测器的探测效率 α 成正比,α 可以表示为传输效率 ζ、光电二极管的量子效率 η 以及平衡效率 2ξ 的乘积。上述讨论是在把平衡零拍探测器看成理想的探测器的情况下进行的,没有考虑其电学特性,在实际中还需要考虑高量子效率的光电二极管、平衡零拍探测器的增益、带宽、电子学噪声、动态范围、共模抑制比等特性,而这些因素又是相互制约的。下面详细说明。

1) 高量子效率的光电二极管

高量子效率的光电二极管在测量压缩态时是非常重要的,因为在压缩态的测量中光电管的量子效率会引入损耗,所以光电管的量子效率要尽量高,通常要求在 99% 以上。

2) 高增益、低噪声、大动态范围

首先,平衡零拍探测器是用来探测突破量子噪声极限的压缩分量,这就要求平衡零拍探测器的电子学噪声必须远小于光场的量子噪声。图 6.3.23 是一个使用频谱分析仪测量的压缩度的结果,黄色曲线代表平衡零拍探测器的电子学噪声,黑色曲线代表散粒噪声 (量子噪声),红色曲线代表测量的压缩和反压缩曲线 (黑色曲线以上代表的是反压缩,黑色曲线以下代表的是压缩)。从这幅图可以看出,

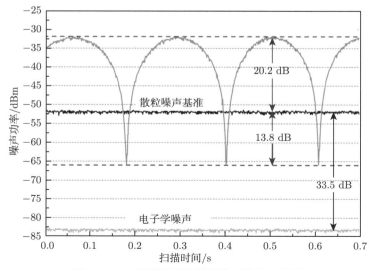

图 6.3.23 频谱分析仪测量的压缩度示意图

要使得平衡零拍探测器可以准确测量压缩度，其电子学噪声和散粒噪声之间的间隔必须远大于实际压缩度，这就要求平衡零拍探测器既要有很高的增益，还要有低的电子学噪声。

任何不期望的噪声都会增加探测器的电子学噪声，降低其信噪比，这些噪声来自于光电二极管、运算放大器和反馈电阻等。在测量压缩态光场时，探测器低的信噪比和光学损耗一样也会引入相当大的电学损耗 [35,36]，当测量频率处的信噪比为 10 dB 时，测量引入的损耗为 10%；当测量频率的信噪比达到 20 dB 时，测量引入的损耗仅有 1%。提高探测器信噪比的关键是增加增益同时降低电子学噪声，因此，需要根据上节 (2. 基于 TIA 的平衡零拍探测电路) 推导的增益谱和电子学噪声谱来设计电路。

此外，根据前面 (1. 平衡零拍探测的原理) 关于平衡零拍探测原理的叙述，通常测量压缩度时本底光强度要远大于压缩光强度，通常在 mW 量级，这要求平衡零拍探测器在高增益、低噪声的情况下还需要有足够的动态范围，使其不会因为饱和效应而无法真实地反映压缩度。为此，郑耀辉研究小组在 2014 年 [27] 和 2015 年 [37] 采用 JFET 缓冲和 JFET 自举结构获得了高增益、低噪声、大动态范围的光电探测器。其跨阻增益为 200 kΩ，在分析频率 2 MHz 处，入射光功率为 51 mW 时的噪声功率高于电子学噪声 12.5 dB。其动态范围可达 11.22 mW，满足压缩光的测量要求。

3) 高共模抑制比

压缩度与平衡零拍探测的平衡效率 2ξ 有关，这不仅要求在光学手段上尽可能地保证平衡零拍探测方法中注入两个光电二极管的光束 $\hat{c}$ 和 $\hat{d}$ 的强度相等，而且要求平衡零拍探测器的两臂 (两个光电二极管及其放大电路) 的光电流及增益要相同。这就要求平衡零拍探测器必须对两个光电二极管产生的光电流有较好的"减"的能力，称为探测器的共模抑制比，其主要用来抑制本底光的经典噪声 [38–40]，且平衡零拍探测器的共模抑制比要高，以抑制两臂不平衡带来的经典噪声。

对于脉冲激光，共模抑制比是极其重要的，低的共模抑制比会使脉冲信号和谐波混叠。此外，低的共模抑制比使得运放极容易饱和，高共模抑制比的获得是相当困难的，下面介绍高共模抑制比获得的途径。

第一点，为了获得最大可能的共模抑制比，则每个光电二极管接收的光功率必须相等。任何功率的不平衡都会被放大，从而降低可能的噪声衰减。

第二点，两个光电二极管上探测到光功率的密度尽量相等，是获得最大共模抑制比的另一个重要条件。同时，尽可能将整个光电二极管的光敏面照亮，来避免非线性的产生。聚焦的高功率光束可能导致频率响应下降，从而恶化共模抑制比的进一步提高。

第三点，相等的光程长度对于高共模抑制比同样重要，尤其是在较高的分析频率下，任何光程差都会在两个输入信号之间引入相位差，这会极大地削弱平衡探测器件的能力。

第四点，避免光路中的标准具效应 (两个光学表面之间产生的干涉条纹)。在基于光纤的装置中，使用角度抛光的光学连接器将大大降低标准具效应。残余频率调制、极化噪声、极化摆动或空间调制等效应也会降低共模抑制比的性能。通常，减少光路中的差分损耗将会大大改善共模噪声的降低。

另一个关键点可能是与接地环路相关的电噪声的耦合。在大多数情况下，电隔离柱将抑制电噪声的耦合。

以下是设计的高共模抑制比平衡零拍探测器的方案。

提高共模抑制比的核心思想是保证测量的两臂尽可能相同。首先两臂要选用相同的光电二极管及电子元件。然而，完全相同的光电二极管电子元件是不存在的，这就需要再用其他方法来提高共模抑制比。平衡零拍探测的两臂采用的光电探测器有两种形式，如图 6.3.24 所示。一种是先放大再相减，另一种是采用光电流自减的方式，由于采用自减方式使用了尽可能少的非共用电子元件，结构简单，有效消除了电子元件的差异，因此可以提高共模抑制比。

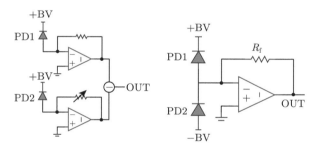

图 6.3.24 两种平衡零拍探测器电路结构示意图

这里选用了 JDSU 公司的高效率光电二极管 ETX500T，并且挑选其中量子效率、暗电流、结电容最接近的一组光电二极管，还采用了偏压补偿电路和差分微调电路 (differential fine tuning circuit, DFTC) 补偿的方法来减小两臂的差异。偏压补偿是采用可调偏压电路弥补两个光电二极管结电容的差异，如图 6.3.25 所示，平衡暗电流差异。差分微调则补偿采用微调电阻平衡两个光电二极管内部电阻的差异，如图 6.3.26 所示。

综合以上方案，设计了高增益、低噪声、高共模抑制比的平衡零拍探测器，电路简图如图 6.3.27 所示。在分析频率 2 MHz 处，获得的最大共模抑制比为 75.2 dB，当入射功率为 54 mW 时，电子学噪声和散粒噪声之间的间隔为 37 dB[2]。

4) 带宽范围

微弱信号探测在侦查、防御等国防领域有着重要的作用，例如激光雷达。经典方式的激光雷达的测量精度受限于量子噪声极限。将量子压缩光引入激光雷达的相干外差技术中，用压缩光代替原来的相干光作为本振光，可以提高激光雷达的探测灵敏度和探测距离。在相干外差技术中，为了减小由多普勒频移引起的本振信号和主振信号的相互干扰，本振和主振信号需要有一定的频率差，一般要大于 40 MHz。这就需要平衡零拍探测器的带宽在 40 MHz 以上，并且还要有足够的信噪比 (大于本振压缩光的压缩度)，也就是要求光电探测器在满足高增益低电子学噪声的同时还要有较高的带宽，这是宽带探测相比于低频探测和窄带探测的难点，也是量子雷达相干探测必须解决的难题之一。因为在实际光电探测器的设计中，其电子学噪声、增益、带宽等特性是相互牵制的。例如，对于使用跨阻运算放大器作为光电探测的电流电压转换器来说，其带宽和增益有着如下的关系：

$$f_{3\,\mathrm{dB}} = \sqrt{\dfrac{\mathrm{GBP}}{2\pi R_{\mathrm{f}} C_{\mathrm{T}}}} \tag{6.3.64}$$

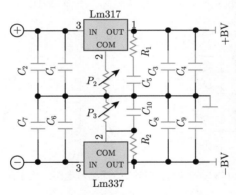

图 6.3.25　可调偏置补偿电路图

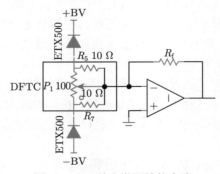

图 6.3.26　差分微调补偿电路

其中，GBP 是运算放大器的增益带宽积；R_f 为反馈电阻；C_T 为跨阻运算放大器的输入总电容 (包括光电二极管的结电容 C_D，运算放大器的差模输入电容 C_{DIFF} 和共模输入电容 C_{COM}，以及电路板和元件的寄生电容 C_{PCB})，其值通常为数十皮法。根据 (6.3.64) 式我们可以知道，探测器的带宽同决定其增益的反馈电阻 R_f 呈反比关系，即带宽和增益成反比。因此，为了获得足够的带宽和增益，就需要选择增益带宽积尽可能大的运算放大器和二极管结电容尽可能小的光电二极管。为此，这里采用宽带跨阻运放 OPA847 (GBP = 3.9 GHz, C_{COM} = 1.2 pF, C_{DIFF} = 2.5 pF) 和结电容更小的光电二极管 G8376-03 (C_D = 5 pF@5 V 偏压，响应度为 0.6 A/W@1064 nm) 设计了带宽为 50 MHz 的宽带平衡零拍探测器。其电路简图如图 6.3.28 所示。为了减小二极管的结电容以及减少两个二极管的差异，电路中采用了可调偏压电路进行偏压补偿。为了获得最大平坦的二阶巴特沃思频率响应，反馈回路的极点必须满足

$$\frac{1}{2\pi R_f C_f} = \sqrt{\frac{\text{GBP}}{4\pi R_f C_T}} \tag{6.3.65}$$

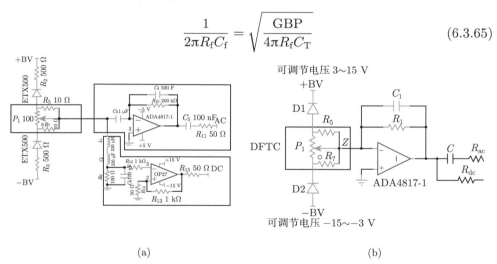

(a)   (b)

图 6.3.27   高增益、低噪声、高共模抑制比的平衡零拍探测器电路图

(a) 为交直流分别放大，其饱和功率更大，适用于测量 MHz 量级的压缩；(b) 为交直流共同放大，其适用于测量声频压缩

因此通常情况下，C_f 的值对探测器的带宽影响很大。C_f 的值需要根据反馈电阻 R_f 和跨阻运算放大器的输入总电容 C_T 来优化。最终这里选用的反馈电阻 R_f 为 10 kΩ，反馈电容 C_f 为 0.3 pF，获得了较高的信噪比和平坦的信号响应，推导可得，跨阻运放输入电容约为 11 pF。

最终，获得了带宽为 50 MHz 的宽带平衡零拍探测器。在光功率 9.6 mW (1064 nm) 时，50 MHz 处探测器的信噪比达 15 dB，可以满足大于 10 dB 的宽带压缩度测量。宽带平衡零拍探测器在不同光功率下的噪声谱如图 6.3.29 所示。

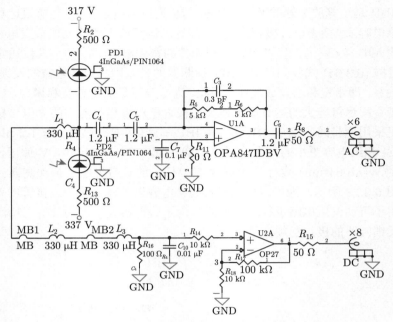

图 6.3.28　宽带平衡零拍探测器电路图

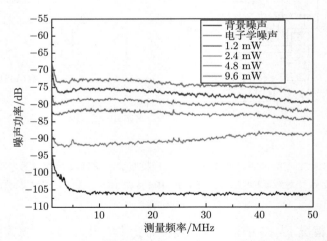

图 6.3.29　50 MHz 宽带平衡零拍探测器在不同光功率下的噪声谱

4. 高压缩度测量结果

近几年来，郑耀辉研究组全面优化了压缩态光场发生器的锁定控制系统。共振型光电探测器有效地提取了误差信号；所有的锁定环路都考虑了其固有的机械共振，并且使用测量传输函数的方法优化了 PID 的参数，替代了传统经验式的锁定方式; 宽带高压放大器保证 PID 控制信号不失真地传输到压电陶瓷上, 提高了控制精度; 同时使用结构更加稳定的谐振腔、镜架、相移器等, 这些改进措施极大地提升了压缩态光场发生器的稳定性, 使得其总损耗降低为 $l_{tot} = 0.049$, 总相位起伏降低为 $\theta_{tot} = 3.1$ mrad。采用自举结构和平衡补偿电路的高增益、低噪声、高共模抑制比的平衡零拍探测器, 增加了平衡零拍探测的平衡效率, 降低了电子学噪声, 减少了经典噪声对压缩度测量的影响, 最终在没有种子光注入、分析频率 1 MHz 处测量到了最大 13.2 dB@1064 nm 的真空压缩态, 其泵浦功率为 175 mW, 采用的 OPA 腔长为 37 mm, OPA 腔的线宽为 94 MHz, 泵浦阈值为 220 mW。这一成果达到世界先进水平。如图 6.3.30 所示, 测量时注入的本底振荡光功率为 5.5 mW, 图中蓝色曲线为平衡零拍探测器的电子学噪声, 黑色曲线为光场散粒噪声, 它们之间的间隙约为 28 dB, 压缩度和反压缩度分别为 13.2 dB 和 19.1 dB。这里将 6 mW 的种子光匹配注入 OPA 中, 在分析频率 3 MHz 处测得了 12.6 dB@1064 nm 明亮压缩态光场, 长期工作稳定性大于 3 h[41]。

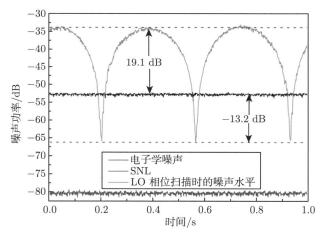

图 6.3.30 13.2 dB 正交振幅真空压缩态, RBW = 300 kHz, VBW = 200 Hz

不同频率段的压缩光有着不同的应用范围, 声频段的压缩光适合进行声频段的精密测量, 例如用于引力波探测的激光干涉仪, 为了探测声频段的引力波信号, 就需要声频段的真空压缩态注入干涉仪的暗端来填补真空起伏, 提高测量精度。声频段压缩态光场的产生装置和测量装置与 MHz 频段的装置相同。声频段的高压缩度压缩态光场更难以获得, 这是因为在声频段限制压缩度提高的因素增加。例如, 寄生干涉、1/f 噪声、光场的低频起伏、环境中的机械振动等。值得注意的是, 声频段正好位于锁定系统的控制带宽内, 锁定控制系统的性能将直接影响声频段压缩态光场的压缩度。通过对锁定控制系统的优化, 极大地减少了声频段的损耗和相位起伏，在分析频率 15.2 kHz 处直接探测到了 9.9 dB 真空压缩态[42]。测量声频段压缩光，使用的是交直流共同放大的平衡零拍探测器 (图 6.3.27(b))，避免了声频信号进入直流通道，使其可以充分被放大；此外，为了防止运放饱和，实际中可以改用 20 kΩ 的跨阻。

参 考 文 献

[1] 雷肇棣. 光电探测器原理及应用. 物理, 1994, (4): 220-226.

[2] Jin X L, Su J, Zheng Y H, et al. Balanced homodyne detection with high common mode rejection ratio based on parameter compensation of two arbitrary photodiodes. Opt. Express, 2015, 23(18): 23859-23866.

[3] Wang J R, Wang Q W, Tian L, et al. A low-noise, high-SNR balanced homodyne detector for the bright squeezed state measurement in 1-100 kHz range. Chin. Phys. B, 2020, 29(3): 034205.

[4] Gray M B, Shaddock D A, Harb C C, et al. Photodetector designs for low-noise, broadband, and high-power applications. Rev. Sci. Instrum., 1998, 69(11): 3755-3762.

[5] National Semiconductor Corporation. Datasheet of LMH6624. 2003.

[6] New Focus Application Note 1. Insights into high-speed detectors and high frequency techniques. Mountain View, CA, 1991.

[7] 马场清太郎. 运算放大器应用电路设计. 何希才, 译. 北京: 科学出版社, 2007.

[8] 孙红兵, 莫永新. 微弱光信号检测电路设计. 现代电子技术, 2007, 30(18): 156-158.

[9] Chen C Y, Li Z X, Jin X L, et al. Resonant photodetector for cavity-and phase-locking of squeezed state generation. Rev. Sci. Instrum., 2016, 87(10): 103114.

[10] Chen C Y, Shi S P, Zheng Y H. Low-noise, transformer-coupled resonant photodetector for squeezed state generation. Rev. Sci. Instrum., 2017, 88(10): 103101.

[11] 张宏宇, 王锦荣, 李庆回, 等. 高品质因子共振型光电探测器的实验研制. 量子光学学报, 2019, 25(4): 456-462.

[12] Zhang J, Peng K C. Quantum teleportation and dense coding by means of bright amplitude-squeezed light and direct measurement of a Bell state. Phys. Rev. A, 2000, 62(6): 064302.

[13] Gao J R, Cui F Y, Xue C Y, et al. Generation and application of twin beams from an optical parametric oscillator including an α-cut KTP crystal. Opt. Lett., 1998, 23(11): 870-872.

[14] Zheng Y H, Wu Z Q, Huo M R, et al. Generation of a continuous-wave squeezed vacuum state at 1.3 μm by employing a home-made all-solid-state laser as pump source. Chin. Phys. B, 2013, 22(9): 094206.

[15] Hansen H, Aichele T, Hettich C, et al. Ultrasensitive pulsed, balanced homodyne detector: Application to time-domain quantum measurements. Opt. Lett., 2001, 26(21): 1714-1716.

[16] Windpassinger P, Kubasik M, Koschorreck M, et al. Ultra low-noise differential ac-

coupled photodetector for sensitive pulse detection applications. Meas. Sci. Technol., 2009, 20(5): 055301.

[17] Su X L, Zhao Y P, Hao S H, et al. Experimental preparation of eight-partite cluster state for photonic qumodes. Opt. Lett., 2012, 37(24): 5178-5180.

[18] Hobbs P C D. Shot noise limited optical measurements at baseband with noisy lasers (proceedings only). Proceedings of SPIE 1376, Laser Noise, 1991.

[19] Bacon A M, Zhao H Z, Wang L J, et al. Microwatt shot-noise measurement. Appl. Opt.,1995, 34 (24): 5326-5330.

[20] Lau K S, Tan C H, Ng B K, et al. Excess noise measurement in avalanche photodiodes using a transimpedance amplifier front-end. Meas. Sci. Technol., 2006, 17 (7): 1941-1946.

[21] Johnson M. Photodetection and Measurement: Maximizing Performance in Optical Systems. New York: McGraw-Hill Professional, 2003.

[22] 运算放大器 OPA657 的资料. http://m.ti.com.cn/product/cn/OPA657.

[23] Jacubowiez L, Roch J, Poizat J, et al. Teaching about photodetection noise sources in laboratory. Proceedings of SPIE 3190, Fifth International Topical Meeting on Education and Training in Optics, 1997.

[24] 周倩倩, 刘建丽, 张宽收. 量子光学实验中宽带低噪声光电探测器的研制. 量子光学学报, 2010, 16 (2): 152-157.

[25] 王晶晶, 贾晓军, 彭堃墀. 平衡零拍探测器的改进. 光学学报, 2012, 32 (1): 0127001.

[26] 周海军, 王文哲, 郑耀辉. 高增益散粒噪声探测器的性能改进. 光学精密工程, 2013, 21 (11): 2737.

[27] Zhou H J, Yang W H, Li Z X, et al. A bootstrapped, low-noise, and high-gain photodetector for shot noise measurement. Rev. Sci. Instrum., 2014, 85 (1): 013111.

[28] 运放 LTC6244 的资料. http://cds.linear.com/docs/en/datasheet/6244fb.pdf.

[29] 场效应管 BF862 的资料. http://www.nxp.com/documents/data_sheet/BF862.pdf.

[30] 运算放大器 ADA4817-1 的资料. http://www.analog.com/static/imported-files/data_sheets/ADA4817-1_ADA4817-2.pdf

[31] Gray M B, Shaddock D A, Harb C C, et al. Photodetector designs for low-noise, broadband, and high-power applications. Rev. Sci. Instrum., 1998, 69(11): 3755-3762.

[32] Yuen H P, Chan V W S. Noise in homodyne and heterodyne detection: Errata. Opt. Lett., 1983, 8 (6): 345.

[33] Dwyer S, Barsotti L, Chua S S Y, et al. Squeezed quadrature fluctuations in a gravitational wave detector using squeezed light. Opt. Express, 2013, 21 (16): 19047-19060.

[34] Gowar J. Optical Communication Systems. Upper Saddle River: Prentive Hall, 1984.

[35] Masalov A V, Kuzhamuratov A, Lvovsky A I. Noise spectra in balanced optical detectors based on transimpedance amplifiers. Rev. Sci. Instrum., 2017, 88 (11): 113109.

[36] Appel J, Hoffman D, Figueroa E, et al. Electronic noise in optical homodyne tomography. Phys. Rev. A, 2007, 75 (3): 035802.

[37] Zhou H J, Wang W Z, Chen C Y, et al. A low-noise, large-dynamic-range-enhanced

amplifier based on JFET buffering input and JFET bootstrap structure. IEEE Sensors Journal, 2015, 15 (4): 2101-2105.

[38] Bachor H A, Ralph T C. A Guide to Experiments in Quantum Optics. Weinheim: Wiley-VCH, 2004.

[39] Sasaki M, Suzuki S. Multimode theory of measurement-induced non-Gaussian operation on wideband squeezed light: Analytical formula. Phys. Rev. A, 2006, 73 (4): 043807.

[40] Kumar R, Barrios E, MacRae A, et al. Versatile wideband balanced detector for quantum optical homodyne tomography. Opt. Commun., 2012, 285 (24): 5259-5267.

[41] Yang W H, Shi S P, Wang Y J, et al. Detection of stably bright squeezed light with the quantum noise reduction of 12.6 dB by mutually compensating the phase fluctuations. Optics Letters, 2017, 42 (21): 4553-4556.

[42] Yang W H, Jin X L, Yu X D, et al. Dependence of measured audio-band squeezing level on local oscillator intensity noise. Optics Express, 2017, 25 (20): 24262-24271.

第 7 章　压缩态光场的实验制备

压缩态光场，因其在某一正交分量上可以突破真空噪声，而在另一个正交分量中噪声增大的特性[1]，可以用来提高测量精度[2-5]，提高检测灵敏度[6-9]，提高量子信息和量子计算[10]的容错性能。所有这些性能改进在很大程度上都依赖于压缩态光场的压缩度。光学参量过程已被证明是最成功的压缩态制备系统[11-16]，特别是对于高压缩度压缩态光场的制备。虽然基于光学参量振荡的压缩态第一次实验演示在 1986 年[17]取得成功，但在随后的 20 年里，研究者们只能实现压缩度从 3 dB 到 6 dB 的微弱提高。2007 年，东京大学的研究人员向前迈出了一大步，将 860 nm[16]激光的量子噪声降低了 9 dB。在引力波探测重大需求的激励下，汉诺威大学于 2007 年[11]首次探测到 10 dB 压缩真空态。随后，压缩态光场的压缩度逐渐增加[12,13]，2016 年，德国马克斯·普朗克研究所基于双共振的光学参量腔[14]，利用 1064 nm 激光获得了 15 dB (3 MHz) 的压缩真空态，这是目前压缩态光场压缩度的最高纪录。

压缩态光场的正交分量噪声方差主要受限于光学损耗、相位起伏和光场技术噪声[18]。光学损耗将会引入真空噪声，相位起伏将反压缩噪声耦合至压缩噪声中，从而降低压缩态光场的压缩度；技术噪声主要包括激光器低频段噪声、寄生干涉、散射、光学元件自身的机械振动和环境声频噪声，以及各部分锁定系统、探测系统引入的噪声等，这将成为产生低频段压缩态光场的主要限制因素，也是相比于 MHz 高频段制备高压缩度压缩光的难点。在压缩真空态的制备过程中，泵浦光的强度噪声对压缩态的制备无影响，而光场的相位噪声将会限制压缩度的提高[19]。对于明亮的正交振幅和正交相位压缩态光场的制备，在光学参量放大过程中，由于种子光的注入，泵浦噪声将会与种子光耦合传递给压缩态光场，进而降低明亮振幅压缩光的压缩度。通常声频段压缩态光场的制备受激光自身噪声的限制将无法产生。因此，分析制约压缩度提高的各种因素，研究各类单频激光器的噪声特性，对低频压缩态光场的制备至关重要。

本章从光场量子化和压缩态光场的理论基础出发，在实验上对比分析两种单频激光器的噪声特性，给出不同激光器的应用频段，并通过优化光学系统中各元件的传输效率及稳定性，抑制相位起伏，最终直接获得噪声抑制达 13.2 dB 的压缩真空态和 12.6 dB 的明亮压缩态。在高压缩度压缩态光场制备基础上，利用相干控制技术，结合高效低频探测手段，将稳定可控的压缩光拓展至声频段。

7.1　光学损耗与相位噪声

压缩态的正交振幅方差和正交相位方差可以表示为

$$
V\left(X/Y\right) = \left[1 \mp \frac{4\eta\sqrt{P/P_{\mathrm{th}}}}{\left(1 \pm \sqrt{P/P_{\mathrm{th}}}\right)^2 + 4\left(f/\nu\right)^2}\right]\cos^2\theta
$$

$$
\qquad\qquad + \left(1 \pm \frac{4\eta\sqrt{P/P_{\mathrm{th}}}}{\left(1 \mp \sqrt{P/P_{\mathrm{th}}}\right)^2 + 4\left(f/\nu\right)^2}\right)\sin^2\theta \tag{7.1.1}
$$

式中，ν 是 OPA 线宽；f 是分析频率；η 是总探测效率；P 为泵浦功率；P_{th} 为 OPA 的阈值功率；θ 表示相位角的波动，它会使反压缩分量的噪声耦合到压缩分量的噪声中。光学损耗和相位噪声最终共同决定测得的压缩方差。

如图 7.1.1 所示，在压缩态光场的产生系统中，影响光学损耗的参数有光学参量振荡腔的逃逸效率、从光学参量振荡腔到探测系统的传输效率、本底光和信号光的干涉效率 (纠缠态产生系统中还包括两束压缩态光场的干涉效率)、光电二极管的量子效率、反馈控制环路误差信号提取的损耗等。相位噪声是由压缩制备过程各路相对相位共同引入的。以下详细讨论产生和探测强压缩态的限制因素，并将其与实验参数对应。

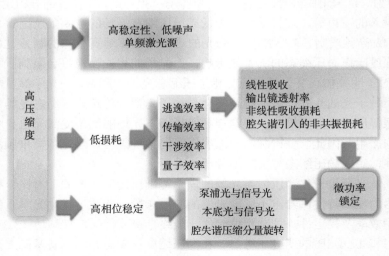

图 7.1.1　压缩度提高的主要限制因素框图

7.1.1 光学损耗

1. 提高逃逸效率

OPO 参量下转换过程是制备高压缩度压缩真空态的关键技术。在压缩态产生过程中，系统损耗与 OPO 的逃逸效率有关，通过降低 OPO 输出镜的反射率，可以提高逃逸效率，但这需要以更高的 OPO 阈值为代价，通常受限于激光的泵浦功率。

如图 7.1.2 所示，OPO 是半整体单共振驻波腔，由 I 类相位匹配周期极化 KTiOPO$_4$ (PPKTP) 晶体和压电陶瓷驱动的凹面镜组成。晶体的尺寸为 1 mm× 2 mm×10 mm，晶体的一端为凸面，曲率半径为 12 mm，镀有基频光的高反射率和泵浦光的高透射率膜，因此用作输入耦合镜；晶体的另一端为平面，镀有基频光和泵浦光两种波长的减反射膜，它与输出耦合镜之间的间隙为 27 mm。凹面镜的曲率半径为 30 mm，对 1064 nm 的基频光透射率为 12%，对 532 nm 倍频光具有高反射率，用作输出耦合镜。输出镜 12% 的透射率一方面可以提高 OPO 的逃逸效率，另一方面把 OPO 腔的阈值确定为 163 mW。OPO 的逃逸效率可推算为 (98.34 ± 0.47)%。

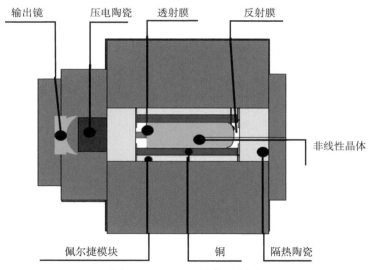

图 7.1.2 OPO 结构示意图

在压缩真空态的测量过程中，通过反馈施加偏移电压到压电陶瓷上保持 OPO 处于共振状态。同时，通过控制 LO 光与压缩光之间的相对相位，使测得的压缩光噪声方差最小。

2. 高效模式匹配

在高压缩度压缩态光场装置中，存在多处模式匹配[20]的环节，比如基频光与模式清洁器 (MC) 的基模匹配、基频光与倍频腔 (second harmonic generator, SHG)[21−24] 的基模匹配、种子光和泵浦光与光学参量放大器的基模匹配、信号光与本底光之间的模式匹配等。因此，为了能够精确地实现高效模式匹配，我们有必要分析影响模式匹配效率的因素。

图 7.1.3 为压缩光制备实验装置简图。激光器输出的 1064 nm 基频光经过 MC1，改善基频光光束质量和空间模式分布，同时过滤高频噪声，提高激光指向稳定性，为高压缩度压缩光的制备与测量提供优质的低噪声光源。MC1 输出光分为三路：绝大部分注入 SHG 用于倍频光的产生；少许作为注入 OPA 的种子光；约 20 mW 基频光注入 1064 nm MC2，经过进一步降噪处理后作为平衡零拍探测的本底光。SHG 输出倍频光经过 532 nm MC，提高倍频光的指向稳定性，作为注入 OPA 的泵浦光。本底光与 1064 nm 压缩光在 50/50 分束器上干涉耦合进行平衡零拍探测。其中，SHG 和 OPA 两镜驻波腔均采用前端面曲率半径为 $R_1 = 12$ mm 的 PPKTP 晶体充当输入镜，曲率半径为 $R_2 = 30$ mm 的凹面镜作为输出镜，腔长为 $L_c = 37$ mm，基模腰斑半径为 $\omega_{e0} = 30$ μm，基模腰斑位置与输入镜距离为 $Z_{e0} = 2.8$ mm；MC 三镜环形腔由两个平面镜 (透射率均为 1%) 和一个曲率半径为 $R = 1$ m 的凹面镜构成，其参数为：$L_c = 420$ mm，$\omega_{e0} = 371$ μm，$Z_{e0} = 210$ mm。

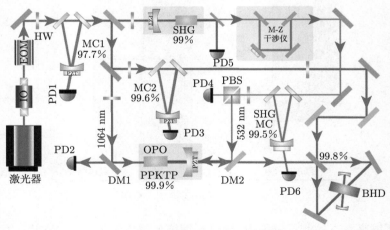

图 7.1.3　高质量压缩光源装置简图

HW-半波片；DM-双色镜

对于压缩态光场的产生与探测过程而言，实际测得的压缩度主要受光学损耗

和相位噪声两个因素的制约。首先考虑光学损耗问题，实际测得的量子噪声方差可简单表示为 [25]

$$V_{\text{sqz-m}} = \eta V_{\text{sqz-in}} + (1 - \eta) \tag{7.1.2}$$

其中，$V_{\text{sqz-in}}$ 为实际产生的压缩光噪声方差；总光学损耗 η 由 OPO 腔的逃逸效率、信号光的传输效率、平衡零拍探测器中光电二极管的量子效率，以及本底探测光与信号光的干涉效率决定。当压缩态光场产生装置的所有参数确定时，前三个效率值固定，随着本底探测光与信号光干涉效率的减小，可测得的压缩光的压缩度也逐渐减小。例如，固定逃逸效率为 88%，传输效率为 99%，量子效率为 95%，实际产生的压缩度为 10 dB，则当干涉效率为 99.8% 时，实际测得的压缩度为 -9.3 dB；当干涉效率为 95% 时，实际测得的压缩度为 -8.9 dB。

其次，实际可测得的压缩态光场的压缩度与相位噪声有关，可以表示为 [25]

$$V_{\text{sqz-m}'} = V_{\text{sqz-in}} \cos^2(\theta) + V_{\text{asqz-in}} \sin^2 \theta \tag{7.1.3}$$

其中，$V_{\text{sqz-m}'}$ 为实际测量到的压缩方差；$V_{\text{sqz-in}}$ 为产生的压缩噪声方差；$V_{\text{asqz-in}}$ 为产生的反压缩噪声方差；θ 为相位噪声，它会导致压缩角的旋转，使得反压缩噪声转换到压缩噪声，从而降低压缩态光场的压缩度。θ 容易受空间噪声、气流扰动、温度变化等影响，尤其是当 OPO 阈值较高时，注入较高功率的泵浦光对晶体有加热效应，导致晶体内产生较大的温度梯度，从而增加相位噪声。而且，泵浦光与 OPO 腔的模式匹配效率越低，则 OPO 阈值越高，为了产生相同的经典增益，需要注入更高的泵浦功率。因此，为了避免额外的相位噪声，需要尽量保证泵浦光与 OPO 基模的模式匹配效率接近 100%。类似地，如果系统的相位起伏为 50 mrad，-9.3 dB 的压缩度则降低为 -8.6 dB。由此可见，空间模式匹配是限制高压缩度压缩态光场制备的一个重要因素，我们有必要分析如何来获得较高的模式匹配效率。

空间模式匹配效率是指一束激光与光学谐振腔的本征模之间的空间模式重叠度，当入射激光的腰斑半径与目标谐振腔的腰斑半径相同，并且位置完全重合时，模式匹配效率为 100%。然而，在实际的操作中，模式匹配效率会受多种因素的影响：① 激光束与光线传输中心轴的夹角；② 激光束与光线传输中心轴的平移；③ 腰斑位置不重合；④ 腰斑半径不相等；⑤ 激光束为椭圆光斑；⑥ 晶体的热效应。前两种情况通过仔细校准激光束即可避免，因此需要重点分析后面四种影响因素。

一般而言，高斯光束的本征横模按照光强分布的不同，可以表示为各种阶次的模式，即 TEM_{mn} 模，其中，m、n 分别表示光场的节点数。对于入射到光学谐振腔内的一束激光而言，以腔的本征模为基矢，可以展开为一系列阶次模式的叠加，各阶次模式间均存在模式匹配的效率。这里我们以输入镜的端面为坐标原点，并且只考虑理想的基模 (即 $m = n = 0$, TEM_{00}) 之间的模式匹配，对应的匹配效率表示为 [26]

$$\kappa_{00} = 16 \left\{ \frac{\left[\int_0^{L_c} \dfrac{1}{\omega^2(z) + \omega_e^2(z)} \mathrm{d}z \right]^2}{\left[\int_0^{L_c} \dfrac{1}{\omega^2(z)} \mathrm{d}z \right] \left[\int_0^{L_c} \dfrac{1}{\omega_e^2(z)} \mathrm{d}z \right]} \right\}^2 \tag{7.1.4}$$

式中，L_c 为谐振腔腔长；$\omega(z)$ 为入射光在 z 处的光斑半径；$\omega_e(z)$ 为腔内距原点 z 处的光斑半径，对高斯光束而言可表示为

$$\omega(z) = \omega_0(z) \times \sqrt{1 + \left[\frac{(z - z_0) \times \lambda}{\pi \times \omega_0^2(z)} \right]^2} \tag{7.1.5}$$

$$\omega_e(z) = \omega_{e0}(z) \times \sqrt{1 + \left[\frac{(z - z_{e0}) \times \lambda}{\pi \times \omega_{e0}^2(z)} \right]^2} \tag{7.1.6}$$

其中，$\omega_0(z)$ 为入射光的腰斑半径；$\omega_{e0}(z)$ 为腔的基模腰斑半径；z_0 为入射光的腰斑位置；z_{e0} 为腔的腰斑位置；z 为腰斑与腔的输入镜端面间的距离；λ 为激光波长。

定义入射光腰斑位置与腔腰斑位置的偏离度为 α，则 z_0 可以表示为 [20]

$$z_0 = (\alpha + 1) \times z_{e0} = (\alpha + 1) \times \frac{L_c}{2} \tag{7.1.7}$$

类似地，定义入射光腰斑半径与腔腰斑半径的偏离度为 β，则 $\omega_0(z)$ 可以表示为 [20]

$$\omega_0(z) = (\beta + 1) \times \omega_{e0}(z) \tag{7.1.8}$$

在压缩光的产生装置中，通常会遇到两类光学谐振腔的模式匹配：两镜驻波腔构成的 OPA 或 SHG；三镜环形腔构成的模式清洁器。前者为了获得较高的非线性转换效率，采用曲率半径较小的凹面镜作为腔镜，获得较小的基模腰斑，半径一般小于 100 µm；后者为了实现较好的空间模式和噪声过滤作用，利用较长的腔型结构来压窄线宽，通常会采用曲率半径 1 m 的凹面镜作为腔镜，其腰斑半径一般为 300~500 µm。

通常所使用的 OPA 或 SHG 是由两个凹面腔镜和一块非线性晶体构成的驻波腔，通过选取腔镜的曲率半径可以构造出对称和非对称结构。对于对称结构的腔型，选取两个曲率半径相同的凹面镜作为腔镜，例如，曲率半径为 $R = 30 \text{ mm}$,

腔长为 59.5 mm，腰斑半径为 30 μm，腰斑位于两凹面镜中心处。选取输入镜凹面中心为坐标原点，计算模式匹配效率大于 90% 时腰斑半径和位置的偏移度，如图 7.1.4 所示。对于相同的模式匹配效率，对称结构的 OPA 腰斑位置允许的偏移度 α 约为腰斑半径偏移度 β 的 1/7。因此，此腔型要求模式匹配时的位置偏移控制的误差范围小于腰斑半径的偏移，需要更加精确地校准腰斑位置的重合。

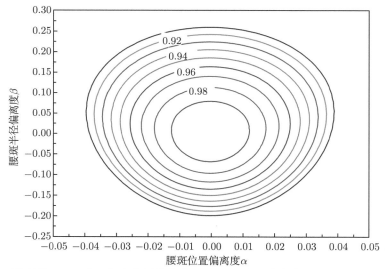

图 7.1.4　对称结构 OPA 中，腰斑位置偏离度 α 和腰斑半径偏离度 β 与模式匹配效率的关系

　　选取曲率半径不相同的凹面镜构造非对称结构 OPA，如图 7.1.2 所示，其中曲率半径为 $R = 12$ mm 的 PPKTP 晶体端面和曲率半径为 30 mm 的输出耦合镜构成非对称结构腔体。与对称结构腔型相比，腔镜数量减少，结构更加紧凑、稳定，且具有更小的内腔损耗。1064 nm 种子光由晶体前端面入射至腔内，如图 7.1.5 所示，为种子光腰斑位置和半径偏离度对模式匹配效率的影响。对于非对称结构的 OPA，入射光腰斑半径的偏离度 β 反而小于位置的偏离度 α 对模式匹配效率的影响。因此，该腔型模式匹配时的位置偏移量控制的误差范围大于腰斑半径的偏移量，在实际调节时位置的偏移度比对称腔型大一个数量级，从而弱化了位置的校准，更容易实现高的匹配效率。

　　模式清洁器是由一个凹面镜和两个平面镜构成的三镜环形腔，其中两个平面镜对 1064 nm 入射光透射率均为 1%，以实现阻抗匹配，入射光腰斑位置和半径的偏移对模式匹配效率的影响，如图 7.1.6 所示。对于腰斑较大的 MC，入射光腰斑半径偏离度 β 对模匹配效率的影响大于腰斑位置的偏离度 α 的影响。因此，对于相同的模式匹配效率，此腔型对注入光腰斑半径偏离控制的误差范围小于腰斑位置的偏离。

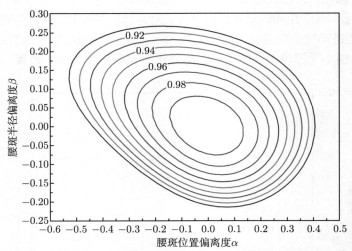

图 7.1.5　非对称结构 OPA 中，腰斑位置偏离度 α 和腰斑半径偏离度 β 与模式匹配效率的关系

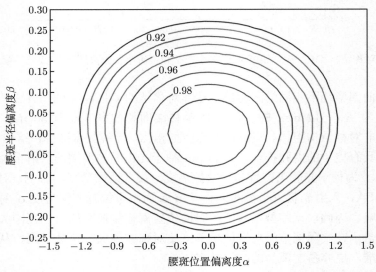

图 7.1.6　MC 中，腰斑位置偏离度 α 和腰斑半径偏离度 β 与模式匹配效率的关系

　　综上所述，由图 7.1.4~图 7.1.6 对比可知，对于相同的模式匹配效率，注入 MC 中的激光腰斑半径和位置的偏离度更大，即允许更多的偏移量，在实际的调节中更容易实现高的模式匹配效率。例如，图 7.1.2 中所示腔型，如果要达

到 99% 的模式匹配效率，则 OPA 腔对应的 α 和 β 取值范围分别为 $(-0.147,$ $+0.134)$ 和 $(-0.075, +0.080)$，实际偏移范围为 $(-0.4116\ \text{mm}，+0.3752\ \text{mm})$ 和 $(-2.25\ \text{μm}，+2.4\ \text{μm})$；而三镜环形腔对应的 α 和 β 的取值范围分别为 $(-0.375,$ $+0.375)$ 和 $(-0.079, +0.082)$，实际偏移大小分别为 $(-78.75\ \text{mm}，+78.75\ \text{mm})$ 和 $(-29.309\ \text{μm}，+30.422\ \text{μm})$。由此可见，对于相同的模式匹配效率，注入 OPA 腔的激光腰斑位置和半径允许的误差范围小、调节精度要求高，实现较高的模式匹配效率也较难。因此，对于自由空间中两束光的干涉来说，我们可以通过整形至较大光斑而获得较高的干涉效率。同时也表明，对于理想的高斯光束，只要精确地控制腰斑大小和位置，就可以实现高于 99% 的模式匹配效率。

一般单频激光器谐振腔内像散元件以及激光晶体的热像散 [27] 会导致输出光光斑存在一定的椭圆率，这里有必要分析椭圆率对模式匹配效率的影响。为了方便计算，假设入射光的腰斑位置与腔的腰斑位置完全重合，即 $z_0 = z_{e0} = L_c/2$，入射光为椭圆光斑，定义椭圆率为 $\rho = \omega_{x0}/\omega_{y0}$，其中 x 轴为椭圆短轴，y 轴为长轴，入射光在 y 方向上的光斑半径等于腔的光斑半径，以腔的端点为原点，则模式匹配效率的表达式 (7.1.4) 式变换为

$$
\begin{aligned}
\kappa_{00} = 16 \times & \frac{\left[\displaystyle\int_0^{L_c} \frac{1}{\omega_x^2(z) + \omega_{\alpha e}^2(z)}\mathrm{d}z\right]^2}{\left[\displaystyle\int_0^{L_c} \frac{1}{\omega_x^2(z)}\mathrm{d}z\right]\left[\displaystyle\int_0^{L_c} \frac{1}{\omega_{\alpha e}^2(z)}\mathrm{d}z\right]} \\
\times & \frac{\left[\displaystyle\int_0^{L_c} \frac{1}{\omega_y^2(z) + \omega_{\alpha e}^2(z)}\mathrm{d}z\right]^2}{\left[\displaystyle\int_0^{L_c} \frac{1}{\omega_y^2(z)}\mathrm{d}z\right]\left[\displaystyle\int_0^{L_c} \frac{1}{\omega_{\alpha e}^2(z)}\mathrm{d}z\right]}
\end{aligned}
\tag{7.1.9}
$$

式中，$\omega_x(z)$ 为入射光在 z 处 x 方向上的光斑半径；$\omega_y(z)$ 为入射光在 z 处 y 方向上的光斑半径，分别表示为

$$
\omega_x(z) = \omega_{x0}(z) \times \sqrt{1 + \left[\frac{(z - z_0) \times \lambda}{\pi \times \omega_{x0}^2(z)}\right]^2}
\tag{7.1.10}
$$

$$
\omega_y(z) = \omega_{y0}(z) \times \sqrt{1 + \left[\frac{(z - z_0) \times \lambda}{\pi \times \omega_{y0}^2(z)}\right]^2}
\tag{7.1.11}
$$

以 MC 为例，计算模式匹配效率随入射光椭圆率的变化趋势，如图 7.1.7 所示。从图中可以看出，随着椭圆率的减小，模式匹配效率单调递减。因此，在实际的压缩光产生光路中应该尽量减小光斑的椭圆率，实现高效率模式匹配。

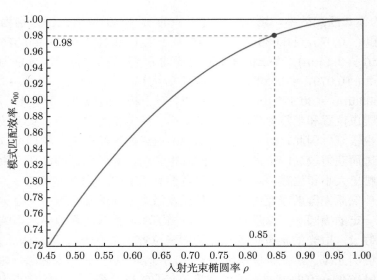

图 7.1.7　入射光斑为椭圆时，MC 的模式匹配效率与入射光椭圆率的对应关系

以 MC 为例，为了实现 98％的匹配效率，椭圆率为 0.98 时，MC 对应的 α 和 β 的取值范围分别为 $(-0.55, 0.55)$ 和 $(-0.1, 0.13)$，实际偏移范围为 $(-115.5\ \text{mm}, 115.5\ \text{mm})$ 和 $(-37.1\ \mu\text{m}, 48.23\ \mu\text{m})$。椭圆率为 0.85 时，MC 对应的 α 和 β 的取值范围分别为 $(-0.38, 0.38)$ 和 $(-0.01, 0.17)$，实际偏移范围为 $(-79.8\ \text{mm}, 79.8\ \text{mm})$ 和 $(-3.71\ \mu\text{m}, 63.07\ \mu\text{m})$。

实验中，为了获得高于 99％的模式匹配效率，我们利用高斯光束空间传输理论计算并选取合适的透镜组整形各路激光束，整形前后均采用电荷耦合器件 (CCD) 精确测量初始与目标光束的腰斑位置和半径；同时，通过二维调节架配合前后可调透镜筒仔细校准整形透镜的前后左右位置，使得整形后的激光腰斑与理论计算的目标腰斑半径相等、位置重合。经过仔细校准，1064 nm MC1 的模式匹配效率为 97.7％ (图 7.1.8(b))，SHG 腔模式匹配效率达到 99％；532 nm MC3 模式匹配效率为 99.5％，泵浦光与 OPA 模式匹配效率达到 99.9％；1064 nm MC2 模式匹配效率达到 99.6％ (图 7.1.9(b))，本底光与压缩光的干涉效率达到 99.8％。

实验结果表明，1064 nm MC1 模式匹配效率仅为 97.7％，主要原因为激光器输出光为椭圆高斯光束，测量结果如图 7.1.8(a) 所示，实际测得椭圆率为 0.9，而图 7.1.7 结果对应的椭圆率约为 0.85。其主要原因是自制的单频激光器输出光存在像散，形成了椭圆高斯光束，同时空间传输中 x 和 y 方向的腰斑位置也产生了分离，椭圆率随光束传播距离为一个动态值，导致理论与实验结果产生偏差。1064 nm MC2 与 OPA 的模式匹配效率以及干涉效率均接近 100％，这主要是因为 1064 nm MC1 改善了激光器输出模式和光束质量，椭圆率达到 1.0，如图 7.1.9(a) 所示。

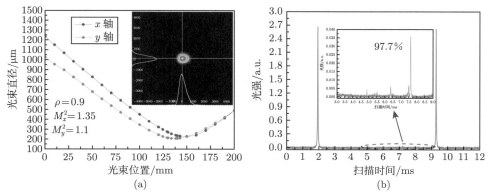

图 7.1.8 (a) 激光器输出的基频光的光束质量;(b) 基频光与 1064 nm MC1 的模式匹配效率

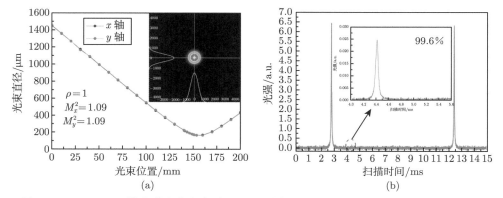

图 7.1.9 (a) MC1 输出激光的光束质量;(b) 基频光与 1064 nm MC2 的模式匹配效率

此外,SHG 模式匹配效率偏低的主要原因是输入镜相当于一面平凹透镜,导致注入光腰斑位置无法与腔的腰斑位置重合。实验中还发现,随着注入基频光功率的增加,SHG 的模式匹配效率会降低,例如,当注入 1064 nm 激光功率为 1.2 W 时,模式匹配效率则下降为 95%。其主要原因是注入较多功率时,基频光向倍频光转化功率提高,导致 PPKTP 晶体内不仅存在绿光、基频光的线性吸收,同时还会产生绿光而导致红外吸收,并伴随着绿光功率的增加而增大,三种吸收效应使非线性晶体内产生剧烈热效应,形成热透镜,导致 SHG 基模腰斑的变化,模式匹配效率变差[28,29]。另外,当沿着注入光传播方向前后移动 SHG 和 OPA 腔时,腰斑位置的偏移对模式匹配的影响较大,小于 1 mm 的位置偏移会导致模式匹配效率低于 99%;而对于 MC 来说,10~20 mm 的位置偏移量对模式匹配效率基本没有影响,同时前者的模式匹配效率对腰斑半径的变化也很敏感,后者则允许的变化范围比较大,这与理论分析结果一致。

结果表明,对于对称结构的小腰斑腔型,例如 SHG、OPA,注入光腰斑位置的偏离度对模式匹配效率的影响大于腰斑半径偏移度的影响；当谐振腔腰斑较大时，例如 MC，则腰斑半径的偏移度对模式匹配效率的影响大于腰斑位置偏移度的影响。理论计算还表明，我们可以通过设计非对称结构的 OPA 来扩大光学参量腔腰斑位置的控制范围，实现高效率的模式匹配。综上所述，针对不同的腔型结构，可以通过分析注入光腰斑位置和半径对模式匹配的影响，进而高效、快速、准确地完成光路中模式匹配的调试工作。

3. 探测光路的优化

为了降低平衡零拍探测系统的损耗，首先需要缩短压缩态光场传输到光电管的距离，压缩光传输路径中要尽量少放置光学元件，并且要保证光学元件的各项指标，如镀膜质量、基片质量。为此这里重新设计了平衡零拍探测系统的光路结构，如图 7.1.10 所示，压缩光从光学参量振荡器输出后只经过一个导光镜，通过最短的光路与本底光进行干涉，功率相等的两束输出光分别经过一个导光镜和一个透镜，进入平衡零拍探测器的光电二极管。为了保证两臂的光电流完全相同，这里设计了如图所示的光路结构，两臂长度相等，采用的光学元件相同。两只接收压缩态光场的光电二极管分别置于探测器的正反两面，从而实现两臂的压缩态光场同时以 20° 角入射，然后用一对曲率半径为 50 mm 的凹面高反镜，回收光电二极管感光面的剩余反射光，再次注入光电二极管。经过上述一系列的优化和改进，平衡零拍探测系统的光学损耗基本降到了极限。

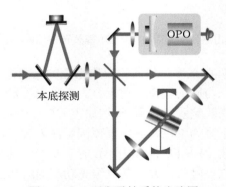

本底探测

图 7.1.10　平衡零拍系统光路图

4. 干涉效率优化设计

探测效率与干涉对比度的平方即干涉效率成正比，因此提高干涉效率成为制备高压缩度压缩真空态的关键技术之一。为了调节干涉效率，通常需要从 OPO 透射一束明亮光，然而 OPO 是一种阻抗不匹配的欠耦合腔，透光率非常低，不利于干涉调节。因此这里采用了一种辅助光反向匹配技术，如图 7.1.11 所示。首先，使用一束辅助光，通过 50/50 BS 反射至 OPO 的输出耦合镜，其透射光由 PD3 进行监视。其次，在 50/50 BS 和辅助光之间的光路中放置一组匹配透镜来实现辅助光与 OPO 腔的模式匹配，并得到了 99.9% 的模式匹配效率。最后，在位于 50/50 BS 和 MC2 之间的光路中放置一组匹配透镜，以此来实现 50/50 BS 透射的辅助光与 MC2 的模式匹配，并获得了 99.9% 的匹配效率，PD2 用于测量模式匹配效率。由此，位于 50/50 BS 和 MC2 之间的路径上的那组匹配透镜即可实现压缩光与本底探测光之间的模式匹配，实验结果表明，压缩光与本底探测光的干涉效率高达 99.8%。

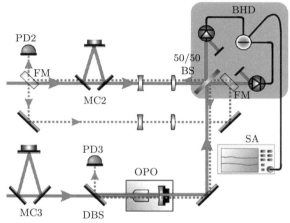

图 7.1.11　辅助光反向匹配调节干涉效率简图
FM-折叠镜

7.1.2 相位噪声

1. 腔长抖动对压缩度的影响

光学谐振腔锁定对整个系统的正常运转十分重要，为了保证光学谐振腔能稳定地保持在共振点，需要考虑两个因素：首先是腔机械结构的稳定性，其次是反馈控制系统的响应频率和控制精度。这里主要研究反馈控制系统的性能对谐振腔稳定性的影响。对于模式清洁器，当锁定点偏离共振频率时会导致腔的透射率下降而损耗更多的光功率，这种情况并不会对产生的压缩态光场的压缩度有直接影响，只是需要更高功率的激光器。对于倍频腔，当锁定点偏离基波共振频率时只是影响倍频效率，则可以通过增加激光功率来解决问题。但是对于光学参量振荡器，当用基频光锁定谐振腔后，如果腔长偏离种子光的共振频率，将会导致内腔损耗的增加和压缩角的随机旋转，直接影响输出压缩态光场的压缩度。根据参考文献 [32] 和 [36]，计算光学参量振荡器失谐量与输出压缩态光场压缩度的关系，如图 7.1.12 所示。当光学参量振荡器处于共振点时，即 $\delta L = 0$，输出的压缩度最大，随着失谐量的增加，压缩度急剧下降。

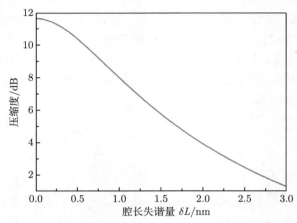

图 7.1.12   光学参量振荡器输出光场压缩度随腔长失谐量的变化趋势

对于腔长抖动，目前的主要困难是锁定环路的各项参数无法准确确定，只能依靠不断的尝试寻找一个相对较好的取值。此外，由于光信号很弱且功率不稳定，即使探测器的增益和信噪比很高，误差信号的稳定提取也十分困难，再加上周围环境中的各种干扰因素，导致误差信号的零点、相位等参数随机漂移和突变，造成锁定点的偏移和起伏。

根据系统中各种谐振腔的不同特性，需要单独设计锁定环路和调整 PID 参数，例如光学参量振荡器的锁定就是一个难点，光学参量振荡器腔是一个阻抗极不匹配腔，从反射光中提取产生误差信号的信号光时，由于阻抗不匹配信号光包含的有用信号很少，背景光很强，而且由于背景光的影响，有用信号波动很大，对此除了要求探测器的性能非常好以外，还要保证锁定回路的各项参数合适和 PID 的性能很好。MC 的锁定相对容易，误差信号大而且稳定，对回路中各器件参数的要求相对较低，设定值也不同。针对锁定环路差异较大的实际情况，这里设计了可调各项参数的 PID，使用之前通过动态信号分析仪测量环路开环传递函数，定量地确定 PID 的各项参数。通过调节 PID 的比例放大、积分时间和环路增益，以及针对机械共振频率点的陷波器，最终实现开环传输函数在低频段增益最大，控制带宽最宽，相位裕度大于 $30°$。这样锁定精度和稳定性就会有明显的提高。

2. 高稳定相对相位控制

在本书的压缩态光场产生系统中，相位起伏主要来源于三个锁定环路：一是光学参量振荡器腔的锁定环路；二是种子光和泵浦光相对相位的锁定环路；三是信号光和本底光相对相位的锁定环路。以现有的实验条件和技术水平，进一步提高各环路锁定性能已经十分困难，虽然这里为提高各环路的锁定稳定性对 PDH 锁定技术做了一系列的改进和优化，并取得了很好的效果 [30,32]，但是要想消除剩余的相位起伏，必须另辟蹊径。经过实验和理论分析发现，相位起伏的主要来源是电光调制过程中产生的剩余振幅调制。对于单个锁定环路的相位起伏，可以通过电子伺服系统主动控制或者用长菱形的晶体做的电光相位调制器来减小 [33]，或者用长菱形的晶体做的电光相位调制器 [34]。借鉴其他研究小组减小剩余振幅调制的经验和技术，这里研制了一款新型的共振型电光调制器，通过采用楔形晶体减小了剩余振幅调制。但是残余的振幅调制仍然导致了各锁定环路的不稳定，再加上各锁定环路之间相互独立，还会产生随机的相位起伏，使得整个系统的相位起伏仍然不容小觑。

为了进一步减小相位起伏，这里设计了一种不同锁定环路之间相位起伏相互补偿的方法。具体如下：采用一个电光调制器产生三个锁定环路所需的边带，这样就可以使用频率相同的解调信号，解调产生频率相同的误差信号，减小了不同锁定环路之间的随机波动。此外还发现，从光学参量振荡器腔前提取的用于相对相位锁定的误差信号和从光学参量振荡器腔后提取的用于锁定相对相位的误差信号的零点漂移存在固定的相位关联。这样，泵浦光与种子光相对相位锁定不稳定所导致的压缩角旋转同信号光和本底光的相对相位锁定不稳定所产生的起伏就会关联起来。当泵浦光与种子光相对相位锁定不稳定所引起的压缩角旋转方向同本底光与信号光锁定不稳定所产生的相对相位偏移方向一致时，系统整体的相对相位起伏减小，可以测到最真实的压缩度。当压缩角的旋转方向同本底光和信号光的相对相位偏移方向相反时，系统整体的相对相位起伏增加，导致更多的噪声耦合到压缩正交分量中，使测量的压缩度误差更大，压缩度减小。

对于单共振的光学参量振荡器腔，腔长失谐产生的压缩角的旋转可表示为 [35,36]

$$\delta\theta_{\mathrm{squ}} = \frac{\varepsilon \times \gamma_{\mathrm{r}}}{\gamma_{\mathrm{r}} \times (1 + x^2)} \tag{7.1.12}$$

其中，γ_{r} 是光学参量振荡器腔的线宽；x 为泵浦因子，$x = \sqrt{P/P_{\mathrm{th}}}$；$\varepsilon$ 是与剩余振幅调制的大小相关的参数。

本底光和信号光之间的相对相位起伏，与信号光的振幅和本底光的振幅比值成正比，可以表示为

$$\delta\theta_{\mathrm{ls}} = c \times \frac{E_{\mathrm{s}}}{E_{\mathrm{l}}} \times \varepsilon \times \pi \tag{7.1.13}$$

其中，E_{s} 和 E_{l} 分别为信号光的振幅和本底光的振幅；c 是常数，由调制深度和

信号光的强度决定。

泵浦光和种子光之间的相对相位起伏，由剩余振幅调制的大小和参量放大的增益因子 g 确定，表示为

$$\delta\theta_{\mathrm{ps}} = \pm c \times \frac{\varepsilon \times \pi}{\sqrt{g}} \tag{7.1.14}$$

式中，正负号代表相对相位波动的方向，取决于探测器提取的是光学参量振荡器腔前的反射光还是光学参量振荡器腔后的透射光。当探测器提取的是腔前的反射光时，式中等号右边取正号，反之则取负号。另外，由于上述三个锁定环路的调制边带由一个电光调制器产生，三个锁定环路中的剩余振幅调制强度一样，所以 (7.1.12) 式 ~(7.1.14) 式中的 ε 取值相同。

实验中，从光学参量振荡器腔前提取泵浦光与种子光的相对相位锁定信号，从光学参量振荡器腔后提取光学参量振荡器腔长和本底光与信号光的相对相位锁定信号，理论上这样的方案将使本底光和信号光的相位起伏方向与压缩角的旋转方向一致，减小整个系统的相对相位起伏。实验装置如图 7.1.13 所示，通过一个电光相位调制器为三个锁定环路提供锁定所用边带，调制频率为 36 MHz，振幅为 $2V_{\mathrm{pp}}$。种子光从 PPKTP 晶体的凸面注入，透射光经过一个双色镜分出 100 nW 由共振型探测器 PD1 探测并解调得到误差信号，用于锁定光学参量振荡器腔长。光学参量振荡器腔前的反射光由一个法拉第隔离器和偏振分束器提取出来，注入共振型探测器 PD2，解调得到的误差信号反馈控制泵浦光路中的 PZT1，使泵浦光和种子光的相对相位锁定在参量反放大状态。另外，本底光和信号光的相对相位由平衡零拍探测器输出的交流信号解调得到的误差信号来锁定，通过本底光路中的 PZT2 来控制本底光相位，探测光学参量振荡器输出的压缩态光场。根据参考文献 [32] 的实验结果，当泵浦因子为 0.9 时，由光学参量振荡器腔长失谐产生的相位起伏约 ±1.7 mrad。参量放大增益为 100 倍时，泵浦光和种子光的相对相位起伏为 ±11.5 mrad。实验中取本底光功率为信号光功率的 116 倍，此时本底光和信号光之间的相位起伏大约有 ±10.7 mrad。根据上述理论分析，补偿后整个压缩态光场产生系统的相位起伏最小可达 ±0.8 mrad。如果不采取补偿措施，则整个系统的相位起伏在最坏的情况下达到 ±22.2 mrad。最终，在泵浦功率为 175 mW 时测到了 12.6 dB 的明亮压缩态光场，强度约 45 μW。然后经过重复多次测量，绘制了泵浦功率为 25~195 mW 时压缩度和反压缩度的变化趋势，如图 7.1.14 所示。图中减去了电子学噪声的影响，计算得到了最大 12.8 dB 的压缩度。图中每个数据点均测量了至少十次，然后算出均值和方差作为最终的数据点。泵浦功率的测量误差为 ±3%(由功率计决定)。从图中可以发现，泵浦功率为 65 mW 时，压缩度和反压缩度分别为 8.7 dB 和 9.7 dB，接近海森伯最小不确定度。

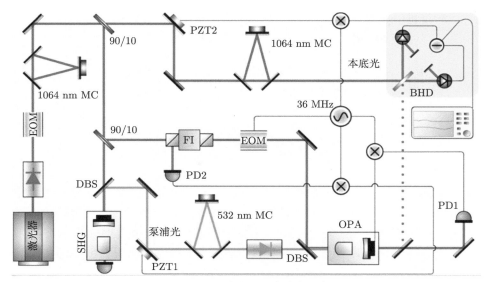

图 7.1.13 压缩态光场产生实验装置

黑色部分是三个锁定环路相位起伏的相互补偿示意图。SHG-倍频腔；OPA-光学参量放大器；EOM-电光调制器；MC-模式清洁器腔；DBS-双色镜；FI-隔离器；PZT-压电驱动器；PD-光电探测器；BHD-平衡零拍探测器

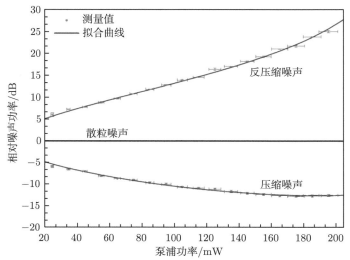

图 7.1.14 压缩度和反压缩度随泵浦功率的变化趋势

分析频率为 3 MHz，所有数据点都减去了探测器电子学噪声的影响

通过代入光学参量振荡器腔长参数 37 mm、分析频率 3 MHz、光学参量振荡器腔的线宽 94 MHz 以及阈值 220 mW，我们可以用下式拟合得到系统总光学损

耗 l_{tot} 和总相位波动 θ_{tot}：

$$V_{a/s} = \left[1 \pm \frac{4\left(1 - l_{\text{tot}}\right)\sqrt{p/p_{\text{tot}}}}{\left(1 \mp \sqrt{p/p_{\text{tot}}}\right)^2 + 4\left(f/\kappa\right)^2} \right] \cos^2\theta_{\text{tot}}$$

$$+ \left[1 \mp \frac{4\left(1 - l_{\text{tot}}\right)\sqrt{p/p_{\text{tot}}}}{\left(1 \pm \sqrt{p/p_{\text{tot}}}\right)^2 + 4\left(f/\kappa\right)^2} \right] \sin^2\theta_{\text{tot}} \tag{7.1.15}$$

拟合得到的结果为 $l_{\text{tot}} = 0.049$ 和 $\theta_{\text{tot}} = 3.1$ mrad。显然，整个系统的相对相位起伏减小，补偿效果明显。由于实际实验中系统各部分参数的不确定性及外界环境的干扰，本书的补偿方案没有完全消除相位起伏。根据拟合得到的总光学损耗，在系统没有相位起伏的情况下，本书的光学参量振荡器最大可输出 13.1 dB 的明亮压缩态光场。

7.2 明亮压缩态光场的制备

7.2.1 明亮压缩态光场制备实验装置

1064 nm 明亮压缩态光场制备的实验装置如图 7.1.13 所示，激光源是最大输出功率约 2.5 W 的单频连续波 1064 nm Nd:YVO$_4$ 环形激光器，其输出的激光通过模式清洁器，为下游实验提供空间模式过滤、偏振净化等作用。大约 100 mW 和 30 mW 的透射光被分别用作信号光束和本底探测光，剩余的光场注入倍频腔，为光学参量腔提供 532 nm 的泵浦场。另外两个模式清洁器放置在本底探测光和 532 nm 泵浦光的光路中，不仅作为相位噪声的光学滤波器使用，还可以用于辅助腔技术 [38]，在下游实验中实现高效的模式匹配。

这里采用的光学参量放大器是一个单共振半整体腔，532 nm 泵浦光在腔内双次穿过，1064 nm 基频光在腔内共振。曲率半径为 12 mm 的 PPKTP 晶体，端面镀膜参数为 1064 nm 高反和 532 nm 减反，从而用作 OPO 腔的输入耦合镜。晶体的平面端面对 1064 nm 和 532 nm 均镀有增透膜，与输入耦合镜之间的空气间隙为 27 mm。曲率半径为 30 mm 的凹面输出耦合镜，对 532 nm 镀有高反膜，而对 1064nm 的透射率为 12%±1.5%。考虑到晶体对 1064 nm 的折射率为 1.8302[39]，得到光学参量腔的自由光谱区为 3.3 GHz，线宽为 70 MHz，精细度约为 47。

从输出耦合镜透射的压缩光通过双色镜与漏射的微量泵浦光分离，并直接注入平衡零拍探测器 (BHD) 以检测噪声水平。BHD 的共模抑制比为 75 dB[40]，由一对量子效率超过 99% 的 PIN 光电二极管 (Laser Components 公司) 构成。为了回收光电二极管表面的残余反射，这里使用两个曲率半径为 50 mm 的凹面镜作为回收镜，进一步提高探测效率。

为了提高压缩光的长期稳定性，这里从光学参量腔的输出端提取锁腔误差信号，而从腔前隔离器的反射端提取锁定压缩角的误差信号，这样设计的目的在于补偿压缩角与探测相位各自的失谐量[41]，进而实现压缩度的无偏测量，抑制相位起伏的影响。

7.2.2 明亮压缩态光场制备实验结果

当 532 nm 泵浦光功率为 175 mW 时，得到如图 7.2.1 所示的明亮压缩光测量结果。所有曲线均由频谱分析仪 (Agilent N9020A) 测得，光学参量腔输出的正交振幅压缩光的功率约为 45 μW。a 代表注入 5.5 mW 本底探测光时 BHD 交流输出的散粒噪声基准，b 表示注入压缩光并锁定相对相位为 0 时的量子噪声降低，c 是扫描本底光与压缩光相对相位得到的噪声曲线。这里直接获得了突破散粒噪声为 12.6 dB 的明亮压缩态光场，反压缩高于散粒噪声 21.4 dB。BHD 的电子学噪声比散粒噪声基准低 28 dB，且数据中未减去电子学噪声。图中分析频率为 3 MHz，RBW 设置为 300 kHz，VBW 为 200 Hz。

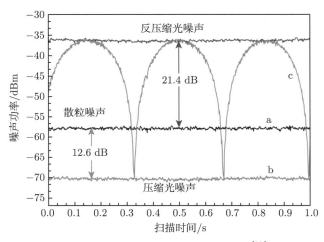

图 7.2.1　明亮压缩光噪声实验结果[37]

为了衡量相位补偿方案的性能，这里记录了压缩光噪声的长期稳定性。在泵浦功率 175 mW 注入下连续记录，得到了明亮压缩光 3 h 压缩度的结果，如图 7.2.2 所示，噪声抑制的波动仅为 ±0.2 dB，表明该补偿方案能有效地减小相位波动，提高压缩光输出稳定性。

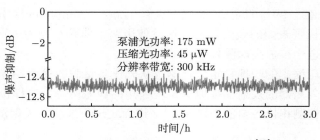

图 7.2.2　压缩态光场 3 h 稳定性测试 [37]

7.3　压缩真空态光场实验制备及理论拟合

在理想条件下，当达到 OPO 腔的阈值时，其输出压缩光的压缩度可以无穷大。然而，不完美的实验器件在压缩态的制备、传输和探测过程中不可避免地会产生损耗，这种损耗通过引入真空噪声来降低压缩因子，最后限制了实测到的压缩度。相位起伏是另一个限制压缩度的因素，在探测过程中将反压缩分量耦合到压缩分量中，同时泵浦功率的提高也增加了反压缩分量，从而加剧了反压缩分量对实测压缩度的影响。因此，存在一个与相位波动有关的最优泵浦系数，此时测量的压缩度最大。随着相位波动的改善，最优值逐渐接近 OPO 的振荡阈值。

对于 1064 nm 波段压缩光的制备过程，光学参量腔中的 PPKTP 晶体会由于 532 nm 泵浦光的注入而产生一种与泵浦强度相关的吸收效应，即绿光诱导红外吸收 (green-light-induced infrared absorption, GLIIRA)[42]。GLIIRA 效应会引起损耗的增加，进而降低压缩度。当泵浦功率较小，压缩度较低时，压缩因子对光学损耗和探测损耗不敏感，GLIIRA 的影响可以忽略。然而随着压缩度的提高，GLIIRA 效应引起的损耗更加强烈。此外，光学参量腔产生的压缩度与泵浦功率之间存在平方根关系，与低压缩度相比，产生高压缩度压缩光所需的高泵浦功率会引起 GLIIRA 效应的加剧。因此，量化 GLIIRA 效应的影响成为高压缩度压缩光制备过程中一个不可忽视的关键因素。

7.3.1　压缩真空态光场制备实验装置

压缩真空态制备的实验装置如图 7.3.1 所示，全固态单频 1064 nm 激光器输出激光经过光学隔离器和 32.5 MHz 电光调制器 EOM 后，注入第一个光学模式清洁器 1064 MC1，从反射端提取误差信号用 PDH 技术锁定 1064 MC1 的腔长与载波共振，透射率约 88%。1064 MC1 的透射光场通过 36.0 MHz 的电光调制器 EOM 后，利用两个分束镜分为三束：第一束光约 30 mW，经透射率 85% 的 1064 MC2 后，作为平衡零拍探测的本底光，注入 BHD；第二束光约 100 mW，通过光学隔离器后，作为信号光注入 OPO 腔中，用于锁定 OPO 腔长以及调节信号光与本底光的干涉；第三束光注入倍频腔 SHG，产生的 532 nm 倍频光通过透射率约 83% 的 532 MC 和光隔离器后作为泵浦光注入 OPO 中。

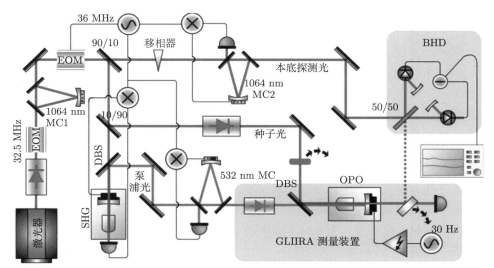

图 7.3.1 GLIIRA 测量和压缩光制备装置图

OPO 的腔型结构与 7.1 节中相似，但腔长略短，PPKTP 晶体与输出耦合镜之间的空气间隙约为 25.1 mm，最佳相位匹配温度为 35.6 ℃，考虑到晶体平面的减反膜的剩余反射率为 (0.2 ± 0.05)%，在没有泵浦注入时，OPO 的逃逸效率可推算为 (98.34 ± 0.47)%。倍频腔 SHG 的参数与 OPO 完全相同，在 900 mW 基频光注入时可获得 680 mW 的倍频光，倍频效率 75.5%。1064 MC2、倍频腔 SHG 以及 532 MC 三个光学腔的腔长锁定均采用 PDH 技术，解调同一个 36.0 MHz 的调制信号来获取误差信号。通过优化透镜参数，精细调节匹配透镜的位置，使得所有光学腔的模式匹配效率均达到 99.8% 以上。对于泵浦光与 OPO 腔的模式匹配，由于泵浦光双次穿过 OPO，在腔内不共振，则常规手段无法获得正常的透射峰信号进而调节模式匹配效率。这里从 OPO 的输出端注入一束基频光，此时 OPO 可视为倍频腔，由于光路可逆，将 OPO 输入端输出的绿光反向注入 532 MC 中，使其模式匹配效率达到 99.8% 以上，间接实现了泵浦光与 OPO 的高效模式匹配，这样不仅有利于降低泵浦阈值，提高压缩度，还能有效抑制 GLIIRA 效应。压缩光与本底探测光的模式匹配效率也达到了上述水平。

这里通过比较有无 532 nm 泵浦光注入两种情况下光学参量腔模式匹配效率，来测量 GLIIRA 效应的损耗系数 [43]。在 50～230 mW（步进 15 mW）的泵浦功率范围内，对应的泵浦功率密度分别为 2.9 kW/cm^2 和 13.34 kW/cm^2，测得

GLIIRA 的吸收系数从 1.21×10^{-4} cm^{-1} 升高为 11.2×10^{-4} cm^{-1}。根据测量结果和对应的泵浦功率,这里拟合得到了 PPKTP 晶体 GLIIRA 效应的吸收系数,可表达为

$$\alpha_{\text{GLIIRA}} = 6.23 \times 10^{-6} \times I_{\text{g}}^2 + 2.32 \times I_{\text{g}} \tag{7.3.1}$$

其中,I_{g} 表示 532 nm 泵浦光的功率密度,单位为 kW/cm^2。因此,GLIIRA 效应对 9 dB 压缩光的衰减为 0.04 dB,可以忽略,但对 15 dB 压缩光的衰减可达 1.17 dB。

7.3.2　压缩真空态光场制备实验结果

图 7.3.2 所示为 180 mW 泵浦注入条件下获得的 3 MHz 分析频率处压缩真空态光场噪声谱线,a 表示 5.5 mW 本底探测光注入时所对应的散粒噪声;c 表示平衡零拍探测器的电子学噪声,低于散粒噪声 28 dB;扫描本底探测光与压缩光的相对相位,得到了如 b 所示的压缩光噪声曲线,压缩度为 (13.2±0.2)dB,反压缩度为 (24.7±0.2)dB。

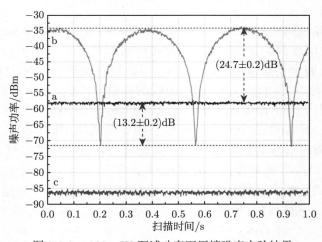

图 7.3.2　180 mW 泵浦功率下压缩噪声实验结果

7.3.3　实验结果与理论拟合

为了衡量系统的整体损耗与相位起伏,量化评估 GLIIRA 对压缩度的影响,这里测量了不同泵浦功率下的压缩度与反压缩度,如图 7.3.3 所示,图中每个点代表 20 次实测平均值,曲线为理论拟合。OPO 输出的压缩光的压缩度与反压缩可表示为

$$V_{s/a} = \left[1 \mp \eta_{\text{tot}} \frac{4\sqrt{P/P_{\text{th}}}}{\left(1 \pm \sqrt{P/P_{\text{th}}}\right)^2 + 4\kappa^2} \right] \cos^2 \theta$$

$$+ \left[1 \pm \eta_{\text{tot}} \frac{4\sqrt{P/P_{\text{th}}}}{\left(1 \mp \sqrt{P/P_{\text{th}}}\right)^2 + 4\kappa^2} \right] \sin^2 \theta \tag{7.3.2}$$

式中, P 代表泵浦功率; P_{th} 表示泵浦阈值; θ 表示相位起伏; $\eta_{\text{tot}} = \eta_{\text{esc}}\eta_{\text{pro}}\eta_{\text{vis}}\eta_{\text{qe}}$ 表示压缩光在制备、传输以及探测过程中的总效率, 等号右边四项分别代表逃逸效率、传输效率、干涉效率和平衡零拍探测的量子效率, 其中逃逸效率 $\eta_{\text{esc}} = T/(T+L+\alpha_{\text{GLIIRA}})$, 这里 T 表示 OPO 输出镜透过率, L 代表内腔损耗; $\kappa = 2\pi f/\gamma$ 是一个无量纲参数, 这里 f 表示傅里叶分析频率, $\gamma = c\left(T+L+\alpha_{\text{GLIIRA}}\right)/2l$ 表示衰减速率。在这里, $l = 43.42$ mm, $f = 3$ MHz, OPO 线宽为 71.5 MHz, 传输效率为 99.4%, 泵浦阈值 $P_{\text{th}} = 210$ mW。整个系统的损耗估算为 2.2%~4.1%。根据上述参数, 在泵浦功率小于 75 mW 时, 有无 GLIIRA 效应和相位起伏 (4.5 mrad) 条件下的压缩度最大区别仅为 0.08 dB, 可以忽略。因此, 系统的总损耗可以通过拟合 0~75 mW 泵浦范围内压缩度的变化来获得。拟合结果表明, 系统的总损耗为 (3.73±0.15)%, 在我们的预测范围之内; 而根据反压缩度拟合得到的系统损耗为 (3.7±0.05)%, 与压缩度拟合结果相符, 进一步印证了拟合结果的可信度。

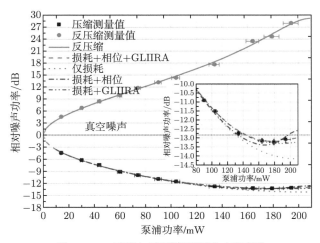

图 7.3.3　　压缩与反压缩随泵浦功率变化

　　根据上述系统的总损耗, 当不考虑压缩度与 GLIIRA 效应和相位波动的依赖性时, 得到如图 7.3.3 绿色点线所示压缩度随泵浦功率的变化曲线, 随着泵浦功率的增大，理论值与实测值之间的差异越来越大。因此，在较高的泵浦功率下，压缩度不仅仅由总损耗决定。实际上，由于泵浦光的注入，内腔损耗并不是一个常数，逃逸效率 η_{esc} 随泵浦功率的增加而降低。在泵浦功率从 0 到阈值功率的范围内，由 GLIIRA 效应引起的阈值功率的变化可以忽略。根据上面得到的总损耗，我们可以拟合出已知损耗、未知相位波动的压缩度与泵浦功率依赖关系，如蓝色点划线所示，相位起伏拟合值为 (4.42±0.22)mrad。在压缩度最优的功率点以下，拟合值大于实测值，反之亦然，最大偏差达到 0.5 dB。令相位波动为 0，仅考虑损耗和 GLIIRA 的影响时，得到图 7.3.3 中紫色虚点线拟合曲线。与仅考虑损耗相比，理论和实测值偏差减小了，特别是在泵浦功率范围内 (90~165 mW)。但是，理论值总是大于阈值附近的测量值，这种差异随着泵浦功率的增大而增大。

综合考虑系统总损耗、相位起伏和 GLIIRA 效应的影响，我们得到了图 7.3.3 中红色虚线的拟合结果，相位起伏拟合值为 (1.76±0.52)mrad。在整个泵浦功率范围内，拟合结果与实验结果吻合较好。所有这些拟合程序都是基于测量数据的平均值，使用 Origin 软件内的单体法，不考虑标准偏差。

实验结果表明：GLIIRA 效应的量化分析，对高压缩度压缩光的制备举足轻重。特别是对采用周期性极化晶体的压缩光制备系统，晶体生长及极化过程在材料中形成色心的概率更高，这将比采用双折射相位匹配的非线性晶体引入更高的GLIIRA。值得注意的是，GLIIRA 效应引起的损耗很大程度上取决于晶体生长和极化条件，与此同时，压缩度随泵浦功率的变化存在一个拐点，此时压缩度最大。最大压缩度取决于晶体长度、OPO 参数、晶体质量、泵浦功率和 GLIIRA 效应，这促使我们根据实际晶体样品对这些实验参数进行系统优化，从而获得最优的压缩度结果。

7.4　声频段压缩真空态光场的制备

7.4.1　相干控制技术

为了获得声频段稳定可控的压缩态光场，2006 年，德国马克斯·普朗克研究所促进协会的 H. Vahlbruch 等 [44,45] 提出了相干控制技术，如图 7.4.1 所示，该技术将具有一定频移量 (40 MHz) 的单边带控制光注入 OPO 腔内，通过 PPKTP 晶体的参量下转换过程，产生了关于载波对称的边带 (−40 MHz)。在 OPO 的反射端，用 2 倍频移量 (80 MHz) 的正弦信号解调反射光场，获得的误差信号用来锁定压缩角；在透射端用与频移量相同频率 (40 MHz) 的正弦信号解调平衡零拍探测器的交流信号，获得的误差信号来锁定信号光与本底探测光的相对相位，从而实现无相干振幅的压缩真空态的相位控制。

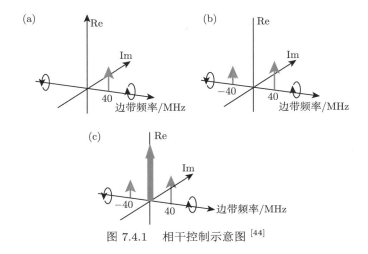

图 7.4.1　相干控制示意图[44]

7.4.2　OPO 腔长锁定

为了实现压缩光从 OPO 腔输出耦合镜的高效输出，需要将 OPO 的腔长精确、稳定地锁定在压缩光载波频率上。对于双共振的 OPO 腔，可通过与 OPO 共振的泵浦光提取锁腔误差信号，此种方法需要通过精细调节 OPO 腔的温度从而严格满足泵浦光与压缩光双共振的条件。对于单共振的 OPO 腔，可通过注入与压缩光相同频率相同偏振 (S 偏振) 的种子光来实现对 OPO 腔长、压缩角以及探测相位的同时锁定。种子光注入的应用广泛，但这种方法仅适用于分析频率为 MHz 的高频段，且 OPO 输出的是明亮压缩态光场。

在声频段，种子光自身的噪声是通过参量过程耦合到输出的压缩态光场上[46]，淹没压缩光的量子噪声，无法获得突破散粒噪声的压缩态光场，因此种子光注入锁定 OPO 腔长的方法不再适用。由于 PPKTP 晶体具有的自然双折射效应，不同偏振的基频光场在 OPO 腔内不简并，利用移频的 P 偏振基频光可有效解决 OPO 腔长锁定问题。2006 年，H. Vahlbruch 采用锁相环 (PLL) 方法将另一台可调谐辅助激光与主激光锁定在移频 0.4~2.0 GHz 范围内，实现了 P 偏振锁腔。2019 年，山西大学光电研究所高英豪[47] 采用光学线性调频转发器边带调制的方法实现了 P 偏振基频光的移频，并用于阈值以下单共振 OPO 腔长的锁定，移频量为 680 MHz，移频效率最大约 60%。

7.4.3　声频段压缩真空态光场制备实验装置

相干控制技术制备声频段压缩装置图如图 7.4.2 所示，这里采用相位调制移频 P 偏振基频光，并利用光学滤波腔提取一阶调制边带的方法锁定 OPO 腔长。移频效率为 33.8%，由相位调制所满足的贝塞尔函数的一阶项所决定。第一束 1064 nm

基频光 A1 通过波导相位调制器 (waveguide phase modulator, WGM) 产生 GHz 调制边带，注入一个精细度约 600、线宽约 2 MHz 的滤波腔透射正一级边带，通过驱动频率为 113.0 MHz 的 EOM，并通过光学隔离器 (FI)、偏振分束器 (PBS) 以及双色镜 (DBS)，注入 OPO 腔中，在光学隔离器的反射端利用共振锁腔探测器 (PD) 提取 OPO 腔长锁定误差信号。控制光 (P 偏振) 和压缩光 (S 偏振) 的频率差异取决于 PPKTP 晶体的长度、折射率以及控温温度。实验中，首先微调控温温度至约 33 ℃，此时 OPO 腔的非线性相互作用强度最大，即达到最低阈值约 250 mW；再通过改变驱动波导相位调制器的驱动频率为 2.9 GHz，实现了控制光和压缩光的同时共振。

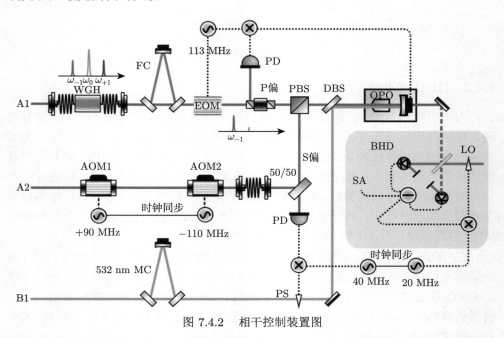

图 7.4.2　相干控制装置图

第二束基频光 A2 通过两个调制频率分别为 +90 MHz 和 −110 MHz 的声光调制器 (AOM)，获得的 −20 MHz 单边带光场通过一段单模保偏光纤跳线用以整形光场空间模式，经过 50/50 分束镜后在 PBS 上与 A1 叠加 (无干涉)，再经 DBS 注入 OPO 腔中。从 OPO 腔反射后，在 50/50 分束镜的透射端利用 PD 提取锁定压缩角的误差信号，用 40 MHz 解调，反馈到 532 nm 泵浦光路的移相器 PS 上。532 nm 泵浦光 B1 由倍频腔输出，经 532 nm 模式清洁器以及 PS 后与两束控制光在 DBS 上耦合，再注入 OPO 腔内以产生压缩态光场。OPO 腔仍采用半整体腔型，具体参数与 7.1 节中相同。

平衡零拍探测器 (BHD) 包含交流支路 (AC)、直流支路 (DC) 和控制支路。

DC 支路处于连通状态时,用来校准光路,使得本底探测光和压缩光完全注入 BHD 的两个量子效率大于 99.0% 的光电二极管;DC 支路处于断开状态时,用以降低电子学噪声,在声频段获得较大的 AC 支路增益。AC 支路接入频谱仪用来探测声频段压缩光量子噪声。控制支路从探测器内部采样电阻提取本底探测光与压缩光的拍频信号,经跨阻运放 OPA847 后输出,用 20 MHz 的正弦信号在混频器上解调,再经外部低通以及控制系统,最终反馈到本底探测光路中的 PS 上,用来锁定探测相位。

上述提到的几种频率 MHz 信号,均由几台时钟同步的 RIGOL DG4202 信号源输出,其中 90 MHz 和 −110 MHz 正弦信号需要先通过功放 Mini-Circuits ZHL-1-2W+,再用于驱动 AOM。实验中第一级 AOM 的注入功率约 60 mW,当 90 MHz 和 110 MHz 的输出峰峰值为 2 V_{pp} 时,两级 AOM 衍射效率约 55%,再经过光纤耦合头、单模保偏光纤跳线、50/50 分束镜以及 PBS 后,注入 OPO 的辅助光功率约 2.85 mW,总的 MHz 移频效率约 5%。20 MHz 和 40 MHz 正弦信号的输出峰峰值约 300 mV_{pp},通过微调 110 MHz 信号源的输出幅值进而改变控制光 A2 注入 OPO 的功率至约 28 μW,可以获得信噪比较高的压缩角的误差信号,以及探测端锁定压缩光与本底探测光之间相对相位的误差信号。控制光 A1 注入 OPO 的功率约 2 mW,113.0 MHz 的调制信号与其他几路 MHz 信号不存在相位依赖关系,因此无需时钟同步。

7.4.4 声频段压缩真空态光场制备实验结果

1. 3 MHz 频段

泵浦因子为 0.6 时,在分析频率为 3 MHz 的高频段,得到了如图 7.4.3 所示的

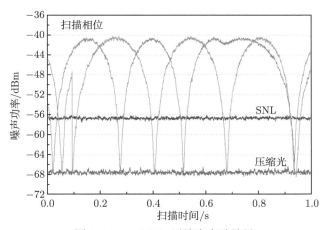

图 7.4.3 3 MHz 压缩度实验结果

压缩度测量结果。图中黑色曲线为本底探测光 10 mW 时的散粒噪声基准 (SNL),此时平衡零拍探测器的信噪比达到 25 dB 左右,紫色和绿色曲线分别代表扫描压缩光与本底探测光的相对相位时得到的噪声结果。在完成所有自由度的锁定后,得到了蓝色曲线代表的压缩光噪声结果,压缩度为 10.8 dB。图中 RBW = 300 kHz,VBW = 200 Hz,采样时间设置为 1 s。

2. 100~500 kHz 频段

在相同实验条件下,断开 BHD 的 DC 输出支路,这里实测了 100~500 kHz 的压缩噪声,如图 7.4.4 所示。图中黑色曲线 a 代表 SNL,绿色曲线 d 代表电子学噪声,蓝色曲线 b 和红色曲线 c 代表两次压缩光噪声实测结果。在 500 kHz,压缩度约 10.0 dB,在 100 kHz,压缩度约 9.2 dB。从图中我们可以看出,得益于该频段内 BHD 的信噪比大于 35 dB 以及较宽的动态范围,压缩光噪声谱也比较平坦。图中 RBW = 100 Hz,VBW = 10 Hz。

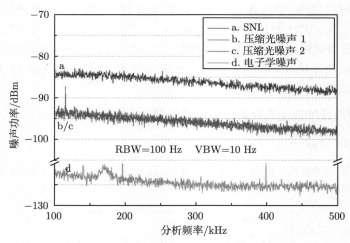

图 7.4.4　100~500 kHz 压缩光噪声实验结果

3. 12~100 kHz 频段

这里改变探测的分析频率为 12~100 kHz,如图 7.4.5 所示,仍能获得 9.0 dB 左右的压缩光噪声谱。然而 BHD 的增益在小于 20 kHz 的频段内骤降,这是由 BHD 内部的电路设计及运放元件所决定的。

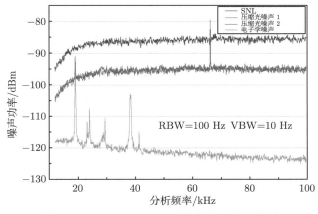

图 7.4.5 12∼100 kHz 压缩光噪声实测结果

7.5 本章小结

本章详细分析研究压缩态光场的理论基础和制备过程中影响压缩度的主要因素，在实验上直接获得了最大量子噪声抑制达 13.2 dB 的压缩真空态光场，泵浦功率为 180 mW，实验证明了压缩因子与泵浦功率的关系。通过利用相位自补偿技术，减小了压缩光制备及探测过程中的相位起伏，在 3 MHz 分析频段直接获得了量子噪声抑制达 12.6 dB 的 1064 nm 明亮压缩态光场，并且在 3 h 内的起伏仅为 ±0.2 dB。

为了拓展压缩光的应用频段，本章开展声频段压缩光制备实验。通过采用"相干控制技术"+"P 偏振移频锁腔技术"，实现了 OPO 腔长、压缩角及探测相位的稳定锁定，在 12 kHz 获得了突破量子噪声达 9.0 dB 左右的声频段压缩态光场。下一步可通过研发低频段更高信噪比的 BHD 以及探索低频段激光降噪技术，将压缩态光场的制备及探测拓展至亚声频段。

参 考 文 献

[1] Walls D F. Squeezed states of light. Nature, 1983, 306(5939): 141-146.

[2] Schnabel R, Mavalvala N, McClelland D E, et al. Quantum metrology for gravitational wave astronomy. Nat. Commun., 2010, 1: 121.

[3] Steinlechner S, Bauchrowitz J, Meinders M, et al. Quantum-dense metrology. Nat. Photonics, 2013, 7: 626-630.

[4] Xiao M, Wu L A, Kimble H J. Precision measurement beyond the shot-noise limit. Phys. Rev. Lett., 1987, 59(3): 278-281.

[5] Kong J, Ou Z Y, Zhang W P. Phase-measurement sensitivity beyond the standard quantum limit in an interferometer consisting of a parametric amplifier and a beam splitter. Phys. Rev. A, 2013, 87(2): 023825.

[6] Ou Z Y. Enhancement of the phase-measurement sensitivity beyond the standard quantum limit by a nonlinear interferometer. Phys. Rev. A, 2012, 85(2): 023815.

[7] Li Y Q, Guzun D, Xiao M, Sub-shot-noise-limited optical heterodyne detection using an amplitude-squeezed local oscillator. Phys. Rev. Lett., 1999, 82(26): 5225-5228.

[8] Degen C L, Reinhard F, Cappellaro P. Quantum sensing. Rev. Mod. Phys., 2017, 89(3): 035002.

[9] Andersen U L, Gehring T, Marquardt C, et al. 30 years of squeezed light generation. Physica Script, 2016, 91(5): 053001.

[10] Menicucci N C. Fault-tolerant measurement-based quantum computing with continuous-variable cluster states. Phys. Rev. Lett., 2014, 112(12): 120504.

[11] Vahlbruch H, Mehmet M, Chelkowski S, et al. Observation of squeezed light with 10-dB quantum-noise reduction. Phys. Rev. Lett., 2008, 100(3): 033602.

[12] Mehmet M, Ast S, Eberle T, et al. Squeezed light at 1550 nm with a quantum noise reduction of 12.3 dB. Opt. Express, 2011, 19(25): 25763-25772.

[13] Eberle T, Steinlechner S, Bauchrowitz J, et al. Quantum enhancement of the zero-area Sagnac interferometer topology for gravitational wave detection. Phys. Rev. Lett., 2010, 104(25): 251102.

[14] Vahlbruch H, Mehmet M, Danzmann K, et al. Detection of 15 dB squeezed states of light and their application for the absolute calibration of photoelectric quantum efficiency. Phys. Rev. Lett., 2016, 117(11): 110801.

[15] Serikawa T, Yoshikawa J, Makino K, et al. Creation and measurement of broadband squeezed vacuum from a ring optical parametric oscillator. Opt. Express, 2016, 24(25): 28383-28391.

[16] Takeno Y, Yukawa M, Yonezawa H, et al. Observation of −9 dB quadrature squeezing with improvement of phase stability in homodyne measurement. Opt. Express, 2007, 15(7): 4321-4327.

[17] Wu L, Kimble H J, Hall J L, et al. Generation of squeezed states by parametric down conversion. Phys. Rev. Lett., 1986, 57(20): 2520-2523.

[18] Dwyer S E. Quantum noise reduction using squeezed states in LIGO. Cambridge: Massachusetts Institute of Technology, 2013.

[19] Goda K, McKenzie K, Mikhailov E, et al. Photothermal fluctuations as a fundamental limit to low-frequency squeezing in a degenerate optical parametric oscillator. Phys. Rev. A, 2005, 72(4): 043819.

[20] 张文慧, 杨文海, 史少平, 等. 高压缩度压缩态光场制备中的模式匹配. 中国激光, 2017, 44(11): 272-280.

[21] 李宏, 冯晋霞, 万振菊, 等. 高效率外腔倍频产生低噪声连续单频 780 nm 激光. 中国激光, 2014, 41(5): 18-22.

[22] 李嘉华, 郑海燕, 张玲, 等. 利用 PPKTP 晶体倍频产生 397.5 nm 激光的实验研究. 量子光学学报, 2011, 17(1): 30-33.

[23] Han Y S, Wen X, Bai J D, et al. Generation of 130 mW of 397.5 nm tunable laser via ring-cavity-enhanced frequency doubling. J. Opt. Soc. Am. B, 2014, 31(8): 1942-1947.

[24] 张靖, 马红亮, 罗玉, 等. 准相位匹配的 KTP 晶体获得高效外腔谐振倍频绿光. 中国激光, 2002, 29(12): 1057-1060.

[25] Chua S S Y, Slagmolen B J J, Shaddock D A, et al. Quantum squeezed light in gravitational-wave detectors. Classical and Quantum Gravity, 2014, 31(18): 183001.

[26] Uehara N, Gustafson E K, Fejer M M, et al. Modeling of efficient mode-matching and thermal-lensing effect on a laser-beam coupling into a mode-cleaner cavity. International Society for Optics and Photonics, 1997, 2989: 57-68.

[27] Wang Y J, Zheng Y H, Shi Z, et al. High-power single-frequency Nd:YVO$_4$ green laser by self-compensation of astigmatisms. Laser Physics Letters, 2012, 9(7): 506-510.

[28] Wang Q W, Tian L, Yao W X, et al. Realizing a high-efficiency 426 nm laser with PPKTP by reducing mode-mismatch caused by the thermal effect. Opt. Express, 2019, 27(20): 28534-28543.

[29] Wang Y J, Li Z X, Zheng Y H, et al. Determination of the thermal lens of a PPKTP crystal based on thermally induced mode-mismatching. IEEE Journal of Quantum Electronics, 2017, 53(1): 1-7.

[30] Chen C Y, Li Z X, Jin X L, et al. Resonant photodetector for cavity- and phase-locking of squeezed state generation. Rev. Sci. Instrum., 2016, 87(10): 103114.

[31] Chen C Y, Shi S P, Zheng Y H. Low-noise, transformer-coupled resonant photodetector for squeezed state generation. Rev. Sci. Instrum., 2017, 88(10): 103101.

[32] Li Z X, Ma W G, Yang W H, et al. Reduction of zero baseline drift of the Pound-Drever-Hall error signal with a wedged electro-optical crystal for squeezed state generation. Optics Letters, 2016, 41(14): 3331-3334.

[33] Zhang W, Martin M J, Benko C, et al. Reduction of residual amplitude modulation to 1×10^{-6} for frequency modulation and laser stabilization. Optics Letters, 2014, 39(7): 1980-1983.

[34] Streubel R, Barcikowski S, Gökce B. Continuous multigram nanoparticle synthesis by high-power, high-repetition-rate ultrafast laser ablation in liquids. Optics Letters, 2016, 41(7): 1486-1489.

[35] McKenzie K, Mikhailov E E, Goda K, et al. Quantum noise locking. Journal of Optics B: Quantum and Semiclassical Optics, 2005,7(10): S421-S428.

[36] Dwyer S, Barsotti L, Chua S S Y, et al. Squeezed quadrature fluctuations in a gravitational wave detector using squeezed light. Optics Express, 2013, 21(16): 19047-19060.

[37] Yang W H, Shi S P, Wang Y J, et al. Detection of stably bright squeezed light with the quantum noise reduction of 12.6 dB by mutually compensating the phase fluctuations. Optics Letters, 2017, 42(21): 4553-4556.

[38] Mehmet M, Vahlbruch H, Lastzka N, et al. Observation of squeezed states with strong

photon-number oscillations. Phys. Rev. A, 2010, 81(1): 013814.

[39] Dmitriev V G, Gurzadyan G G, Nikogosyan D N. Handbook of Nonlinear Optical Crystals. 3rd ed. Berlin: Springer, 1999.

[40] Jin X L, Su J, Zheng Y H, et al. Balanced homodyne detection with high common mode rejection ratio based on parameter compensation of two arbitrary photodiodes. Opt. Express, 2015, 23(18): 23859-23866.

[41] 杨文海. 高压缩度压缩光源的实验研究与仪器化. 太原：山西大学, 2018.

[42] Wang S, Pasiskevicius V, Laurell F. Dynamics of green light-induced infrared absorption in KTiOPO$_4$ and periodically poled KTiOPO$_4$. J. Appl. Phys., 2004, 96(4): 2023-2028.

[43] Wang Y J, Yang W H, Li Z X, et al. Determination of blue-light-induced infrared absorption based on mode-matching efficiency in an optical parametric oscillator. Sci. Rep., 2017, 7: 41405.

[44] Vahlbruch H, Chelkowski S, Hage B, et al. Coherent control of vacuum squeezing in the gravitational-wave detection band. Phys. Rev. Lett., 2006, 97(1): 011101.

[45] Chelkowski S, Vahlbruch H, Danzmann K, et al. Coherent control of broadband vacuum squeezing. Phys. Rev. A, 2007, 75(4): 043814.

[46] Sun X C, Wang Y J, Tian L, et al. Dependence of the squeezing and anti-squeezing factors of bright squeezed light on the seed beam power and pump beam noise. Optics Letters, 2019, 44(7): 1789-1792.

[47] 高英豪. 稳定输出的 1.06 微米压缩真空态光源的制备. 太原：山西大学, 2019.

第 8 章　纠缠态光场的实验制备

连续变量 (CV) 量子纠缠已经被广泛应用,为量子信息网络 [1-5]、量子计算 [6,7]、量子通信 [8-14] 和量子精密测量 [15-18] 等研究方向提供了宝贵的资源。实现噪声抑制达 −10 dB 的强量子关联纠缠态光场的稳定输出,是一项复杂而艰巨的任务。为了获得更高的纠缠度,必须综合考虑纠缠态产生和探测过程中的压缩因子、分束器的平衡、信道损耗以及多个相位角的控制精度对纠缠态的影响。目前,强量子关联的纠缠态已经在实验或理论上得到了验证,为了制备得到更强的纠缠态光场,相位角的精确稳定控制是必不可少的前提。

本章首先从理论和实验上证明光学参量过程中相对相位和纠缠关联度的联系。通过设计三种相位锁定方法,可以避免相对相位之间的相互影响,将相位控制精度提高至 −35∼35 mrad,这将为该系统实现 −11.1 dB 振幅关联及 −11.3 dB 相位关联铺平道路。其次,分别考虑压缩因子、分束器的平衡、信道损耗这三个因素对纠缠度的影响,完全量化 EPR (Einstein-Podolsky-Rosen) 纠缠态制备中的偏置效应,并通过调节通道损耗、压缩因子和分束器的透射率等实验参数,实验上实现低于量子噪声极限 (QNL) −10.7 dB@5 MHz 的无偏置纠缠态。最后,分析研究基于单模压缩态光场的边模纠缠制备及操控过程中的关键技术问题。

8.1　相位角控制精度对纠缠态的影响

人们通常利用光学参量振荡过程技术制备强量子关联的纠缠态。如图 8.1.1

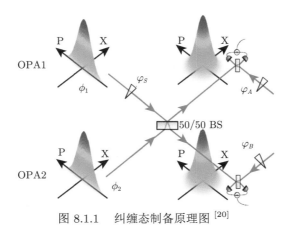

图 8.1.1　纠缠态制备原理图 [20]

所示，两个单模压缩态在 50/50 分束器 (BS) 上耦合，这至少伴随着五路相对相位的电子伺服控制回路：光学参量腔的种子光和泵浦光 ϕ_1 (或 ϕ_2)，50/50 BS 上的两束压缩光 φ_S，平衡零差探测中的纠缠光和本底探测光 φ_A (φ_B)。相比于理想相位角的任意偏差都将削弱量子关联，为两个正交分量引入不对称的噪声方差 [19−21]，并且随着光学损耗的降低，相位角偏移对纠缠的影响更加明显。

8.1.1　相位角控制精度与纠缠度的关系

纠缠态可以通过在 50/50 分束器上以相对相位 $\varphi_S = \pi/2$ 耦合两个振幅压缩态 $\hat{S}_1$ 和 $\hat{S}_2$ 来制备，其输出的两个纠缠模式分别为 $A(\hat{a})$ 和 $B(\hat{b})$

$$\hat{a} = \sqrt{\frac{1}{2}}\hat{S}_1 + \sqrt{\frac{1}{2}}\hat{S}_2 \mathrm{e}^{\mathrm{i}\varphi_S}, \quad \hat{b} = \sqrt{\frac{1}{2}}\hat{S}_1 - \sqrt{\frac{1}{2}}\hat{S}_2 \mathrm{e}^{\mathrm{i}\varphi_S} \tag{8.1.1}$$

两个纠缠模式 $\hat{a}$ 和 $\hat{b}$ 分别通过两个平衡零拍探测器 (BHD) 探测，在探测器上光电流自减后表示为

$$
\begin{aligned}
i_a = i_{a1} - i_{a2} &= \hat{a}^+ \mathrm{e}^{\mathrm{i}\varphi_A} + \hat{a}\mathrm{e}^{-\mathrm{i}\varphi_A} \\
&= \sqrt{\frac{1}{2}}\left(\hat{S}_1\mathrm{e}^{-\mathrm{i}\varphi_A} + \hat{S}_1^+\mathrm{e}^{\mathrm{i}\varphi_A}\right) + \sqrt{\frac{1}{2}}\left(\hat{S}_2\mathrm{e}^{\mathrm{i}\varphi_S}\mathrm{e}^{-\mathrm{i}\varphi_A} + \hat{S}_2^+\mathrm{e}^{-\mathrm{i}\varphi_S}\mathrm{e}^{\mathrm{i}\varphi_A}\right)
\end{aligned}
\tag{8.1.2}
$$

$$
\begin{aligned}
i_b = i_{b1} - i_{b2} &= \hat{b}^+ \mathrm{e}^{\mathrm{i}\varphi_B} + \hat{b}\mathrm{e}^{-\mathrm{i}\varphi_B} \\
&= \sqrt{\frac{1}{2}}\left(\hat{S}_1\mathrm{e}^{-\mathrm{i}\varphi_B} + \hat{S}_1^+\mathrm{e}^{\mathrm{i}\varphi_B}\right) - \sqrt{\frac{1}{2}}\left(\hat{S}_2\mathrm{e}^{\mathrm{i}\varphi_S}\mathrm{e}^{-\mathrm{i}\varphi_B} + \hat{S}_2^+\mathrm{e}^{-\mathrm{i}\varphi_S}\mathrm{e}^{\mathrm{i}\varphi_B}\right)
\end{aligned}
\tag{8.1.3}
$$

其中，本底光和纠缠模式 A (或 B) 之间的相对相位 φ_A (或 φ_B) 决定了测量的正交相位角。若 $\varphi_A = \varphi_B = 0$，则两个探测器电流的和对应于振幅关联 $V\left(\hat{X}_a + \hat{X}_b\right)$，如果 $\varphi_A = \varphi_B = \pi/2$，则两个探测器电流的差对应于相位关联 $V\left(\hat{Y}_a - \hat{Y}_b\right)$，即

$$
\begin{aligned}
i_A \pm i_B &= \sqrt{\frac{1}{2}}\left[\left(\hat{S}_1 + \hat{S}_1^+\right)(\cos\varphi_A \pm \cos\varphi_B) + i\left(\hat{S}_1^+ - \hat{S}_1\right)(\sin\varphi_A \pm \sin\varphi_B)\right] \\
&\quad + \sqrt{\frac{1}{2}} \times \Big[\left(\hat{S}_2 + \hat{S}_2^+\right)(\cos\varphi_A \cos\varphi_S \mp \cos\varphi_B \cos\varphi_S \\
&\qquad + \sin\varphi_A \sin\varphi_S \mp \sin\varphi_B \sin\varphi_S) \\
&\qquad + i\left(\hat{S}_2^+ - \hat{S}_2\right)(\sin\varphi_A \cos\varphi_S \mp \sin\varphi_B \cos\varphi_S \\
&\qquad - \cos\varphi_A \sin\varphi_S \pm \cos\varphi_B \sin\varphi_S)\Big]
\end{aligned}
\tag{8.1.4}
$$

纠缠态的关联方差可以用 $i_A \pm i_B$ 的平方表示为

$$
\begin{aligned}
V(A \pm B) = &\frac{1}{2} \left[V_{S1}(X)(\cos\varphi_A \pm \cos\varphi_B)^2 + V_{S1}(Y)(\sin\varphi_A \pm \sin\varphi_B)^2 \right] \\
&+ \frac{1}{2} [V_{S2}(X)(\cos\varphi_A \cos\varphi_S \mp \cos\varphi_B \cos\varphi_S \\
&+ \sin\varphi_A \sin\varphi_S \mp \sin\varphi_B \sin\varphi_S)^2 \\
&+ V_{S2}(Y)(\sin\varphi_A \cos\varphi_S \mp \sin\varphi_B \cos\varphi_S \\
&- \cos\varphi_A \sin\varphi_S \pm \cos\varphi_B \sin\varphi_S)^2]
\end{aligned}
\tag{8.1.5}
$$

这里，V_{S1}、$V_{S2}(X)$ 和 $V_{S1}(Y)$、$V_{S2}(Y)$ 分别是压缩模式 $\hat{S}_1$、$\hat{S}_2$ 正交振幅噪声方差和正交相位噪声方差。显然，压缩态的噪声方差直接决定了可测量的最大纠缠度，压缩角 $\theta_{1,2}$ 的旋转对压缩态光场的正交振幅方差和正交相位方差的影响可以分别表示为 [22]

$$
V_{S_{1,2}}(X) = V_{10,20}(X) \cos\left(\frac{\theta_{1,2}}{2}\right)^2 + V_{10,20}(Y) \sin\left(\frac{\theta_{1,2}}{2}\right)^2
\tag{8.1.6}
$$

$$
V_{S_{1,2}}(Y) = V_{10,20}(Y) \cos\left(\frac{\theta_{1,2}}{2}\right)^2 + V_{10,20}(X) \sin\left(\frac{\theta_{1,2}}{2}\right)^2
\tag{8.1.7}
$$

压缩角 $\theta_{1,2}$ 与种子光和泵浦光之间的相对相位 $\phi_{1,2}$ 有关。$\phi_{1,2} = \pi$ 对应于 OPA 的反放大。这里，$V_{10}(X)$，$V_{10}(Y)$ 和 $V_{20}(X)$，$V_{20}(Y)$ 分别是两个压缩态光场的正交振幅初始噪声方差和正交相位初始噪声方差 [22,23]

$$
\begin{aligned}
V_{10,20}(X/Y) = &\left[1 \mp \frac{4\eta_{1,2}\sqrt{P_{1,2}/P_{\text{th}1,2}}}{\left(1 \pm \sqrt{P_{1,2}/P_{\text{th}1,2}}\right)^2 + 4(f/\nu_{1,2})^2} \right] \cos^2\theta_{\text{rms}} \\
&+ \left[1 \pm \frac{4\eta_{1,2}\sqrt{P_{1,2}/P_{\text{th}1,2}}}{\left(1 \mp \sqrt{P_{1,2}/P_{\text{th}1,2}}\right)^2 + 4(f/\nu_{1,2})^2} \right] \sin^2\theta_{\text{rms}}
\end{aligned}
\tag{8.1.8}
$$

其中，$\nu_{1,2}$ 是 OPA 线宽；f 是分析频率；$\eta_{1,2}$ 是总检测效率；$P_{1,2}$ 为泵浦光功率；$P_{\text{th}1,2}$ 为 OPA 的阈值光功率；θ_{rms} 表示压缩角的波动，是指总相位噪声的均方根 (rms)，它会使反压缩分量的噪声耦合到压缩分量中。最终，光学损耗和相位噪声共同决定了测量到的压缩噪声方差。

如上所述，五个相位角 ($\phi_1, \phi_2, \varphi_S, \varphi_A, \varphi_B$) 共同决定了 BHD 测量的最终关联性，上游相位偏差会在下游累积，如图 8.1.2(a) 所示。为了量化累积的相位偏差效应，我们将相对相位重新定义为初始相位和相位偏差的和：$\phi_{1,2} = \phi_{10,20} + \Delta\phi_{1,2}$，$\varphi_S = \varphi_{S0} + \Delta\varphi_S$，$\varphi_{A,B} = \varphi_{A0,B0} + \Delta\varphi_{A,B}$。如图 8.1.2(b) 所示，在压缩态制备过程中 $\Delta\phi_{1,2}$ 会导致压缩角的旋转 ($\theta_{1,2} = \theta_{10,20} + \Delta\theta_{1,2}$)，同时会导致 OPA 的输出光功率 P_{out1} 增加 (作用于反放大)，通过引入功率系数 R，建立了两者的关系。输出光功率 P_{out1} 与初始光功率 P_{out0} 的功率比值系数 R 可以表示为[24]

$$R = \frac{1 + \dfrac{P_{1,2}}{P_{\text{th}1,2}} + 2\cos\left(\phi_{10,20} + \Delta\phi_{1,2}\right)\sqrt{\dfrac{P_{1,2}}{P_{\text{th}1,2}}}}{1 + \dfrac{P_{1,2}}{P_{\text{th}1,2}} + 2\cos\left(\phi_{10,20}\right)\sqrt{\dfrac{P_{1,2}}{P_{\text{th}1,2}}}} \tag{8.1.9}$$

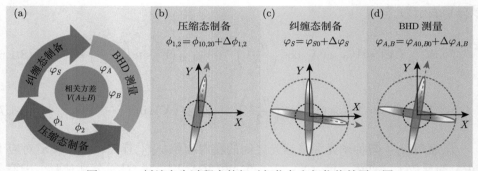

图 8.1.2　纠缠产生过程中的相对相位角和相位偏差原理图

(a) 压缩态、纠缠态的制备和测量；(b) 压缩态的制备；(c) 纠缠态的制备；(d) 平衡零拍探测

在这种情况下，如果锁定两束压缩光的相对相位 φ_S 的误差信号是从其中一束纠缠模式中提取的，那么 OPA 输出光功率的增大会导致其误差信号的零点偏移，使得两束压缩光相对相位 φ_S 的锁定产生偏差 $\Delta\varphi_S$ (图 8.1.2(c))。结合功率比值系数 R 方程和干涉强度的方程，φ_S 可重新定义为

$$\varphi_S = \varphi_{S0} + \Delta\varphi_S = \arccos\frac{I_2^2 - R^2 + 2I_1I_2\cos\varphi_{S0}}{2I_1R} \tag{8.1.10}$$

如果将两束压缩光的初始功率归一化为 1 ($I_1 = I_2 = 1$)，则 φ_S 简化为 $\varphi_S = \arccos[(1 - R^2)/2R]$。图 8.1.3(a) 展示了两束压缩光相对相位的偏差 $\Delta\varphi_S$ 与种子光和泵浦光相对相位偏差 $\Delta\phi_{1,2}$ 的关系。例如，$\phi_{1,2}$ 偏移 20 mrad 时会导致 φ_S 偏移 13 mrad，即 $\phi_1 = (\pi \pm 0.02)$ rad，$\varphi_S = (\pi/2 + 0.013)$ rad。此外，如

图 8.1.2(d) 所示，纠缠光和本底光相对相位的偏差 $\Delta\varphi_{A,B}$ 同样会引起压缩角的旋转。

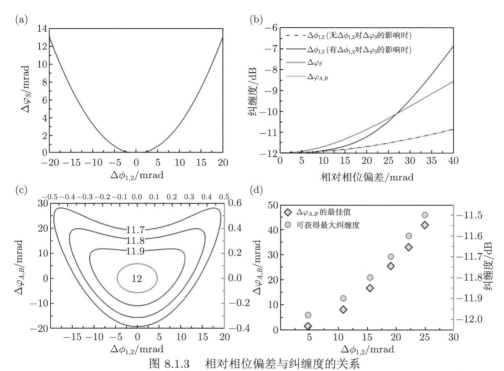

图 8.1.3　相对相位偏差与纠缠度的关系

(a) $\Delta\varphi_S$ 随 $\Delta\phi_{1,2}$ 的变化；(b) 在有 (蓝实线) 和无 (蓝虚线) $\Delta\phi_{1,2}$ 对 $\Delta\varphi_S$ 的影响时，纠缠度与 $\Delta\phi_{1,2}$ 的关系，纠缠度与 $\Delta\varphi_S$ 的关系 (红线)，纠缠度与 $\Delta\varphi_{A,B}$ 的关系 (绿线)；(c) 考虑了 $\Delta\phi_{1,2}$ 对 $\Delta\varphi_S$ 的影响，不同的纠缠度下，$\Delta\varphi_{A,B}$ 随 $\Delta\phi_{1,2}$ 的变化；(d) 考虑了 $\Delta\phi_{1,2}$ 对 $\Delta\varphi_S$ 的影响，$\Delta\varphi_{A,B}$ 的最佳值 (菱形) 和可以获得的最大纠缠度 (圆圈)；这里采用的压缩为 -12 dB

　　图 8.1.3(b) 展示了纠缠关联度与各个相对相位偏差的关系，从图中可以清楚地看出，所有相对相位的偏差都会引起相位角的旋转，并使纠缠度降低，其中起主要作用的是图中的红线所表示的两束压缩光之间的相对相位偏差 $\Delta\varphi_S$，而种子光和泵浦光相对相位的偏差 $\Delta\phi_{1,2}$ 对两个压缩光相对相位偏差 $\Delta\varphi_S$ 的影响又会加剧这一作用。在 φ_S 精确锁定的前提下，图 8.1.3(c) 展示了相对相位偏差 $\Delta\phi_{1,2}$ 和 $\Delta\varphi_{A,B}$ 与纠缠关联性的关系。随着纠缠度的增加，相对相位的偏差范围越来越窄。例如，$\Delta\phi_{1,2}$ 和 $\Delta\varphi_{A,B}$ 控制精确为 0.1 mrad 时，可以获得 -12 dB 纠缠，当变为 $+30$ mrad$/-20$ mrad 时，纠缠度减小为 -11.7 dB。对于某个特定的 $\Delta\phi_{1,2}$，都可以找到一个最优的 $\Delta\varphi_{A,B}$ 与之对应，结果如图 8.1.3(d) 所示。显然，随着 $\Delta\phi_{1,2}$ 的增加，可获得的最大纠缠度逐渐减小。

8.1.2　实验装置和结果分析

　　纠缠态制备的实验装置如图 8.1.4 所示, 采用的激光源为输出功率 2 W、波长 1550 nm 的单频光纤激光器 (E15, NKT Photonics 公司)。模式清洁器 (MC) 用于过滤高频噪声, 使基频光和泵浦光的正交振幅噪声在 5 MHz 处达到散粒噪声极限 (SNL)[23]。其中, 基频光主要作为 OPA 的种子光和 BHD 的本底光 (LO, 10 mW)。同时, 利用倍频腔 (SHG) 进行参量上转换产生 775 nm 泵浦光。两个 DOPA 均为半整体的双共振腔, 通过在泵浦光上加载 42.5 MHz 的相位调制, 用于其腔长锁定。两个 DOPA 的输出光场在 50/50 分束镜上耦合以制备纠缠态光场。除了输出耦合的凹面镜对 1550 nm 透射率为 $(12\pm1.5)\%$, 以及对 775 nm 具有高的透过率 (减反膜) 外, SHG 的其他参数与 DOPA 类似。DOPA 和 MC 均采用 PDH 锁定技术 [25] 实现腔长与光场的共振。

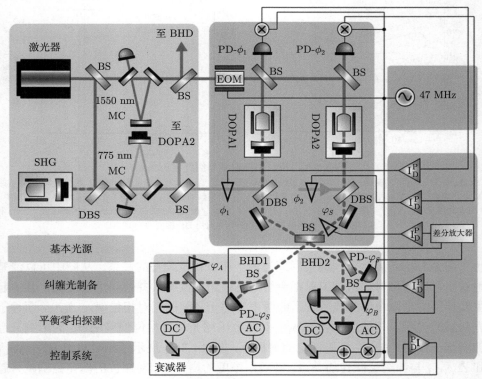

图 8.1.4　纠缠态光场和相对相位反馈控制环路的示意图

MC-模式清洁器; SHG-倍频腔; DOPA-简并光学参量放大器; DBS-双色镜; BS-分束镜; EOM-电光调制器; PD-光电探测器; BHD-平衡零拍探测器

如表 8.1.1 所示, 为了满足超低相位偏差的要求, 这里提出超低剩余振幅调制 (RAM) 技术[26,27]。超低 RAM 控制技术确保了 OPA 腔和 $\phi_{1,2}$ 的精确锁定, 在采用双共振 OPA 制备压缩/纠缠态光场的过程中, 相位噪声可以控制在 (1.4 ± 0.26)mrad[23], 误差信号的零基线偏移量减小到 $+70\times10^{-6}/-50\times10^{-6}$, 约为商用产品的 1/50。

表 8.1.1 相对相位锁定技术总结

相位角	简单描述	锁定技术
$\phi_1(\phi_2)$	种子光和泵浦光的相对相位: π	DOPA 反射端提取误差信号, PDH 锁定, 47 MHz
φ_S	两束压缩光的相对相位: $\pi/2$	直流锁定
$\varphi_A(\varphi_B)$	纠缠光和本底光的相对相位正交振幅: π; 正交相位: 0	直流和交流联合锁定, 47 MHz

从纠缠光束光路中的两个 BS 上分别提取两个纠缠模式功率的 1%, 用于锁定两束压缩光的相对相位。PD-φ_S 读取的两个直流干涉信号进行相减, 产生以零为中心的误差信号, 并直接用于产生两束压缩光 $\pi/2$ 相对相位锁定的误差信号[14]。其优势在于可以抵消 DOPA 输出光功率的波动, 并打破功率系数 R 和两束压缩光相对相位 φ_S 之间的关联性。

为了获得纠缠态光场的最大关联性, 尽可能地消除 $\varphi_{A,B}$ 偏差对测量结果的影响, 这里利用直流和交流联合锁定技术实现任意相位控制。对种子光束上的 47 MHz 调制边带进行解调, 以产生交流信号 $-\sin\theta$ 用于 BHD1 和 BHD2 的 0 相位的锁定。解调后的交流信号与同一个 BHD 输出的直流干涉信号 $\cos\theta$ (用于 $\pi/2$ 相位的锁定) 相加, 得到 $\varphi_{A,B}$ 的最终误差信号 $\varepsilon = -\sin(\theta-\varphi_{A,B}) = k\cos\theta - \sin\theta$, 其中 $k = \tan\varphi_{A,B}$。系数 k 可以通过改变直流部分的大小, 从而调整及校准 $\varphi_{A,B}$ 的误差信号。实验中, 衰减器充当直流信号的振幅调节器, 在 k 值从 $0\sim\infty$ 变化过程中, 可以实现 $\varphi_{A,B}$ 在 $0\sim\pi/2$ 范围内的精确锁定。

图 8.1.5 展示了 13.5 mW 泵浦功率下的测量结果, 表 8.1.2 中也给出了详细的实验参数。图 8.1.5 中, (I) 对应于纠缠光被挡住的散粒噪声基准 (SNL); (II) 和 (III) 分别是正交振幅和正交相位关联性的噪声方差; BHD 的电子学噪声 (IV) 比 SNL 低 21 dB。图 8.1.5(a) 展示了在分析频率为 5 MHz 下直接测量到的正交振幅 (-10.9 ± 0.2) dB 和正交相位关联性 (-11.1 ± 0.2) dB, 其中关联系数的不可分判据为 $\sqrt{V(X_a+X_b)V(Y_a-Y_b)} = 0.079$。通过扣除电子学噪声的影响, 正交振幅和正交相位关联性分别被修正为 -11.1 dB 和 -11.3 dB。图 8.1.5(b) 展示了频率范围为 $5\sim100$ MHz 的宽带量子噪声关联性。频率为 100 MHz 处的正交振幅和正交相位相关性分别为 (-2.4 ± 0.2) dB 和 (-2.6 ± 0.2) dB, 关联系数的不可分判据为 $\sqrt{V(X_a+X_b)V(Y_a-Y_b)} = 0.56$。

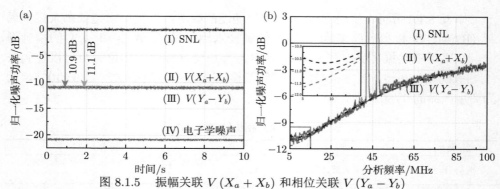

图 8.1.5　振幅关联 $V(X_a + X_b)$ 和相位关联 $V(Y_a - Y_b)$

(a) 分析频率为 5 MHz；(b) 分析频率在 5~100 MHz。分辨率带宽 (RBW) 为 300 kHz，视频带宽 (VBW) 为 200 Hz

表 **8.1.2**　用于图 **8.1.6** 计算的实验参数

参数	$\nu_{1,2}$ /MHz	$f_{1,2}$ /MHz	$\eta_{1,2}$ /%	$P_{1,2}$ /mW	$P_{\text{th}1,2}$ /mW	φ_S /rad	$V_{10,20}(X)$ /dB	$V(X_a + X_b)$ /dB	$V(Y_a - Y_b)$ /dB
数值	110	5	95	13.5	16.6	$\pi/2$	-12.3	-10.9	-11.1

图 8.1.5(b) 中的数据采用式 (8.1.5) 的模型对正交振幅或正交相位 (黑色和蓝色虚线)[28] 进行拟合，其总的光学损耗为 $(6.5\pm0.14)\%$，两个正交分量的相位噪声分别为 (9.7 ± 0.32) mrad 和 (11.1 ± 0.36) mrad。表 8.1.3 列出了纠缠态制备中所有已知的光学损耗和相位噪声来源。对于其中一个 OPA，已知单模压缩的总相位噪声为 (1.4 ± 0.26) mrad[23]。对于 BHD 的 DC-AC 联合锁定的相位噪声测量，首先使 PPKTP 温度远离相位匹配条件，种子光在 OPA 腔内共振后输出，

表 **8.1.3**　纠缠光源的光学损耗和相位噪声估算

光学损耗	值/%
OPO 逃逸效率	98±0.47
传输效率	98±0.2
99.7%的干涉效率 (三路)	99.4±0.2
光电二极管的量子效率	99±0.2
总效率	93.5±0.14
相位噪声	**值/mrad**
MC 腔长	0.1±0.1
SHG 腔长	0.2±0.1
OPO 失谐	0.23±0.1
种子光和泵浦光的 π 相位	0.52±0.2
两束压缩光的 $\pi/2$ 相位	9.9±0.3
本底光和信号光的 0 或 $\pi/2$ 相位	1.7±0.2
总相位噪声	9.7±0.32 (正交相位)
	11.1±0.36 (正交振幅)

最终确定 DC-AC 联合锁定的相位噪声为 (1.7 ± 0.2) mrad。两束压缩光相对相位锁定的相位噪声为 (9.9 ± 0.3) mrad，这是由于光电探测器对微弱信号提取的能力较低。随着光学损耗的减少，相位噪声的影响变得更加严重。与图 8.1.5(b) 中拟合曲线的结果相比，在相位噪声为 0 的情况下 (图 8.1.5(b) 中的粉红色虚线)，最大纠缠度可以达到 -11.6 dB。

根据图 8.1.5(a) 和表 8.1.2 中的结果，如图 8.1.6 所示，计算了相对相位的锁定精度。从其中一个纠缠模式中提取 φ_S 的误差信号时，该锁定技术可以实现 $\Delta\varphi_{A,B}$ 的 $-35\sim80$ mrad 的控制精度 (图 8.1.6(a))；从两个纠缠模式的差值中提取误差信号用于锁定 φ_S 时，$\Delta\varphi_{A,B}$ 的控制范围缩小为 $-35\sim35$ mrad (图 8.1.6(b))。

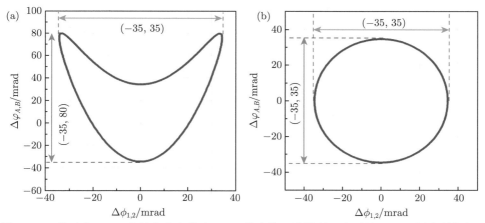

图 8.1.6　基于表 8.1.2 中的实验参数及 8.1.1 节中的理论模型，分别从 (a) 一个纠缠模式和 (b) 两个纠缠模式的差中提取误差信号 φ_S 时，-11 dB 的纠缠态光场相位偏差 $\Delta\phi_{1,2}$ 和 $\Delta\varphi_{A,B}$ 的模拟结果

8.2　双模纠缠态光场的制备

连续变量 (CV) 纠缠态 (EPR) 光场，由于两个纠缠模式具有量子关联性，被广泛应用于量子密钥分发 (QKD)、量子存储、量子纠缠交换、量子计算、量子密集编码和量子信息网络。其中，CV-QKD 系统被编码在电磁场中，并且采用零差或外差探测技术提取信号。QKD 系统保证了数据通信中信息的安全性，而在 QKD 能够在现实世界中被广泛普及之前，它面临着一些主要的挑战，比如，密钥率、安全距离、成本和实用的安全性等。

为了增大密钥率和安全距离，一个有效的策略是减少信道损耗和额外噪声，并提高后处理效率。人们通过结合相位补偿和高效后处理技术，相干协议的最大安全距离在光纤通道中已经达到了 202 km[29]，这代表了 CV-QKD 的一种更实用的实现方法。同时，这也突出了现有无中继器 QKD 方案的局限性，即该方案永远无法超过 PLOB (Pirandola-Laurenza-Ottaviani-Banchi) 边界 [30,31]。理论和实验表明，基于纠缠态的 CV-QKD 协议能够更好地容忍额外噪声、信道损耗和有限的后处理效率 [32]，且安全通信距离和密钥率与纠缠态量子关联性的大小直接相关。如图 8.2.1 所示，若两个用户 Alice 和 Bob 共享一长串随机的密钥，则他们可以通过使用标准的加密方案来实现安全通信。在解密过程中，基于随机正交基切换提取信息。因此，为了在 CV-QKD 通信中保持纠缠源的远距离和高密钥率的优势，纠缠态不仅应具有强量子关联，而且还应具有无偏量子关联 [21]，以满足随机正交基切换的测量。

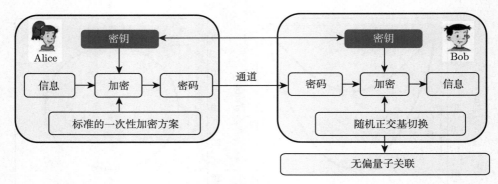

图 8.2.1　量子密钥分发

对于各种 EPR 的应用，研究人员已经认识到了对称纠缠态的重要性 [33]。在一个实际的量子系统中，偏置效应是不可避免的，特别是对于高纠缠度 EPR 的产生除非存在主动的操纵。这种偏置效应来源于纠缠态的产生、传输和探测几个相互依赖的因素中。目前，基于 EPR 的 CV-QKD 方案已在理论和实验上得到验证 [8]，但并没有考虑两个正交分量之间偏置效应的影响。与相干态或压缩态的一维和二维协议的物理性质相比，偏置效应将违反随机正交基切换的测量规则，并且可能由于要在其中一个正交基测量中丢弃某些信息而削弱 CV-QKD 的安全距离。

山西大学课题组通过调节通道损耗、压缩因子、分束镜的透射率等实验参数，制备获得了突破量子噪声极限 (QNL) 达 10.7 dB@5 MHz 的无偏置纠缠态，并证明了偏置效应与频率无关。

8.2.1　双模纠缠态理论模型

纠缠态可以通过将两个压缩态 S_1 和 S_2 在透射率为 T 的分束器上进行耦合来制备。考虑到两个压缩态光场之间的相位差 φ，计算分束器的输出算符 [34,35]：

$$a = \sqrt{1-T}S_1 + \sqrt{T}S_2 \mathrm{e}^{\mathrm{i}\varphi} \tag{8.2.1}$$

$$b = \sqrt{T}S_1 - \sqrt{1-T}S_2 \mathrm{e}^{\mathrm{i}\varphi} \tag{8.2.2}$$

Alice 和 Bob 探测端的正交振幅算符分别为

$$X'_a = a + a^+ = \sqrt{1-T}\left(S_1 + S_1^+\right) + \sqrt{T}\left(S_2 \mathrm{e}^{\mathrm{i}\varphi} + S_2^+ \mathrm{e}^{-\mathrm{i}\varphi}\right) \tag{8.2.3}$$

$$X'_b = b + b^+ = \sqrt{T}\left(S_1 + S_1^+\right) - \sqrt{1-T}\left(S_2 \mathrm{e}^{\mathrm{i}\varphi} + S_2^+ \mathrm{e}^{-\mathrm{i}\varphi}\right) \tag{8.2.4}$$

随后，在纠缠态光场制备中引入可信的光学损耗 ε_a 和 ε_b，Alice 和 Bob 的正交振幅分别变为

$$X_a = \sqrt{1-\varepsilon_a}X'_a + \sqrt{\varepsilon_a} \tag{8.2.5}$$

$$X_b = \sqrt{1-\varepsilon_b}X'_b + \sqrt{\varepsilon_b} \tag{8.2.6}$$

Alice 和 Bob 的正交振幅噪声方差分别表示为

$$V_a\left(X\right) = \left(1-\varepsilon_a\right)\left(1-T\right)V_1\left(X\right) + \left(1-\varepsilon_a\right)T\left[V_2(X)\cos^2\varphi + V_2(Y)\sin^2\varphi\right] + \varepsilon_a \tag{8.2.7}$$

$$V_b\left(X\right) = \left(1-\varepsilon_b\right)TV_1\left(X\right) + \left(1-\varepsilon_b\right)\left(1-T\right)\left[V_2(X)\cos^2\varphi + V_2(Y)\sin^2\varphi\right] + \varepsilon_b \tag{8.2.8}$$

正交振幅算符的和可以表示为

$$\begin{aligned} X_a + X_b &= \sqrt{1-\varepsilon_a}X_a + \sqrt{\varepsilon_a} + \sqrt{1-\varepsilon_b}X_b + \sqrt{\varepsilon_b} \\ &= \left(\sqrt{1-\varepsilon_a}\sqrt{1-T} + \sqrt{1-\varepsilon_b}\sqrt{T}\right)X_1 \\ &\quad + \left(\sqrt{1-\varepsilon_a}\sqrt{T} - \sqrt{1-\varepsilon_b}\sqrt{1-T}\right)\left(S_2 \mathrm{e}^{\mathrm{i}\varphi} + S_2^+ \mathrm{e}^{-\mathrm{i}\varphi}\right) + \sqrt{\varepsilon_a} + \sqrt{\varepsilon_b} \end{aligned} \tag{8.2.9}$$

最后，纠缠态的正交振幅关联方差可以表示为

$$\begin{aligned} V\left(X_a + X_b\right) &= \left[\left(1-\varepsilon_a\right)\left(1-T\right) + \left(1-\varepsilon_b\right)T + 2\sqrt{1-\varepsilon_a}\sqrt{1-\varepsilon_b}\sqrt{T}\sqrt{1-T}\right] \\ &\quad \times \left\langle \delta^2 \hat{X}_1 \right\rangle + \left[\left(1-\varepsilon_a\right)T + \left(1-\varepsilon_b\right)\left(1-T\right)\right. \\ &\quad \left. -2\sqrt{1-\varepsilon_a}\sqrt{1-\varepsilon_b}\sqrt{T}\sqrt{1-T}\right] \\ &\quad \times \left(\cos^2\varphi\left\langle \delta^2 \hat{X}_2 \right\rangle + \sin^2\varphi\left\langle \delta^2 \hat{Y}_2 \right\rangle\right) + \varepsilon_a + \varepsilon_b \end{aligned}$$

$$= \alpha_1 V_1(X) + \beta_1 \left[V_2(X) \cos^2 \varphi + V_2(Y) \sin^2 \varphi \right] + \varepsilon_a + \varepsilon_b$$

$$(8.2.10)$$

式中，$V(X_a + X_b) = V_a(X) + V_b(X) + 2C_{ab}(X)$，$X_1 = S_1 + S_1^+$，$X_2 = S_2 + S_2^+$，$Y_2 = 1/\mathrm{i} \left(S_2 - S_2^+ \right)$ 是两个压缩态的正交振幅和正交相位算符；α_1 和 β_1 是与损耗 (ε_a 和 ε_b) 及分束比 T 有关的系数，分别表示为

$$\alpha_1 = (1 - \varepsilon_a)(1 - T) + (1 - \varepsilon_b) T + 2\sqrt{(1 - \varepsilon_a)(1 - \varepsilon_b)} \sqrt{T} \sqrt{1 - T} \quad (8.2.11)$$

$$\beta_1 = (1 - \varepsilon_a) T + (1 - \varepsilon_b)(1 - T) - 2\sqrt{(1 - \varepsilon_a)(1 - \varepsilon_b)} \sqrt{T} \sqrt{1 - T} \quad (8.2.12)$$

正交振幅关联系数为

$$C_{ab}(X) = \sqrt{(1 - \varepsilon_a)(1 - \varepsilon_b)} \sqrt{T} \sqrt{1 - T} \left[V_1(X) - V_2(X) \cos^2 \varphi - V_2(Y) \sin^2 \varphi \right]$$

$$(8.2.13)$$

使用相同的方法，Alice 和 Bob 的正交相位方差可以表示为

$$V_a(Y) = (1 - \varepsilon_a)(1 - T) V_1(Y) + (1 - \varepsilon_a) T \left[V_2(Y) \cos^2 \varphi + V_2(X) \sin^2 \varphi \right] + \varepsilon_a$$

$$(8.2.14)$$

$$V_b(Y) = (1 - \varepsilon_b) T V_1(Y) + (1 - \varepsilon_b)(1 - T) \left[V_2(Y) \cos^2 \varphi + V_2(X) \sin^2 \varphi \right] + \varepsilon_b$$

$$(8.2.15)$$

正交相位关联系数为

$$C_{ab}(Y) = \sqrt{(1 - \varepsilon_a)(1 - \varepsilon_b)} \sqrt{T} \sqrt{1 - T} \left[V_1(Y) - V_2(Y) \cos^2 \varphi - V_2(X) \sin^2 \varphi \right]$$

$$(8.2.16)$$

正交相位关联方差可以表示为

$$V(Y_a - Y_b) = \alpha_2 V_1(Y) + \beta_2 \left[V_2(Y) \cos^2 \varphi + V_2(X) \sin^2 \varphi \right] + \varepsilon_a + \varepsilon_b \quad (8.2.17)$$

其中，

$$\alpha_2 = (1 - \varepsilon_a)(1 - T) + (1 - \varepsilon_b) T - 2\sqrt{(1 - \varepsilon_a)(1 - \varepsilon_b)} \sqrt{T} \sqrt{1 - T} \quad (8.2.18)$$

$$\beta_2 = (1 - \varepsilon_a) T + (1 - \varepsilon_b)(1 - T) + 2\sqrt{(1 - \varepsilon_a)(1 - \varepsilon_b)} \sqrt{T} \sqrt{1 - T} \quad (8.2.19)$$

$$V(Y_a - Y_b) = V_a(Y) + V_b(Y) - 2C_{ab}(Y) \quad (8.2.20)$$

两个正交分量关联性的偏差定义为偏置效应，表示为

$$\Delta V = V(Y_a - Y_b) - V(X_a + X_b) \quad (8.2.21)$$

8.2.2 双模纠缠态理论分析

纠缠态光场通常由两个等效的压缩态耦合而成, 即 $V_a = V_b$。在实际制备中, 某些参数会破坏对称的关联性并引入偏置效应 [33]。因此, 在非理想条件下, 应重新全面考虑 EPR 关联性。基于 8.2.1 节的理论计算, 在不考虑两束压缩光的相对相位 φ 时, 可以得到 EPR 两个模式的正交振幅和正交相位方差:

$$V_a(X) = [TV_2(Y) + (1-T)V_1(X)](1-\varepsilon_a) + \varepsilon_a \quad (8.2.22)$$

$$V_a(Y) = [TV_2(X) + (1-T)V_1(Y)](1-\varepsilon_a) + \varepsilon_a \quad (8.2.23)$$

$$V_b(X) = [(1-T)V_2(Y) + TV_1(X)](1-\varepsilon_b) + \varepsilon_b \quad (8.2.24)$$

$$V_b(Y) = [(1-T)V_2(X) + TV_1(Y)](1-\varepsilon_b) + \varepsilon_b \quad (8.2.25)$$

两个正交分量的量子关联方差可以简化为

$$V(X_a + X_b) = \alpha_1 V_1(X) + \beta_1 V_2(Y) + \varepsilon_a + \varepsilon_b \quad (8.2.26)$$

$$V(Y_a - Y_b) = \alpha_2 V_1(Y) + \beta_2 V_2(X) + \varepsilon_a + \varepsilon_b \quad (8.2.27)$$

其中, $X_{a,b}$ 和 $Y_{a,b}$ 分别是正交振幅和正交相位算符; $V_1(Y)$, $V_2(Y)$ 分别是两个压缩态的正交相位 (反压缩) 方差; α_1, α_2, β_1, β_2 是与分束器透射率 T 和损耗 (ε_a 和 ε_b) 有关的噪声耦合系数, 分别表示为

$$\alpha_1 = (1-\varepsilon_a)(1-T) + (1-\varepsilon_b)T + 2\sqrt{(1-\varepsilon_a)(1-\varepsilon_b)}\sqrt{T}\sqrt{1-T} \quad (8.2.28)$$

$$\beta_1 = (1-\varepsilon_a)T + (1-\varepsilon_b)(1-T) - 2\sqrt{(1-\varepsilon_a)(1-\varepsilon_b)}\sqrt{T}\sqrt{1-T} \quad (8.2.29)$$

$$\alpha_2 = (1-\varepsilon_a)(1-T) + (1-\varepsilon_b)T - 2\sqrt{(1-\varepsilon_a)(1-\varepsilon_b)}\sqrt{T}\sqrt{1-T} \quad (8.2.30)$$

$$\beta_2 = (1-\varepsilon_a)T + (1-\varepsilon_b)(1-T) + 2\sqrt{(1-\varepsilon_a)(1-\varepsilon_b)}\sqrt{T}\sqrt{1-T} \quad (8.2.31)$$

三个参数的偏差 ($V_{1,2}(X)$, T, $\varepsilon_{a,b}$) 将为两个正交分量的关联性引入偏置效应 $\Delta V = V\left(\hat{X}_a + \hat{X}_b\right) - V\left(\hat{Y}_a - \hat{Y}_b\right)$。

考虑理想情况下, $\varepsilon_{a,b} = 0, T = 0.5$, 进而噪声耦合系数两两相等, $\alpha_1 = \beta_2 = 2$, $\beta_1 = \alpha_2 = 0$。此时, 量子关联被简化为 $V\left(\hat{X}_a + \hat{X}_b\right) = 2V_1(X)$, $V\left(\hat{Y}_a - \hat{Y}_b\right) = 2V_2(X)$, 反压缩的影响消失。

对于 $T = 0.5$ 或 $\varepsilon_a = \varepsilon_b$ 的情况，噪声耦合系数简化为 $\alpha_1 = \beta_2$ 和 $\beta_1 = \alpha_2$，在 $V_1(X) = V_2(X)$ 的条件下可以产生无偏置纠缠态。

当 $\varepsilon_{a,b}$ 和 T 存在较小偏差时，产生了偏置效应，这主要归因于对振幅压缩态 $(\alpha_1 V_1(X))$ 和相位压缩态 $(\beta_2 V_2(X))$ 不同的噪声耦合 $(\alpha_1 \neq \beta_2 \approx 2)$，部分归因于反压缩分量的影响 $(\beta_1 \neq \alpha_2 \approx 0)$。其中，$\alpha_1 V_1(X)$ 对正交振幅关联性影响较大，而 $\beta_2 V_2(X)$ 对正交相位关联性影响较大。

令信道损耗 $\varepsilon_{a,b}$ 固定为常数，EPR 量子关联性由 T 或 $V_2(X)$ 操控。

(1) 图 8.2.2(a)：-11 dB 正交振幅压缩态光场通过不平衡的 BS $(T = 0.485)$ 和不相等的光学损耗 $(\varepsilon_a = 0.03 \neq \varepsilon_b = 0.01)$ 与另一个正交振幅压缩态光场进行耦合。当 $V_2(X) = -10.5$ dB 时，产生 -9.5 dB 无偏置纠缠态。

(2) 图 8.2.2(b)：损耗与图 (a) 中相同，$V_1(X) = V_2(X) = -11$ dB，T 为自变量。当 $T = 0.5$ 时产生 -10 dB 无偏置纠缠态。图 8.2.2(a) 和 (b) 均表明，两个正交分量的关联性将在无偏置点的对称两侧交换大小关系。比较两种方法 (图 8.2.2(a) 和 (b)) 可以发现，理想的平衡分束器将产生更大的无偏置纠缠态。

(3) 图 8.2.2(c)：ε_a 固定为常数，ε_b 用于模拟真实环境的额外损耗。其中正交振幅关联性对光学损耗 ε_b 不敏感，这主要是由于分束比的不平衡 $(T = 0.485)$，导致两个正交分量的噪声耦合系数不同，使正交振幅关联比正交相位关联引入更少的噪声。随着光学损耗的增加，在交叉点之后会产生更大的偏差 ΔV。

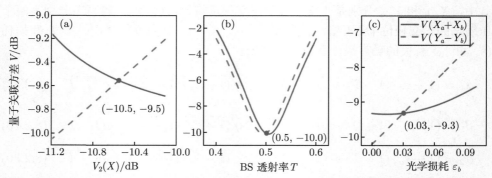

图 8.2.2　不同的 $V_{1,2}(X)$，T，ε_b 下量子关联方差 $V(X_a + X_b)$ (绿色实线) 和 $V(Y_a - Y_b)$ (红色虚线) 之间的理论比较

(a) $T = 0.485$，$\varepsilon_a = 0.03 \neq \varepsilon_b = 0.01$，$V_1(X) = -11$ dB；(b) $\varepsilon_a = 0.03 \neq \varepsilon_b = 0.01$，$V_1(X) = V_2(X) = -11$ dB；(c) $T = 0.485$，$\varepsilon_a = 0.03$，$V_1(X) = V_2(X) = -11$ dB

综上所述，当两个压缩态光场的压缩因子相等时，可以通过平衡的分束器或相等的损耗来制备无偏置纠缠态，而不需要同时满足这两个要求。但在实际的 CV-QKD 中，量子信道中的光学损耗是不可控的，因此平衡的分束器更为实用。不相等的信道损耗 $(\varepsilon_a \neq \varepsilon_b)$ 不再影响两个正交分量的无偏特性，这对基于无偏置纠

缠态的 CV-QKD 非常有价值。

8.2.3 实验装置和结果分析

图 8.2.3 为纠缠态光场制备实验装置图，输出功率为 2 W 的单频光纤激光器 (E15，NKT Photonics 公司) 作为纠缠态光场制备和探测的基频光源。模式清洁器 (1550 nm 的 MC1 和 MC2) 的输出光场用于两个 BHD 的本底光 (LO，20 mW)、两个 DOPA 的种子光 (40 mW) 以及倍频腔 (SHG) 注入的基频光 (1.57 W)。这里的两个 DOPA 都是半整体的单共振驻波腔，除了 21 mm 的空气间隙和曲率半径为 25 mm 的凹面镜，其余参数均与参考文献 [36] 中相似。两个 DOPA 的基频光精细度 (线宽) 约为 47.2 (83.2 MHz)，逃逸效率约为 98.4%，阈值光功率约为 520 mW。

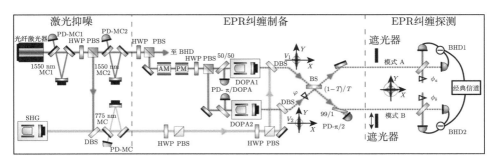

图 8.2.3　制备 EPR 纠缠态实验装置图

EPR 纠缠源的制备包括三个部分：光源的制备、纠缠态的产生、平衡零拍探测。AM-振幅调幅器；PM-相位调制器；PBS-偏振分束器；SHG-倍频腔；MC-模式清洁器；DOPA-简并的光学参量放大器；DBS-双色镜；PD-光电探测器；HWP-半波片；BHD-平衡零拍探测器

这里利用纠缠光路中分束镜透射的 1% 微弱信号，将两束压缩光之间的相对相位 φ 主动锁定到 $\pi/2$。通过在泵浦光路中设置功率调节器 (PBS)，改变注入 OPA 的泵浦光功率，从而实现对压缩和反压缩的操控。分束器分束比和光学损耗的控制，分别通过调节分束镜角度以及在纠缠光路中放置合适的功率衰减片来实现。

光学损耗和相位噪声是限制压缩度提高的主要因素。严格控制光学损耗和相位起伏，制备具有高压缩度的压缩态光场，是构建 -10 dB 纠缠态光场的基础。为了满足无偏置纠缠态超低相位噪声的要求，必须发展更严格的锁定技术。这里通过使用振幅调制器 (AM，调制频率为 30 MHz) 或相位调制器 (PM，调制频率为 40 MHz)，在注入 DOPA 的种子光载波上产生一对调制边带。振幅调制信号由下游的光电探测器 (PD-$\pi/2$) 解调，用于两个压缩模式之间 $\pi/2$ 相对相位的锁定；相位调制信号由 PD-π 提取，结合 PDH 锁定技术实现对 DOPA 的腔长以及泵浦

光和种子光之间 π 相位的同时锁定。DOPA 是一种高度欠耦合的光学谐振腔，其输出端光功率非常低，仅为种子光束的 10^{-4}。因此，弱光束给下游的稳定相位控制带来严峻挑战。

这里采用高 Q 值共振型光电探测器 (RPD) 作为反馈回路的第一级传感器，以提高误差信号的信噪比；采用低剩余幅度调制的电光相位调制器，抑制反馈回路的零基线漂移。通过拟合泵浦光功率和压缩噪声方差之间的关系，结果表明，主动控制后的相对相位 φ 波动仅为 3.1 mrad，对应于 0.06 dB 的偏置效应 (纠缠度为 -11 dB)。

实验过程中，DOPA1 产生的最大压缩度为 -11 dB，对应于 21 dB 的反压缩。图 8.2.4 展示了以下两种情况下的偏置效应。

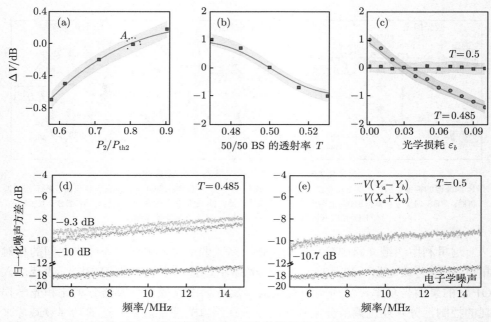

图 8.2.4　(a)~(c) DOPA2 的泵浦功率 P_2、BS 的透射率 T 以及光学损耗 ε_a 和 ε_b 对偏置效应 ΔV 的实验测量；(d) 和 (e) 为偏置和无偏置纠缠态的量子关联方差 $V(X_a + X_b)$ 和 $V(Y_a - Y_b)$

(a) $T = 0.5$，$\varepsilon_a = 0.03 \neq \varepsilon_b = 0.01$，$P_1/P_{\mathrm{th1}} = 0.8$；(b) $V_1(X) = V_2(X) = -11$ dB，$\varepsilon_a = 0.03 \neq \varepsilon_b = 0.01$；(c) $V_1(X) = V_2(X) = -11$ dB，$\varepsilon_a = 0.03$；(d) $T = 0.485$，$\varepsilon_a = 0.03 \neq \varepsilon_b = 0.01$，$P_1/P_{\mathrm{th1}} = P_2/P_{\mathrm{th2}} = 0.8$，$V(Y_a - Y_b) = -10$ dB，$V(X_a + X_b) = -9.3$ dB@5 MHz；(e) $T = 0.5$，$\varepsilon_a = 0 \neq \varepsilon_b = 0.01$，$P_1/P_{\mathrm{th1}} = P_2/P_{\mathrm{th2}} = 0.8$，$V(Y_a - Y_b) = V(X_a + X_b) = -10.7$ dB@5 MHz；分析频率：5 MHz，RBW：300 kHz，VBW：100 Hz

(1) 案例一 (图 8.2.4(a) 和 (c)): $T = 0.5$, 通过改变 DOPA2 的泵浦功率来改变压缩度, 通过在纠缠模式 A 和 B 的通道中放置合适的功率衰减片来改变光学损耗。从图 8.2.4(a) 中的 A 点可以看出, 当两个正交振幅压缩态具有相同的压缩度时, 会产生无偏置纠缠态。从图 8.2.4(c) 中红色的方点可以看出, $T = 0.5$ 时, 偏置效应 ΔV 与通道损耗 ε_b 无关。

(2) 案例二 (图 8.2.4(b) 和 (c)): 当 $V_1(X) = V_2(X)$ 时, 通过调节分束器的入射角来改变透射率 T。从图 8.2.4(b) 可以看出, 分束比的不平衡会导致两个正交分量关联性之间有较大的偏置效应 ΔV。对于特定的分束比 $T = 0.485$, 偏置效应 ΔV 随着损耗偏置的增大而增大 (图 8.2.4(c) 中的圆点), 并且只有当 $\varepsilon_a = \varepsilon_b$ 时, 才会产生无偏置纠缠态。所有的测量结果与理论预测一致 (图 8.2.4(a)~(c) 中拟合曲线)。

图 8.2.4(d) 和 8.2.4(e) 展示了最大纠缠度下偏置和无偏置纠缠态的噪声方差, 在分析频率为 5~15 MHz 的范围内, 制备获得了 −10.7 dB 的无偏置纠缠态, 不可分判据为 $\sqrt{V\left(\hat{X}_a + \hat{X}_b\right) V\left(\hat{Y}_a - \hat{Y}_b\right)} = 0.085$, 主要受系统中总光学损耗的限制, 且偏置效应与频率无关, 即偏置或无偏置关联性保持其本身的噪声变化趋势, 彼此之间没有交叉。

图 8.2.5(a) 展示了在 5 MHz 的分析频率时测量获得无偏置纠缠态的正交振幅 X 和正交相位 Y 的关联性, 这也表明了两个正交分量的对称关联性。此外, 如图 8.2.5(b) 所示, 当纠缠模式 B 引入 90% 的损耗后, 在两个正交分量的关联性中也有对称的关联性。与频率及损耗无关的无偏置关联特性, 对 CV-QKD 密钥率和安全通信距离的提高具有重要意义。

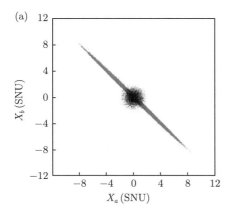
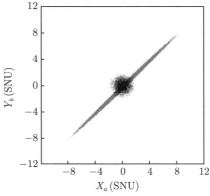

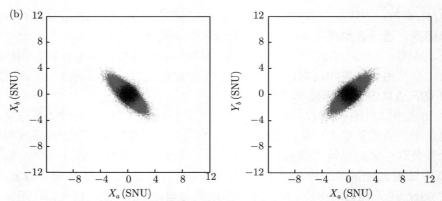

图 8.2.5 两个平衡零拍探测器联合测量的正交振幅 X 和正交相位 Y 的关联性

黑色区域代表相干态, 红色区域代表纠缠态的关联性。(a) 无额外通道损耗的初始 EPR 纠缠态的关联性;
(b) 模式 B 引入 90% 损耗后 EPR 纠缠态的关联性

8.3 边模纠缠态光场的制备

8.3.1 边模纠缠的产生

利用非线性晶体的二阶非线性效应, 基于光学参量过程制备压缩态光场是目前最高效的方式之一。而纠缠态的制备有两种方法, 第一种可以利用二类相位匹配晶体直接输出偏振正交的 EPR 纠缠态光场; 第二种是利用两个压缩态光场在 50/50 光学分束镜上相干耦合, 构建 EPR 纠缠。

如图 8.3.1 所示, 在利用光学参量腔 OPO 制备压缩态光场的过程中, 一个高频的泵浦光子转化为两个低频的下转换光子。整个过程满足能量守恒、动量守恒、非线性晶体的相位匹配条件以及 OPO 腔的共振条件。参量下转换光场是一个宽谱, 由于 OPO 腔本征模式的存在, 连续的宽谱被割裂为一系列具有等频率间隔的、类似于 "频率梳" 的形式。每个梳齿, 称为一个边带, 它们之间的频率间隔为一个 OPO 腔的自由光谱区。对称分布在压缩光载波场两侧的边带之间具有 EPR 关联的特性, 称为边带纠缠 (sideband entanglement)。

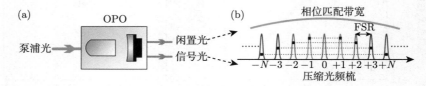

图 8.3.1 边模纠缠的制备

2002 年, Schori 等 [37] 在实验上首次实现了 ±370 MHz、−3.8 dB 的边模纠缠; 2003 年, 张靖 [38] 通过理论计算, 给出边模纠缠的理论模型以及相应的实验方案；2006 年，Dunlop 等 [39] 提出了 "频率梳" 压缩态的理论方案，指出压缩光谱与光学参量腔 OPO 的光谱一致，并且总的压缩频率梳模式数量遵从非线性系统的相位匹配带宽；2007 年，Marino 等 [40] 提出了双色本底探测光的理论方案；2010 年，Hage 等 [41] 实现了 ± 7 MHz 的空间分离的纠缠边模的实验测量，两个正交分量的纠缠关联方差均达到 0.4 左右，并指出纠缠边模在通道复用量子通信领域的潜力；2011 年，Pysher 等 [42] 基于纠缠边模实现了 15 个模式的团簇态；2014 年，该课题组通过将两块非线性晶体放置在同一个光学参量腔中，将 Cluster State 的数量提高到了 60 个 [43]；2017 年，Ma 等 [44] 提出了基于纠缠边模的条件压缩方案，旨在全频段提高引力波探测器的灵敏度。

通常，边模纠缠的制备是伴随着压缩态光场的产生而产生的。符合 OPO 腔共振条件的下转换光子对随着压缩态光场载波同时共振输出。它们之间的关系满足

$$L_{\text{OPO}} = m_0\omega_0 = m_{\pm n}\omega_{\pm n}$$
$$\omega_{\pm n} = \omega_0 \pm n\omega_{\text{FSR}}$$

(8.3.1)

其中，L_{OPO} 表示 OPO 的谐振腔光学长度；ω_0 和 $\omega_{\pm n}$ 分别表示载波场及边模场的频率；ω_{FSR} 表示 OPO 腔的自由光谱区；m 表示波数；n 属于正整数表示边模的阶数。对称边模 $\omega_{\pm n}$ 之间具有 EPR 关联的特性。

8.3.2　边模滤波与操控

压缩态光场的控制是压缩态制备和应用的关键，边模纠缠亦是如此。压缩态光场常见的控制方案是在载波处注入种子场，或者通过两个频移辅助光束形成相干控制光场。不幸的是，这些方案只适用于 OPO 线宽范围内的边带模式控制。由于压缩态的制备采用的是低于泵浦阈值的 OPO 腔，高阶纵模的下转换模式没有相干振幅，无法提取光学滤波腔 RFC 的腔长，以及联合测量端平衡零拍探测器 BHD1 和 BHD2 的相对相位的误差信号，所以，这里提出以下两种方法操控真空边模：类光梳辅助控制方案，频率梳种子注入控制方案。

1. 类光梳辅助控制方案

由于参量下转换过程产生的纠缠边模上没有相干振幅，无法提取后续光学滤波腔长及探测相位部分相应的误差信号，这里首先提出了一种 "类光梳辅助控制" 方案。相位调制器输出的调制边带，与纠缠边模具有相似的等频率间隔以及相互之间相位差固定的特性，可以很好地用来将成对的纠缠边模同时转化为明亮光场。理论上，一束类光梳辅助控制光就可以实现对多对纠缠边模的控制，具有较好的拓展性。

如图 8.3.2 所示，光学参量腔 OPO 输出的压缩态光场及其纠缠边模，与由波导相位调制器 (WGM) 输出的载波及调制边带，在 99/1 光学分束镜上耦合，通过 PD1 提取两束光中基频光 ω_0 的干涉信号，利用 PDH 技术，将混频低通输出

的误差信号通过伺服控制系统及高压放大器后，加载到辅助控制光路中的移相器上，锁定两束光的相对相位为零相位。此时，辅助控制光中的调制边带将纠缠边模转化成了具有一定相干振幅的明亮光场，并且相对相位固定。

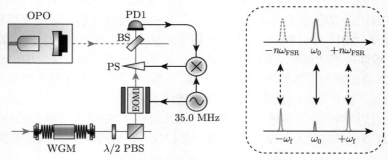

图 8.3.2　辅助控制光与压缩光的耦合

如图 8.3.3 所示，利用 RFC 透射端的 PD2 提取误差信号，将光学滤波腔 RFC 锁定在一阶调制边带上，则与一阶调制边带同频的纠缠边带模式随之同时共振输出。BHD 的相位锁定，将具有单独相位锁定支路的平衡零拍探测器的相位锁定支路输出的信号与解调信号混频解调，通过低通滤波腔，伺服控制器 PID 和高压放大器，输入本底探测光的移相器中，用于锁定纠缠边模与本底探测光的相对相位为 0 相位或 π 相位；对于 BHD 的 π/2 相位锁定，直接从 BHD 的 DC 输出端提取信号光与本底探测光的干涉信号即可。

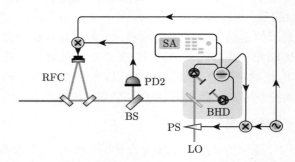

图 8.3.3　光学滤波腔 RFC 腔长及 BHD 相位的锁定装置图

2. 频率梳种子注入控制方案

频率梳种子注入控制方案可以分为振幅调制和相位调制两种方法。一束经过电光振幅调制的光场可表达为 [45]

$$\alpha(t) = \alpha_0 \left\{ 1 - \frac{M}{2} \left[1 - \cos\left(2\pi\Omega_{\mathrm{mod}}t\right) \right] \right\} \exp\left(\mathrm{i}2\pi\nu_{\mathrm{L}}t\right)$$

$$= \alpha_0 \left(1 - \frac{M}{2}\right) \exp\left(\mathrm{i}2\pi\nu_{\mathrm{L}}t\right) \tag{8.3.2}$$

$$+ \alpha_0 \frac{M}{4} \left\{\exp\left[\mathrm{i}2\pi\left(\nu_{\mathrm{L}} + \Omega_{\mathrm{mod}}\right)t\right] + \exp\left[\mathrm{i}2\pi\left(\nu_{\mathrm{L}} - \Omega_{\mathrm{mod}}\right)t\right]\right\}$$

其中，ν_{L} 代表载波场；Ω_{mod} 代表调制频率；M 代表调制幅度。由 (8.3.2) 式可知，通过电光振幅调制之后，光场频谱由三个频率成分组成：其中第一项是载波分量，第二、第三项是因调制而产生的新分量，即频率大于载波场的正边带 $\nu_{\mathrm{L}} + \Omega_{\mathrm{mod}}$ 和频率小于载波场的负边带 $\nu_{\mathrm{L}} - \Omega_{\mathrm{mod}}$。振幅调制频率梳种子注入的装置图如图 8.3.4 所示，将光纤耦合波导振幅调制器 WGM 产生的频率梳光场通过 EOM 和光隔离器 FI 后，作为种子光注入光学参量腔 OPO 中。由于光学参量腔是一个极度的欠耦合腔，从而腔反射端的反射峰信号淹没在较大的直流偏压中。在光学参量腔 OPO 的输出端用折叠镜 (FM) 和高增益直流探测器 PD2 提取透射峰信号，实现模式匹配及透射峰信号的监视。从 FI 的反射输出端利用共振型双路 PD1 提取 OPO 腔的锁腔及锁相误差信号，利用 PDH 技术实现 OPO 腔长和压缩角的锁定。给 WGM 加载与 OPO 自由光谱区相同频率的射频驱动信号，PD2 无法区分 OPO 透射峰信号中频率梳种子光场的载波场与调制边带场，此时 OPO 透射峰信号与未加载射频信号时相同。通过使用一个扫描腔长状态的鉴频腔 (frequency discrimination cavity，FDC) 来分辨 OPO 透射场中的不同的频率成分。当没有泵浦光注入 OPO 时，锁定 OPO 腔长与种子光共振，由 FDC 的透射峰信号中可得到，代表调制边带的信号成分随着 WGM 所加载射频调制的幅度的增大而增大；当泵浦光注入 OPO 以后，锁定 OPO 腔长，扫描泵浦光与种子光的相对相位，可从 FDC 的透射峰信号上，观察到载波与调制边带的信号 "同大同小"，即处于相同的 "参量放大" 或 "参量反放大" 状态，参量放大或参量反放大的倍数与泵浦光功率相关。需要注意的是，由于采用的是 "M-Z 干涉仪型" 的振幅调制器，

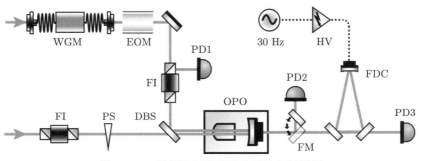

图 8.3.4 振幅调制频率梳种子注入装置图

可通过在偏置端加载偏置电压以改变内部调制晶体的折射率，达到调节干涉仪两臂相位差进而实现某个频率成分输出效率最高的目的，但却无法保证每个调制边带均处于"干涉相长"的最大输出状态。

类似地，一束经过电光相位调制的光场可表达为 [45]

$$
\alpha(t) = \alpha_0 \left[1 + \mathrm{i}M\cos(2\pi\Omega_{\mathrm{mod}}\,t) - \frac{M^2}{2}\cos^2(2\pi\Omega_{\mathrm{mod}}\,t) + \cdots \right] \exp(\mathrm{i}2\pi\nu_{\mathrm{L}}t)
$$

$$
= \alpha_0 \left[\left(1 - \frac{M^2}{4} + \cdots \right) \exp(\mathrm{i}2\pi\nu_{\mathrm{L}}t) + \mathrm{i}\left(\frac{M}{2} + \cdots \right) \right.
$$

$$
\times \{ \exp[\mathrm{i}2\pi(\nu_{\mathrm{L}} + \Omega_{\mathrm{mod}})t] + \exp[\mathrm{i}2\pi(\nu_{\mathrm{L}} - \Omega_{\mathrm{mod}})t] \}
$$

$$
- \left(\frac{M^2}{8} + \cdots \right) \{ \exp[\mathrm{i}2\pi(\nu_{\mathrm{L}} + 2\Omega_{\mathrm{mod}})t] + \exp[\mathrm{i}2\pi(\nu_{\mathrm{L}} - 2\Omega_{\mathrm{mod}})t] \}
$$

$$
\left. + \cdots \right]
$$

$$(8.3.3)$$

由 (8.3.3) 式可知，相位调制的输出光场不仅包含了多个频率成分，并且偶数阶和载波场具有相同的相位，奇数阶与载波场具有相反的相位。

当没有泵浦光注入 OPO 时，相位调制频率梳种子光在 FDC 的透射峰信号与振幅调制类似；当泵浦光注入 OPO 时，锁定 OPO 腔长，扫描泵浦光与频率梳种子光的相对相位，从 FDC 透射峰信号上发现，偶数阶调制边带与载波场处于相同的参量状态，奇数阶调制边带与载波场处于相反的参量状态，二者出现"此消彼长"的现象，参量放大或参量反放大的倍数与泵浦光功率相关。在锁定泵浦光与频率梳种子光相对相位时，随着调制深度的增加，该相对相位的误差信号峰峰值出现从大到小又变大的过程。分析 OPO 不同阶纠缠边模的不同状态的原因，相位调制产生的载波场及调制边带场之间的相位关系满足

$$
\theta_{\mathrm{ca}} = \theta_{+n} + \theta_{-n} + n \cdot \pi \tag{8.3.4}
$$

其中，θ_{ca} 以及 θ_{+n}，θ_{-n} 表示调制载波场以及正负调制边带场的相位，这里 n 为正整数，表示调制阶数。特别地，对于偶数阶调制边带，$\theta_{\mathrm{ca}} = \theta_{+n} + \theta_{-n} + 2\pi$；对于奇数阶调制边带，$\theta_{\mathrm{ca}} = \theta_{+n} + \theta_{-n} + \pi$。对于一个低于阈值的 OPO 腔，经参量放大过程或参量反放大过程均可以产生压缩态光场。如图 8.3.5 所示，参量放大过程 (即差频过程) 产生的信号光 θ_{s}、闲置光 θ_{i} 与泵浦光 θ_{p} 的相位关系可表示为 [46]

$$
\theta_{\mathrm{p}} = \theta_{\mathrm{s}} + \theta_{\mathrm{i}} + \pi/2 \tag{8.3.5}
$$

而参量反放大过程 (即和频过程) 产生的三者相位关系可表示为

$$\theta_p = \theta_s + \theta_i - \pi/2 \tag{8.3.6}$$

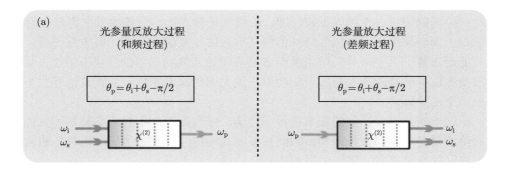

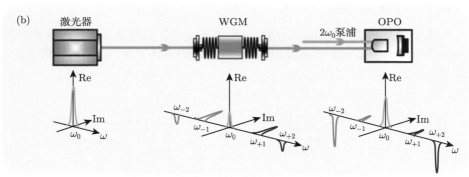

图 8.3.5   相位调制频率梳种子注入原理图

(a) 两种参量过程示意图；(b) 载波及偶数阶参量放大，奇数阶参量缩小

根据 (8.3.4) 式 ~(8.3.6) 式可以得到，由于相位调制所产生的调制边带场和参量过程所产生的纠缠边模场之间特殊的相位关系，当奇数阶边带处于参量放大状态时，载波和偶数阶边带处于参量反放大状态，反之亦然。

对于泵浦光与相位调制频率梳种子光锁相误差信号大小变化的原因，这里首先需要理解该误差信号产生的机制。此误差信号，相当于参量下转换光场与种子光注入的调制边带场之间的干涉信号。当仅有基频种子光注入时，该误差信号大小可表达为

$$
\begin{aligned}
I &= \alpha\beta\rho \left[(J_0^2 + J_2^2 + \cdots)\cos\theta + (J_1^2 + J_3^2 + \cdots)\cos(\theta + \pi) \right] \\
&= \alpha\beta\rho \cdot \cos\theta[(J_0^2 + J_2^2 + \cdots) - (J_1^2 + J_3^2 + \cdots)]
\end{aligned} \tag{8.3.7}
$$

其中, α 和 β 分别代表频率梳种子光和泵浦光的功率; ρ 代表 PDH 技术产生误差信号的增益乘积 (包括 MHz 调制幅度、探测器增益、PID 放大倍数等); J_i^2 代表相位调制产生的各阶边带功率占比, 满足贝塞尔函数分布; θ 表示频率梳种子光与泵浦光的相对相位, 由移相器控制。当调制深度为 0 时, 误差信号达到最大值 1; 随着调制深度的增加, 误差信号峰峰值周期性逐渐减小; 当调制深度约 1.5 时, 一阶调制边带占比约等于载波加二阶调制边带占比, 误差信号取得最小值 0; 继续增大调制深度, 误差信号峰峰值恢复有效值。实验值与理论值大致符合, 差异可能是来源于误差信号的增益乘积 ρ 随各阶边带光功率值的变化不线性。受限于波导相位调制器的最大输入射频功率, 更大调制深度条件下的误差信号大小在实验上无法验证。

相比于相位调制产生的频率梳种子光场, 振幅调制产生的频率梳种子光的所有高阶边带光场均与载波同相, 因此和泵浦光同时注入 OPO 后, 所有的边带均处于相同的参量状态, 锁相的误差信号也始终恒定不变。

8.3.3　边模纠缠的探测

制备出具有 EPR 纠缠的边带模式, 需要采用有效的测量方法对边带模式的噪声特性进行准确衡量和分析研究。对称边模的关联噪声测量, 可采用如图 8.3.6 所示的三种方法: 宽带探测器探测, 双色本底光 (bichromatic local oscillator, BLO) 探测, 以及两个平衡零拍探测器联合探测。

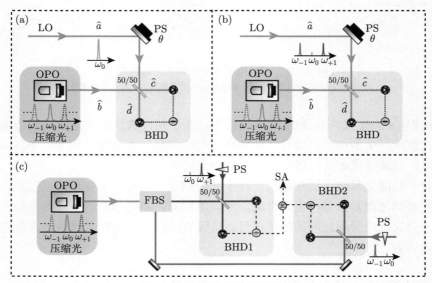

图 8.3.6　边模关联探测方案
FBS-频率分束镜

对空间模式简并的边带模式，可采用宽带探测方案。2007 年，Senior 等[47] 将产生的压缩态光场及边带模式，与一束相干光在 90/10 的光学分束镜上相干耦合，采用单个宽带探测器，直接探测到三对边模、频率达 8.1 GHz 的纠缠关联，如图 8.3.7 所示。受限于探测器的带宽及增益，以及相干光耦合引入的损耗，导致其结果不能反映真实的边模关联噪声水平。

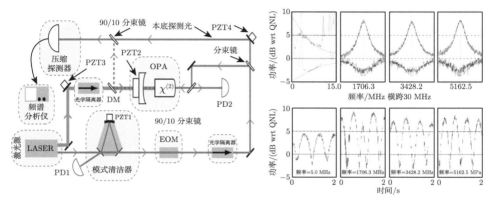

图 8.3.7 宽带探测器测量边模关联[47]

对空间模式简并的边带模式，亦可采用双色本底光方案。2007 年，Marino 等[40] 提出了双色本底光方法测量的理论方案。2015 年，李卫等[48] 使用三个声光移频器 AOM 方案构建双色本底光，实现了 ±5 MHz 的边模关联的测量，并在实验上验证了该方法可用于探测灵敏度的提升，如图 8.3.8 所示。此方案需要额外的锁相回路控制 ±5 MHz 的本底光的相对相位，并且受限于 AOM 的带宽，此方案仅适用于 OPO 线宽范围内等窄频段的边模噪声关联的测量及应用。

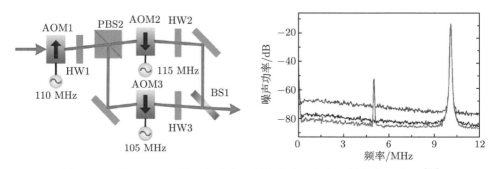

图 8.3.8 基于 AOM 的双色本底光制备方法及提高灵敏度应用结果[48]

2014 年，Chen 等[43] 通过在光学参量腔内放置两块 KTP 晶体的方式，构建 60 个模式的大尺度团簇态，利用的也是双色本底探测光 (two tones LO)，如图 8.3.9 所示。

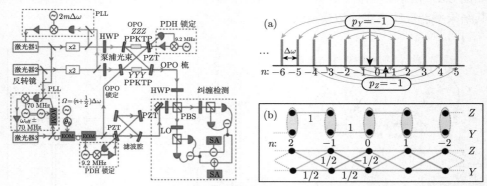

图 8.3.9　基于边模纠缠的团簇态制备[43]

对两个平衡零拍探测器联合测量的方法，需要首先实现正负纠缠边模的空间分离。光学滤波腔作为一种低损耗、能够高效分离边模的工具在实验中被广泛应用。这里实验的 RFC 应满足的设计原则为：高透射率、远失谐下的高反射率，以及对纠缠边模的高分辨率。对于两镜腔，要实现信号光路中正负边模的空间分离，需使用法拉第旋光隔离器，而目前商用的隔离器标称透射率为 95% 左右，无法满足要求。三镜腔则天然地可满足正负边带空间分离的要求，无须使用隔离器，所以这里选择三镜环形滤波腔。

边模纠缠测量的原理如图 8.3.10 所示，空间分离的正负纠缠边模分别与相位调制产生的对应频率的本底探测光在 50/50 分束镜上相干耦合，通过两个平衡零拍探测器，联合测量正负纠缠边模的量子关联噪声。

边模纠缠测量实验装置如图 8.3.11 所示。光学参量腔 OPO 输出的压缩态光场通过两个匹配透镜改变空间模式后，直接注入光学滤波腔 RFC，透射正纠缠边模，注入平衡零拍探测器 BHD1。反射端经过 99/1 光学分束镜 BS1，1% 用 PD1 监视 RFC 的模式匹配效率，微调匹配透镜的相对距离，使 RFC 的模式匹配效率达到 99% 以上；99% 的 RFC 反射光场，即负纠缠边模直接注入平衡零拍探测器 BHD2。BHD1 与 BHD2 输出的交流信号，首先单独输入频谱分析仪 (SA)，根据 SA 测得散粒噪声基准，调节 MC1 和 MC2 的注入功率，保证二者输出光功率相等。再将 BHD1 和 BHD2 的交流信号通过加法器相加后，输入频谱分析仪，测量正负边带之间的关联噪声。手动控制光学滤波腔 RFC 腔长与正纠缠边模共振，此时负纠缠边模被 RFC 反射。扫描任意一个本底探测光与相应纠缠边模的相对相位，我们即可得到纠缠边模正交振幅分量的关联噪声；改变加法器为减法器，即可得到纠缠边模的正交相位分量的纠缠度。

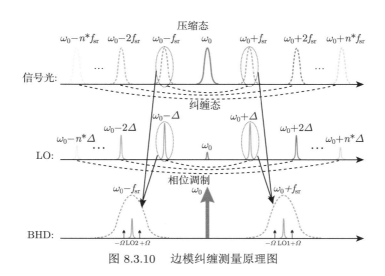

图 8.3.10 边模纠缠测量原理图

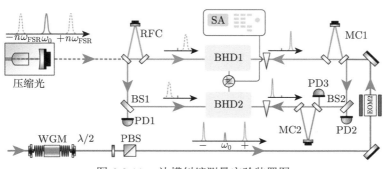

图 8.3.11 边模纠缠测量实验装置图

8.4 本 章 小 结

本章首次从实验和理论上分析了相对相位对纠缠关联性的影响。实验结果与理论结果一致，考虑了纠缠态制备、传输和探测过程中相对相位 (ϕ_1，ϕ_2，φ_S，φ_A 和 φ_B) 的内在关系。为了确保高纠缠度，本章建立了三种精确的相位锁定技术：用于 DOPA 腔长和相对相位的超低 RAM 锁定技术、用于两个压缩光相对相位的差分 DC 锁定技术、用于 BHD 中相对相位的 DC-AC 联合锁定技术。锁相环路确保总的相位噪声为 (9.7±0.32) mrad/(11.1±0.36) mrad。将相对相位的控制精度提

高至 $-35\sim35$ mrad，纠缠态的正交振幅和正交相位关联性分别提高至 -11.1 dB 及 -11.3 dB，并拥有超过 100 MHz 的带宽。这一宝贵的纠缠资源将拓宽量子信息网络、量子计算、量子通信和量子精密测量的应用领域。

其次从理论上分析了纠缠态制备过程中的偏置效应，并通过实验证明了无偏置纠缠态的存在。通过优化纠缠态制备、传输和探测过程中的压缩因子、分束器的平衡，以及光学损耗，在 5 MHz 的分析频率下首次实现了具有 -10.7 dB 无偏置纠缠态的稳定输出。结果表明，该偏置效应与频率和损耗无关，适用于高速长距离 CV-QKD 的应用。未来，无偏置纠缠态有望应用于实用的 CV-QKD 协议，进一步提高密钥率和安全通信距离。

最后分析了边模纠缠制备及探测过程中所需解决的关键技术问题，研究了纠缠边模及两种电光调制产生的高阶谐波的相位关系，提出了两种纠缠边模的控制方案，并进一步列举多种边模纠缠的探测方案，对比分析了其优劣。

参 考 文 献

[1] Andersen U L, Neergaard-Nielsen J S, van Loock P, et al. Hybrid discrete-and continuous-variable quantum information. Nat. Phys., 2015, 11: 713-719.

[2] McCutcheon W, Pappa A, Bell B A, et al. Experimental verification of multipartite entanglement in quantum networks. Nat. Commun., 2016, 7: 13251.

[3] Zhang B, Zhuang Q. Entanglement formation in continuous-variable random quantum networks. NPJ Quantum Inf., 2021, 7: 33.

[4] Wang M H, Xiang Y, Kang H J, et al. Deterministic distribution of multipartite entanglement and steering in a quantum network by separable states. Phys. Rev. Lett., 2020, 125(26): 260506.

[5] Armstrong S, Wang M, Teh R Y, et al. Multipartite Einstein-Podolsky-Rosen steering and genuine tripartite entanglement with optical networks. Nat. Phys., 2015, 11, 167-172.

[6] Menicucci N C, van Loock P, Gu M, et al. Universal quantum computation with continuous-variable cluster states. Phys. Rev. Lett., 2006, 97(11): 110501.

[7] Su X L, Hao S H, Deng X W, et al. Gate sequence for continuous variable one-way quantum computation. Nat. Commun., 2013, 4: 2828.

[8] Madsen L S, Usenko V C, Lassen M, et al. Continuous variable quantum key distribution with modulated entangled states. Nat. Commun., 2012, 3: 1083.

[9] Weedbrook C. Continuous-variable quantum key distribution with entanglement in the middle. Phys. Rev. A, 2013, 87(2): 022308.

[10] Pirandola S, Eisert J, Weedbrook C, et al. Advances in quantum teleportation. Nat. Photonics, 2015, 9: 641-652.

[11] Huo M R, Qin J L, Cheng J L, et al. Deterministic quantum teleportation through fiber channels. Sci. Adv., 2018, 4: eaas9401.

[12] Shi S P, Tian L, Wang Y J, et al. Demonstration of channel multiplexing quantum communication exploiting entangled sideband modes. Phys. Rev. Lett., 2020, 125(7): 070502.

[13] Takeda S, Fuwa M, van Loock P, et al. Entanglement swapping between discrete and continuous variables. Phys. Rev. Lett., 2015, 114(10): 100501.

[14] Zhang T C, Goh K W, Chou C W, et al. Quantum teleportation of light beams. Phys. Rev. A, 2003, 67(3): 033802.

[15] Wasilewski W, Jensen K, Krauter H, et al. Quantum noise limited and entanglement-assisted magnetometry. Phys. Rev. Lett., 2010, 104(13): 133601.

[16] Steinlechner S, Bauchrowitz J, Meinders M, et al. Quantum-dense metrology. Nat. Photonics, 2013, 7: 626-630.

[17] Südbeck J, Steinlechner S, Korobko M, et al. Demonstration of interferometer enhancement through Einstein-Podolsky-Rosen entanglement. Nat. Photonics, 2020, 14: 240-244.

[18] Yap M J, Altin P, McRae T G, et al. Generation and control of frequency-dependent squeezing via Einstein-Podolsky-Rosen entanglement. Nat. Photonics, 2020, 14: 223-226.

[19] Wang Y J, Zhang W H, Li R X, et al. Generation of −10.7 dB unbiased entangled states of light. Appl. Phys. Lett., 2021, 118(13): 134001.

[20] Eberle T, Händchen V, Schnabel R. Stable control of 10 dB two-mode squeezed vacuum states of light. Opt. Express, 2013, 21(9): 11546-11553.

[21] Bowen W P, Lam P K, Ralph T C. Biased EPR entanglement and its application to teleportation. J. Mod. Opt., 2003, 50: 801-813.

[22] Vahlbruch H, Mehmet M, Danzmann K, et al. Detection of 15 dB squeezed states of light and their application for the absolute calibration of photoelectric quantum efficiency. Phys. Rev. Lett., 2016, 117(11): 110801.

[23] Zhang W H, Wang J R, Zheng Y H, et al. Optimization of the squeezing factor by temperature-dependent phase shift compensation in a doubly resonant optical parametric oscillator. Appl. Phys. Lett., 2019, 115(17): 171103.

[24] McKenzie K, Gray M B, Lam P K, et al. Nonlinear phase matching locking via optical readout. Opt. Express, 2006, 14(23): 11256-11264.

[25] Black E D. An introduction to Pound-Drever-Hall laser frequency stabilization. Am. J. Phys., 2001, 69(1): 79-87.

[26] Li Z X, Ma W G, Yang W H, et al. Reduction of zero baseline drift of the Pound-Drever-Hall error signal with a wedged electro-optical crystal for squeezed state generation. Optics Letters, 2016, 41(14): 3331-3334.

[27] Chen C Y, Li Z X, Jin X L, et al. Resonant photodetector for cavity-and phase-locking of squeezed state generation. Rev. Sci. Instrum., 2016, 87(10): 103114.

[28] Mehmet M, Ast S, Eberle T, et al. Squeezed light at 1550 nm with a quantum noise reduction of 12.3 dB. Opt. Express, 2011, 19(25): 25763-25772.

[29] Zhang Y C, Chen Z Y, Pirandola S, et al. Long-distance continuous-variable quantum key distribution over 202.81 km of fiber. Phys. Rev. Lett., 2020, 125(1): 010502.

[30] Pirandola S, Laurenza R, Ottaviani C, et al. Fundamental limits of repeaterless quantum communications. Nat. Commun., 2017, 8: 15043.

[31] Lucamarini M, Yuan Z L, Dynes J F, et al. Overcoming the rate-distance limit of quantum key distribution without quantum repeaters. Nature, 2018, 557: 400-403.

[32] Usenko V C, Filip R. Squeezed-state quantum key distribution upon imperfect reconciliation. New J. Phys., 2011, 13: 113007.

[33] Wagner K, Janousek J, Armstrong S, et al. Asymmetric EPR entanglement in continuous variable systems. J. Phys. B, 2014, 47: 225502.

[34] Eberle T, Händchen V, Duhme J, et al. Strong Einstein-Podolsky-Rosen entanglement from a single squeezed light source. Phys. Rev. A, 2011, 83(5): 052329.

[35] 周瑶瑶. 高纠缠度纠缠态光场的制备及其在量子秘密共享中的应用. 太原：山西大学，2017.

[36] Yang W H, Shi S P, Wang Y J, et al. Detection of stably bright squeezed light with the quantum noise reduction of 12.6 dB by mutually compensating the phase fluctuations. Opt. Lett., 2017, 42(21): 4553-4556.

[37] Schori C, Sørensen J L, Polzik E S. Narrow-band frequency tunable light source of continuous quadrature entanglement. Phys. Rev. A, 2002, 66(3): 033802.

[38] Zhang J. Einstein-Podolsky-Rosen sideband entanglement in broadband squeezed light. Phys. Rev. A, 2003, 67(5): 054302.

[39] Dunlop A E, Huntington E H, Harb C C, et al. Generation of a frequency comb of squeezing in an optical parametric oscillator. Phys. Rev. A, 2006, 73(1): 013817.

[40] Marino A M, Stroud J C R, Wong V, et al. Bichromatic local oscillator for detection of two-mode squeezed states of light. J. Opt. Soc. Am. B, 2007, 24(2): 335-339.

[41] Hage B, Samblowski A, Schnabel R. Towards Einstein-Podolsky-Rosen quantum channel multiplexing. Phys. Rev. A, 2010, 81(6): 062301.

[42] Pysher M, Miwa Y, Shahrokhshahi R, et al. Parallel generation of quadripartite cluster entanglement in the optical frequency comb. Phys. Rev. Lett., 2011, 107(3): 030505.

[43] Chen M, Menicucci N C, Pfister O. Experimental realization of multipartite entanglement of 60 modes of a quantum optical frequency comb. Phys. Rev. Lett., 2014, 112(12): 120505.

[44] Ma Y, Miao H, Pang B H, et al. Proposal for gravitational-wave detection beyond the standard quantum limit through EPR entanglement. Nature Physics, 2017, 13: 776-780.

[45] Bachor H A, Ralph T C. A Guide to Experiments in Quantum Optics. Weinheim: Wiley-VCH Verlag GmbH & Co., KGa, 2003.

[46] Kobayashi Y, Torizuka K. Measurement of the optical phase relation among subharmonic pulses in a femtosecond optical parametric oscillator. Opt. Lett., 2000, 25(11): 856-858.

[47] Senior R J, Milford G N, Janousek J, et al. Observation of a comb of optical squeezing over many gigahertz of bandwidth. Opt. Express, 2007, 15(9): 5310-5317.

[48] Li W, Yu X, Zhang J. Measurement of the squeezed vacuum state by a bichromatic local oscillator. Opt. Lett., 2015, 40(22): 5299-5302.

结　束　语

压缩态/纠缠态是一种典型的光场量子态,作为量子信息、量子精密测量等应用的一种基本量子资源,备受量子光学及相关领域科技工作者的关注。基于光纤、波导、原子气室和晶体材料的非线性光学参量过程结合相敏操控技术,是目前获得压缩态光场的有效途径。

1985 年,美国贝尔实验室的 Slusher 小组和得克萨斯大学的 Kimble 小组分别采用四波混频方法和光学参量下转换方法首次实验制备了压缩态光场。其中,Slusher 小组制备的压缩态为 0.3 dB,Kimble 小组制备的压缩态达到 3.5 dB。Kimble 小组的这一实验工作主要由来自中国科学院物理研究所的吴令安教授在修博士学位期间完成。自此,全球量子光学领域科技工作者开始了压缩态光场实验制备的热潮。2008 年,德国马克斯·普朗克研究所采用基于晶体材料的光学参量振荡器首次实现了 10 dB 的压缩真空态;2013 年,完成了 10.1 dB 的纠缠态光场输出;2016 年,又将压缩度提高至 15 dB。国内,山西大学光电研究所 20 世纪 90 年代开始开展光场量子态的研究工作,经过约三十年的发展,于 2019 年将压缩度提升至 13.8 dB;2020 年和 2021 年,分别完成了 10.8 dB 的边模纠缠态和 11.0 dB 的双模纠缠态实验制备。在光场量子态的发展历程中,建立起来的相关量子技术推动了量子光学研究的快速发展,同时,光学谐振腔技术、光场调制技术、激光降噪技术、激光稳频技术和光电探测技术已成为多种应用领域的尖端核心技术,如引力波探测、光通信、激光雷达、时频授时、气体检测、激光光谱测量等领域。

近年来,国内外研究人员开始探索量子芯片的技术路线,并完成了部分芯片器件的实验演示。随着光量子芯片和光纤、波导材料制作工艺的不断创新发展,未来光场量子态相关量子技术将走向小型化、芯片化和仪器化,推动量子信息、量子计算与模拟、量子精密测量等领域向实用化方向迈进。